普通高等院校电工电子基础系列教材

模拟电子技术

主　编　陈玉玲　李　姿
副主编　张可菊　杨冶杰
参　编　刘寅生　李　磊
　　　　周冬生

北京理工大学出版社
BEIJING INSTITUTE OF TECHNOLOGY PRESS

内容简介

本书依据应用型人才的培养目标，突出了半导体器件的工程应用、集成运算放大电路及集成功放电路的应用与实践能力的培养，结构合理，通俗易懂，力求做到由浅入深，循序渐进，针对重点、难点内容，提供案例分析，进行仿真实例演示，便于学习。

全书共8章，包括半导体器件、放大电路及其基本分析方法、功率放大电路、集成运算放大电路、负反馈放大电路、集成运算放大电路的应用、波形的变换和发生电路、直流电源。

本书可作为应用型本科电子信息类专业的模拟电子技术课程的教材。

版权专有　侵权必究

图书在版编目（CIP）数据

模拟电子技术／陈玉玲，李姿主编． --北京：北京理工大学出版社，2022.4（2025.5重印）

ISBN 978-7-5763-1245-4

Ⅰ．①模⋯　Ⅱ．①陈⋯ ②李⋯　Ⅲ．①模拟电路-电子技术-高等学校-教材　Ⅳ．①TN710

中国版本图书馆 CIP 数据核字（2022）第 060979 号

责任编辑：江　立		文案编辑：李　硕	
责任校对：刘亚男		责任印制：李志强	

出版发行 /	北京理工大学出版社有限责任公司
社　　址 /	北京市丰台区四合庄路6号
邮　　编 /	100070
电　　话 /	（010）68914026（教材售后服务热线）
	（010）63726648（课件资源服务热线）
网　　址 /	http://www.bitpress.com.cn
版 印 次 /	2025年5月第1版第3次印刷
印　　刷 /	河北盛世彩捷印刷有限公司
开　　本 /	787 mm×1092 mm　1/16
印　　张 /	16
字　　数 /	376千字
定　　价 /	48.00元

图书出现印装质量问题，请拨打售后服务热线，负责调换

前 言

模拟电子技术是电子信息类专业一门重要的技术基础课，它在素质教育中发挥着重要作用。目前模拟电子技术的教材众多，大多都是偏重理论知识的论述，缺少实际应用的内容，很难找到适合应用型本科的模拟电子技术的教材。为此，本书在编写过程中，从应用型本科教学的实际需要出发，坚持理论与实践相结合，构建了以集成运算放大电路和模拟集成电路为主，以信号的放大与处理为核心的模拟电子技术体系结构。

全书分为8章：第1章半导体器件，是模拟电路的基础，重点介绍组成模拟电路的核心器件——半导体二极管、双极型晶体管和场效应晶体管；第2章至第6章介绍放大电路的基本分析方法和常用的信号放大与处理电路；第7章介绍正弦波与非正弦波发生电路；第8章介绍直流电源。全书由信号、信号的加工处理和电源组成一个完整的模拟电路系统。

本书各章的基本体例结构如下。

(1) 内容提要：概括本章讲解的主要内容。

(2) 学习目标：明确指出本章学习目标。

(3) 知识导图：以电路的知识绘制知识导图，激发学生的学习兴趣，导入本章的知识内容。

(4) 实用电路举例与分析：穿插于正文中，说明理论知识的实际应用，培养应用能力，提高应用技能。

(5) 实践环节：将实践与理论知识融为一体，突出培养技能与能力。

（6）仿真环节：实践部分典型电路配上 Multisim 仿真电路，加深学生对知识点的理解。

（7）本章小结：对本章主要内容和知识点进行概要回顾。

（8）综合习题：加强对本章主要内容的复习与巩固。

根据应用型人才培养目标和"应用为本，学以致用"的办学理念，本书编写突出以下特点。

（1）内容由易到难，由简单到复杂，做到由浅入深，循序渐进。

（2）增加实例仿真，将理论与实践结合，有利于培养学生的应用能力和提高实际操作技能。

本书由沈阳工学院的骨干教师、个别企业教师及沈阳理工大学教师等共同参与完成。其中第1、2章由李姿、李磊编写，第3、5章由杨冶杰、周冬生编写，第4、6由张可菊编写，第7、8章由陈玉玲、刘寅生编写。全书由陈玉玲、李姿担任主编，并负责总体设计和最后定稿。本书在编写过程中得到沈阳工学院信息与控制学院刘惠鑫院长、田林琳副院长的大力支持，对于参与编写的各位作者、专家、学校领导，在此一并表示衷心感谢。书中可能存在不妥之处，恳请读者批评指正。

编者

使用文字符号的说明

1. 常用符号

(1) 电流和电压。

I_B、U_{BE}	大写字母、大写下标表示直流量
I_b、U_{be}	大写字母、小写下标表示交流量有效值
$\dot{I}_b$、$\dot{U}_{be}$	大写字母上面加点、小写下标表示正弦相量
i_B、u_{BE}	小写字母、大写下标表示总瞬时值
i_b、u_{be}	小写字母、小写下标表示交流瞬时值
Δi_B、Δu_{BE}	小写字母、大写下标,带有 Δ 表示瞬时值的变化量

(2) 直流电源电压。

V_{CC}	双极型晶体管集电极直流电源电压
V_{BB}	双极型晶体管基极直流电源电压
V_{EE}	双极型晶体管发射极直流电源电压
V_{DD}	场效应晶体管漏极直流电源电压
V_{GG}	场效应晶体管栅极直流电源电压
V_{SS}	场效应晶体管源极直流电源电压

(3) 电阻。

R	大写字母表示电路中外接电阻或电路的等效电阻
r	小写字母表示器件的等效电阻

2. 基本符号

(1) 电流和电压。

I_i、U_i	输入电流、输入电压
I_i'、U_i'	净输入电流、净输入电压
I_o、U_o	输出电流、输出电压
$U_{o(AV)}$	输出电压平均值
U_{om}	最大输出电压
I_f、U_f	反馈电流、反馈电压
I_Q、U_Q	静态电流、静态电压
U_{REF}	参考电压

U_S	信号源电压
U_T	电压比较器的门限电压或阈值电压
I_+、U_+	集成运放同相输入端的电流、电压
I_-、U_-	集成运放反相输入端的电流、电压

(2) 功率。

P	功率的通用符号
P_o	输出交流功率
P_{om}	输出交流功率的最大值
P_V	电源提供的直流功率

(3) 频率。

BW	通频带
f_H	放大电路的上限频率
f_L	放大电路的下限频率
f_0	振荡频率
ω	角频率的通用符号

(4) 电阻、电容、电感、阻抗。

R_i、R_o	输入电阻、输出电阻
R_{if}、R_{of}	有反馈时的输入电阻、输出电阻
R_L	负载电阻
R_S	信号源内阻
R_b、R_c、R_e	基极电阻、集电极电阻、发射极电阻
R_g、R_d、R_s	栅极电阻、漏极电阻、源极电阻
G	电导的通用符号
C	电容的通用符号
L	电感的通用符号
X	电抗的通用符号
Z	阻抗的通用符号

(5) 增益或放大倍数、反馈系数。

A	增益或放大倍数的通用符号
A_c	共模电压放大倍数
A_d	差模电压放大倍数
A_i	电流放大倍数
A_u	电压放大倍数
A_{uS}	源电压放大倍数
A_{uf}	有反馈时的电压放大倍数

F 反馈系数的通用符号

3. 器件符号

（1）器件及引脚名称。

VD	二极管
VZ	稳压管
VT	双极型晶体管、场效应晶体管
b	双极型晶体管基极
c	双极型晶体管集电极
e	双极型晶体管发射极
g	场效应晶体管栅极
d	场效应晶体管漏极
s	场效应晶体管源极

（2）器件参数。

A_{od}	集成运放的开环差模电压增益
$C_{b'c}$	集电结等效电容
$C_{b'e}$	发射结等效电容
I_{CBO}	集电极–基极反向饱和电流
I_{CEO}	集电极–发射极的穿透电流
I_{CM}	集电极最大允许电流
$I_{D(AV)}$	整流二极管平均电流
I_S	二极管反向饱和电流
I_Z	稳压管工作电流
I_{ib}	集成运放输入偏置电流
I_{io}	集成运放输入失调电流
P_{CM}	集电极最大允许功耗
P_{DM}	漏极最大允许功耗
S_R	集成运放转换速率
U_Z	稳压管稳定电压
$U_{(BR)CBO}$	发射极开路时集电极–基极反向击穿电压
$U_{(BR)CEO}$	基极开路时集电极–发射极反向击穿电压
$U_{(BR)EBO}$	集电极开路时发射极–基极反向击穿电压
U_{CES}	集电极–发射极饱和管压降
U_{icm}	集成运放最大共模输入电压
U_{idm}	集成运放最大差模输入电压
U_{io}	输入失调电压

$U_{GS(off)}$	场效应晶体管夹断电压
$U_{GS(th)}$	场效应晶体管开启电压
BW_G	集成运放单位增益带宽
f_T	双极型晶体管的特征频率
f_α	共基截止频率
f_β	共射截止频率
g_m	跨导
$r_{bb'}$	基区体电阻
$r_{b'e}$	发射结微变等效电阻
r_{be}	共射时基极–发射极微变等效电阻
r_{ce}	共射时集电极–发射极微变等效电阻
r_{gs}	场效应晶体管栅极–源极微变等效电阻
r_{id}	集成运放差模输入电阻
α	共基电流放大系数
$\bar{\alpha}$	共基直流电流放大系数
β	共射交流电流放大系数
$\bar{\beta}$	共射直流电流放大系数

4. 其他符号

D	非线性失真系数
K_{CMR}	共模抑制比
Q	品质因数
M	互感系数
S	整流电路的脉动系数
S_r	稳压系数
T	周期、温度
η	效率
τ	时间常数
φ	相位角

目 录
CONTENTS

第1章 半导体器件 ··· 001

1.1 半导体基础知识 ··· 002
 1.1.1 半导体特性 ··· 002
 1.1.2 本征半导体 ··· 002
 1.1.3 杂质半导体 ··· 003
 1.1.4 PN 结 ··· 003

1.2 半导体二极管 ·· 006
 1.2.1 二极管的结构与类型 ·· 006
 1.2.2 二极管的伏安特性 ·· 007
 1.2.3 二极管的主要参数 ·· 009
 1.2.4 二极管的等效模型 ·· 010
 1.2.5 稳压管 ··· 011

1.3 双极型晶体管 ·· 012
 1.3.1 晶体管的结构与类型 ·· 013
 1.3.2 晶体管的电流放大作用 ··· 013
 1.3.3 晶体管的特性曲线 ·· 016
 1.3.4 晶体管的主要参数 ·· 017

1.4 场效应晶体管 ·· 019
 1.4.1 MOS 管的结构和工作原理 ·· 019
 1.4.2 MOS 管的特性曲线 ··· 021
 1.4.3 MOS 管的主要参数 ··· 023

1.4.4　MOS管的特性对比 ·· 024

第2章　放大电路及其基本分析方法 ·· 029

2.1　放大电路的主要技术指标 ·· 030
2.2　单管共发射极放大电路 ·· 032
　　2.2.1　单管共发射极放大电路的组成 ·· 032
　　2.2.2　单管共发射极放大电路的工作原理 ·· 033
2.3　放大电路的基本分析方法 ·· 034
　　2.3.1　放大电路的直流通路与交流通路 ·· 034
　　2.3.2　放大电路的静态分析 ·· 035
　　2.3.3　放大电路的动态分析 ·· 040
2.4　分压式静态工作点稳定电路 ·· 045
　　2.4.1　温度对静态工作点的影响 ·· 045
　　2.4.2　分压式静态工作点稳定电路介绍 ·· 046
2.5　双极型晶体管放大电路的3种基本组态 ·· 049
　　2.5.1　共集电极放大电路 ·· 049
　　2.5.2　共基极放大电路 ·· 053
　　2.5.3　3种基本组态的比较 ·· 053
2.6　场效应晶体管放大电路 ·· 054
　　2.6.1　分压-自偏压式共源极放大电路 ·· 054
　　2.6.2　共漏极放大电路 ·· 055
　　2.6.3　场效应晶体管和晶体管放大电路的比较 ·· 056
2.7　多级放大电路 ·· 056
　　2.7.1　多级放大电路的耦合方式 ·· 056
　　2.7.2　多级放大电路的电压放大倍数、输入和输出电阻 ·· 057
2.8　放大电路的频率特性 ·· 058
　　2.8.1　频率特性的基本概念 ·· 059
　　2.8.2　单管共射放大电路的频率特性 ·· 061
　　2.8.3　多级放大电路的频率特性 ·· 063

第3章　功率放大电路 ·· 072

3.1　功率放大电路的基本概念 ·· 073
3.2　互补对称功率放大电路 ·· 074

  3.2.1 OCL 互补对称功率放大电路 ·················· 075

  3.2.2 OTL 互补对称功率放大电路 ·················· 081

  3.2.3 采用复合管的互补对称功率放大电路 ·················· 084

  3.2.4 功率放大电路的调整与检测 ·················· 086

 3.3 集成功率放大器 ·················· 086

  3.3.1 集成功率放大器 LM386 ·················· 087

  3.3.2 集成功率放大器 TDA2822 ·················· 087

  3.3.3 集成功率放大器 TDA2030A ·················· 087

第 4 章 集成运算放大电路 ·················· 093

 4.1 集成运算放大电路概述 ·················· 094

 4.2 集成运放的基本组成 ·················· 097

  4.2.1 偏置电路 ·················· 097

  4.2.2 差分放大输入级 ·················· 099

  4.2.3 中间级和输出级 ·················· 102

 4.3 集成运放的使用 ·················· 103

  4.3.1 几种常用的集成运放 ·················· 103

  4.3.2 集成运放的使用和保护 ·················· 105

 4.4 理想运算放大电路 ·················· 107

  4.4.1 理想运放的技术指标 ·················· 107

  4.4.2 集成运放的电压传输特性 ·················· 107

  4.4.3 理想运放工作在线性区的特点 ·················· 107

  4.4.4 理想运放工作在非线性区的特点 ·················· 108

 4.5 集成运放发展及检测方法 ·················· 109

第 5 章 负反馈放大电路 ·················· 112

 5.1 反馈的基本概念及其分类 ·················· 113

  5.1.1 反馈的基本概念 ·················· 113

  5.1.2 反馈的分类和判断 ·················· 113

  5.1.3 反馈的一般表达式 ·················· 117

  5.1.4 负反馈的 4 种组态 ·················· 119

 5.2 负反馈对放大电路性能的影响 ·················· 126

  5.2.1 提高放大倍数的稳定性 ·················· 127

5.2.2 减小非线性失真 ··· 128

5.2.3 展宽频带 ··· 128

5.2.4 改变输入电阻和输出电阻 ··· 130

5.2.5 引入负反馈的一般原则 ··· 131

5.3 深度负反馈放大电路的近似计算 ··· 132

5.3.1 利用深度负反馈闭环放大倍数的表达式计算 ··· 132

5.3.2 利用深度负反馈的近似关系式 $\dot{X}_\mathrm{i} \approx \dot{X}_\mathrm{f}$ 进行计算 ··· 133

5.3.3 深度负反馈放大电路计算举例 ··· 134

5.4 负反馈放大电路的自激振荡 ··· 136

5.4.1 产生自激振荡的原因和条件 ··· 136

5.4.2 自激振荡的消除方法 ··· 137

第6章 集成运算放大电路的应用 ··· 144

6.1 理想运放的工作特点 ··· 145

6.1.1 理想运放工作在线性区的特点 ··· 145

6.1.2 理想运放工作在非线性区的特点 ··· 145

6.2 集成运放应用在模拟信号运算电路 ··· 146

6.2.1 比例运算电路 ··· 146

6.2.2 求和运算电路 ··· 152

6.2.3 积分和微分运算电路 ··· 158

6.2.4 对数和指数运算电路 ··· 161

6.2.5 集成模拟乘法器 ··· 164

6.3 集成运放应用在信号处理电路 ··· 164

6.3.1 滤波器的基本概念 ··· 165

6.3.2 有源滤波器 ··· 166

6.4 电压比较器 ··· 172

6.4.1 单限电压比较器 ··· 172

6.4.2 滞回电压比较器 ··· 174

6.4.3 双限电压比较器 ··· 176

6.4.4 集成电压比较器 ··· 176

6.5 集成运放的应用举例 ··· 177

6.5.1 单电源的交流放大电路 ··· 177

6.5.2 电平指示电路 ··· 179

6.5.3　温度控制电路 ... 180

第7章　波形的变换和发生电路 ... 190

7.1　正弦波振荡电路的振荡条件 ... 191
7.1.1　正弦波振荡 ... 191
7.1.2　正弦波振荡电路的组成 ... 192
7.1.3　正弦波振荡电路的分析方法 ... 193

7.2　RC 正弦波振荡电路 ... 193

7.3　LC 正弦波振荡电路 ... 196
7.3.1　LC 并联电路的选频特性 ... 196
7.3.2　变压器反馈式 LC 振荡电路 ... 197
7.3.3　电感三点式 LC 振荡电路 ... 197
7.3.4　电容三点式 LC 振荡电路 ... 197

7.4　石英晶体振荡电路 ... 199

7.5　非正弦波发生电路 ... 201
7.5.1　矩形波发生电路 ... 201
7.5.2　三角波发生电路 ... 202
7.5.3　锯齿波发生电路 ... 202

7.6　工程应用实例 ... 203

第8章　直流电源 ... 207

8.1　直流电源的组成 ... 208

8.2　单相整流电路 ... 209
8.2.1　单相半波整流电路 ... 209
8.2.2　单相全波整流电路 ... 212
8.2.3　单相桥式整流电路 ... 214

8.3　滤波电路 ... 218
8.3.1　电容滤波电路 ... 218
8.3.2　其他形式的滤波电路 ... 221

8.4　稳压电路 ... 222
8.4.1　稳压电路的主要指标 ... 222
8.4.2　并联型稳压电路 ... 223

8.5　串联型稳压电路 ... 226

8.6 集成稳压电路 ………………………………………………………………… 229
　　8.6.1 固定输出的三端集成稳压电路 ………………………………………… 229
　　8.6.2 可调式三端集成稳压电路 ……………………………………………… 235
　　8.6.3 三端集成稳压电路的使用注意事项 …………………………………… 236
8.7 开关型稳压电路 ……………………………………………………………… 237
8.8 新能源技术 …………………………………………………………………… 237

参考文献 ……………………………………………………………………………… 242

第 1 章　半导体器件

★ **内容提要**

半导体器件是现代电子技术的基础，由于体积小、重量轻、寿命长等特点，成为各种电子系统和设备的基本组成部分。掌握典型半导体器件的结构、导电特性是学习各种电子电路的基础。因此，本章重点介绍典型半导体二极管、双极型晶体管、场效应晶体管的结构、伏安特性、主要参数等，最后介绍典型的半导体器件的工程应用。

★ **学习目标**

要知道：N 型和 P 型半导体的区别，PN 结的导电特性，硅和锗二极管导通压降，双极型晶体管工作状态条件。

会计算：稳压管稳压输出电压。

会画出：稳压二极管限幅电路的输出波形。

会识别：二极管的通断情况，双极型晶体管工作状态判定，双极型晶体管引脚极性、类型及材质。

二维码 1.1　知识导图

1.1 半导体基础知识

1.1.1 半导体特性

自然界中的物质按照导电能力的强弱可分为以下 3 类。

导体：导电能力很强，如导线中常用的铜、铝、银等。

绝缘体：电的不良导体，如橡皮、陶瓷、塑料等。

半导体：导电能力介于导体和绝缘体之间的物质，如硅（Si）和锗（Ge），半导体之所以有如此广泛的应用，是因为其具有以下 3 个特性。

（1）光敏性。

半导体物质具有光敏特性，当其受到光照时，半导体的导电能力显著增强。利用该特性可制成光敏器件，如光敏二极管、光敏晶体管。

（2）热敏性。

半导体物质具有热敏特性，当环境温度升高时，半导体的导电能力显著增强。利用该特性可制成热敏器件，如热敏电阻。

（3）掺杂性。

在纯净的半导体中掺入微量杂质，其导电性能会显著提高，称为掺杂性。特别是给纯净的半导体中加入微量的其他特定元素时，它的导电能力会有显著的提高。利用该特性可以制成各种半导体器件，如二极管、晶体管等。

1.1.2 本征半导体

纯净的半导体称为本征半导体，如本征硅或本征锗，如图 1.1 所示。本征硅或本征锗的原子结构的最外层有 4 个价电子，在单晶体结构的半导体中，通过共有化运动，形成稳定的共价键结构。在室温下的本征半导体中，硅（锗）的价电子在外部能量（如光照、热激发和电场等）的作用下获得能量，挣脱原子核的束缚成为自由电子，同时价电子在脱离原子核后便在原来的共价键中留下一个空穴。自由电子和空穴成为两种载流子，即它们在电场作用下都可移动形成电流。自由电子导电是能容易理解的，而空穴导电的本质是由共价键束缚的价电子与已激发形成的空穴复合，这样在原来的地方又会出现新的空穴。这种价电子从一种束缚状态变成另一种束缚状态的移动称为空穴的逆向运动，因此带正电荷的空穴也被认为能够参与导电。

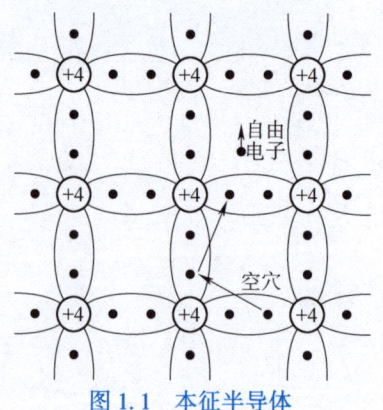

图 1.1　本征半导体

在本征半导体中，自由电子和空穴是成对出现的；自由电子和空穴的浓度仅与温度有关，即温度越高，自由电子-空穴对浓度越高，整体呈电中性。一般本征半导体由于载流子浓度很低，所以实际上是不能导电的。

1.1.3 杂质半导体

1. N 型半导体

在本征半导体中掺入微量的五价元素磷或砷等，磷原子中的 4 个价电子与硅原子中的 4 个价电子形成共价键，多余的另一个价电子由于不受共价键的束缚成为自由电子，此时的磷原子因失去一个电子而变为正离子。由于原来在本征半导体中的自由电子和空穴是成对产生的，掺杂后的自由电子数远远大于空穴数，所以称为 N（Negative）型半导体，如图 1.2 所示。在 N 型半导体中，自由电子称为"多数载流子"，简称"多子"；空穴称为"少数载流子"，简称"少子"。

2. P 型半导体

如果在本征半导体中掺入微量的三价元素硼或铝等，硼原子的 3 个价电子与硅原子的 4 个价电子形成共价键时，因少一个电子而出现一个空穴，此时若有自由电子填补空穴，则硼原子因得到一个电子而变为负离子。显然，掺杂后的空穴数远远大于自由电子数，因为空穴带正电荷，所以称为 P（Positive）型半导体，如图 1.3 所示。

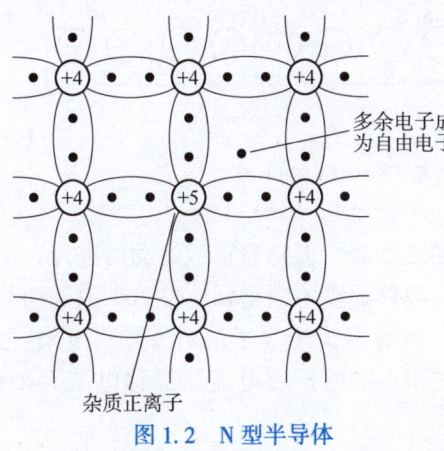

图 1.2 N 型半导体

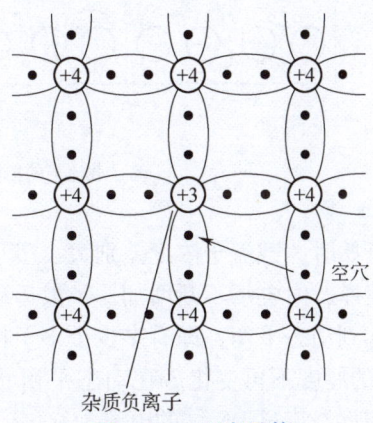

图 1.3 P 型半导体

在 P 型半导体中，空穴称为"多数载流子"，简称"多子"；自由电子称为"少数载流子"，简称"少子"。

无论是 N 型半导体还是 P 型半导体，整体都呈电中性。另外，多子的浓度与掺杂有关，少子的浓度与温度有关。

1.1.4 PN 结

单纯的一块 P 型半导体或 N 型半导体，只能作为一个电子元件，而不能做成所需要的半导体器件。但是，如果把 P 型半导体和 N 型半导体通过一定方法结合起来形成 PN 结，就具有这种功能。PN 结是构成二极管、晶体管、晶闸管、集成电路等许多半导体器件的基础。

在一块完整的本征硅（或锗）片上，用不同的掺杂工艺使其一边形成 N 型半导体，另一边形成 P 型半导体，在这两种杂质半导体的交界面附近就会形成一个具有特殊性质的薄层，这个特殊的薄层就是 PN 结。

1. PN 结的形成

图 1.4 为 PN 结的形成过程。如图 1.4(a) 所示，P 区与 N 区之间存在着载流子浓度的显著差异，即 P 区空穴多、自由电子少，N 区自由电子多、空穴少。于是在 P 区与 N 区的交界面处发生载流子的扩散运动：P 区空穴向 N 区扩散，N 区自由电子向 P 区扩散。扩散的结果是，交界面附近 P 区空穴减少，留下不能移动的杂质负离子；N 区自由电子减少，留下不能移动的杂质正离子。这样，在交界面上出现了由正、负离子构成的空间电荷区，这就是 PN 结，如图 1.4(b) 所示。空间电荷区一侧为负离子区，另一侧为正离子区，于是就产生了由 N 区指向 P 区的电场，称为内电场。显然，内电场对多子的扩散运动起阻挡作用，但对 P 区和 N 区中的少子有吸引作用，于是产生了少子在内电场作用下的漂移运动。

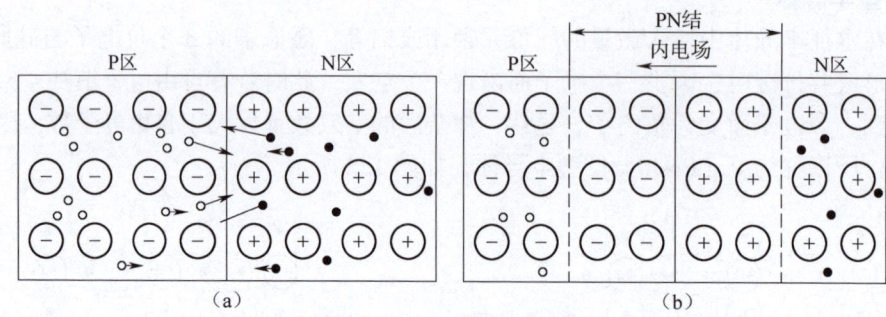

图 1.4　PN 结的形成过程
（a）载流子的扩散运动；（b）动态平衡状态下的 PN 结

开始时，载流子浓度差别大，多子的扩散运动占优势，但随着扩散运动的进行，空间电荷区变厚，内电场不断增加，扩散运动逐渐削弱，漂移运动不断增强，最后扩散运动与漂移运动达到动态平衡，即有多少个多子扩散到对方，就有多少个少子从对方漂移过来。此时，PN 结的厚度不再变化。在动态平衡状态下，流过 PN 结的扩散电流与漂移电流大小相等、方向相反，流过 PN 结的电流为 0。

由于 PN 结一侧带正电荷，另一侧带负电荷，所以在两种半导体之间产生电位差（电势差），称为势垒或位垒。PN 结内电场对多子扩散起阻挡作用，因而把空间电荷区又称为阻挡层。又因为空间电荷区内几乎没有载流子，即载流子被耗尽了，只剩下不能导电的正、负离子，所以空间电荷区又称为耗尽层（或耗尽区）。

2. PN 结的导电特性

PN 结在不同极性的外加电压作用下，流过 PN 结的电流大小是不同的。

(1) PN 结正向偏置。

PN 结外加正向电压时的情况如图 1.5(a) 所示。P 区接电源正极，N 区接电源负极，这种接法称为正向偏置。这种偏置由于外电场与内电场方向相反，从而使内电场削弱，耗尽层变薄（空间电荷区变窄），如图 1.5(b) 所示。这样，导致扩散运动增强，漂移运动减弱，打破了原来的动态平衡，大大有利于多子扩散，有大量的多子越过 PN 结，形成正向电流 I_F，而且若外加正向偏置电压稍微增加，则正向电流便迅速上升，PN 结表现为正向导通状态。正向导通时，PN 结呈现的电阻很小。

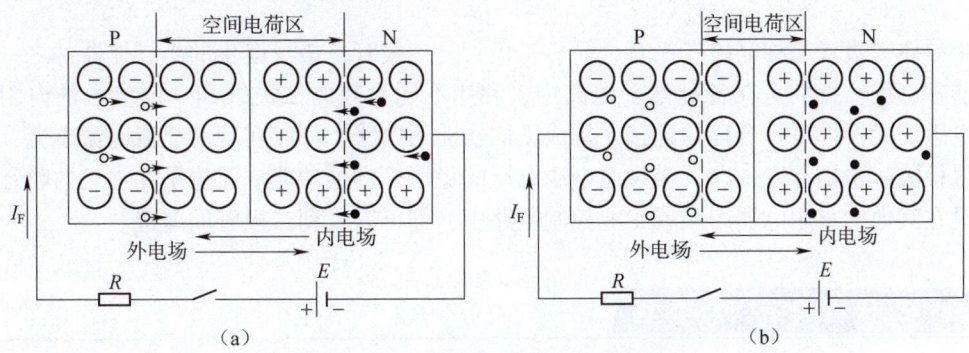

图 1.5　PN 结外加正向电压时的情况
(a) 多子向空间电荷区运动；(b) 空间电荷区变窄

(2) PN 结反向偏置。

PN 结外加反向电压时的情况如图 1.6 所示。P 区接电源的负极，N 区接电源的正极，这种接法称为反向偏置。这种反向偏置，使外电场与内电场方向相同，增强了内电场，导致耗尽层变厚，结果使多子扩散难以进行，而少子则在外电场作用下漂移过 PN 结形成反向电流 I_S，但因为少子数目很少，因此 I_S 很小。由于少子是由热激发产生的，当温度一定时，少子浓度一定，反向电流 I_S 几乎不随外加反向偏置电压而变化，所以 I_S 又称为反向饱和电流，受温度影响很大。由于反向电流 I_S 很小，与正向电流 I_F 相比，一般可以忽略，所以 PN 结反向偏置时，处于截止状态，呈现的电阻很大。

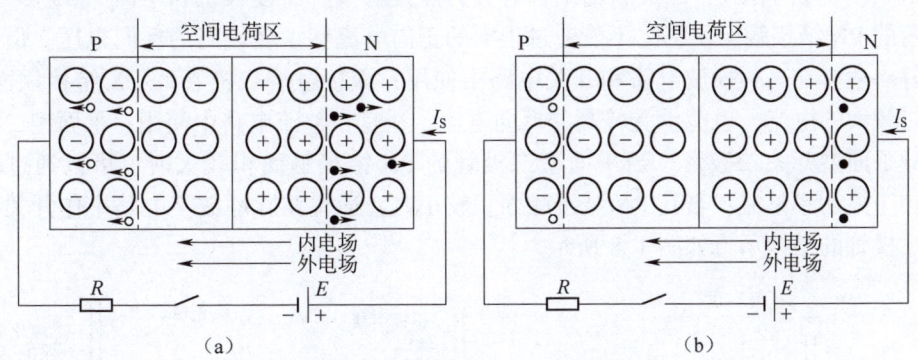

图 1.6　PN 结外加反向电压时的情况
(a) 多子离开空间电荷区；(b) 空间电荷区变宽

综上所述，半导体中的载流子有两种运动方式，即扩散运动和漂移运动。当 PN 结无外加电压时，扩散运动和漂移运动相对平衡。当 PN 结正偏时，扩散加强，空间电荷区变窄，有利于多子越过 PN 结，形成大的正向电流，PN 结呈导通状态，结电阻很小，相当于开关接通；当 PN 结反偏时，空间电荷区加宽，增强了内电场，结果阻止了多子的扩散，仅有少子形成很小的反向电流，PN 结呈截止状态，结电阻很大，相当于开关断开。所以 **PN 结具有单向导电性**。

1.2 半导体二极管

半导体二极管又称晶体二极管，简称二极管。二极管是最早诞生的半导体器件之一，其应用非常广泛。特别是在各种电子电路中，利用不同参数的二极管和一定参数的电阻、电容、电感等元器件进行合理的连接，构成不同功能的电路，可以实现对交流电流整流，对调制信号检波、限幅和钳位以及实现对电源电压的稳压等多种功能。无论是在常见的收音机电路还是在其他的家用电器产品或工业控制电路中，都可以找到二极管的踪迹。

1.2.1 二极管的结构与类型

二极管内部由一个PN结构成，对于分立元件，二极管还在PN结的两端引出金属电极，外加管壳或塑料封装。由于功能和用途的不同，二极管的外形各异。几种常见的二极管外形如图1.7所示。

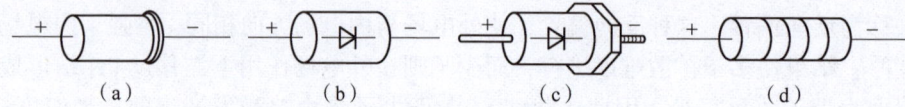

图1.7 几种常见的二极管外形
(a) 帽式二极管；(b) 管状二极管；(c) 带螺栓二极管；(d) 玻璃壳二极管

按PN结形成的方式，二极管的结构可分为点接触型、面接触型和平面型3种。点接触型二极管的PN结接触面积小，不能通过很大的正向电流和承受较高的反向电压，但它的高频性能好，适宜在高频检波电路和开关电路中使用；面接触型二极管的PN结接触面积大，可以通过较大的电流，也能承受较高的反向电压，适宜在整流电路中使用；平面型二极管常用的是硅平面型开关二极管。当平面型二极管的PN结接触面积较大时，可以通过较大电流，适用于大功率整流；当其PN结接触面积较小时，适宜在脉冲数字电路中作开关二极管使用。二极管的结构示意如图1.8所示。

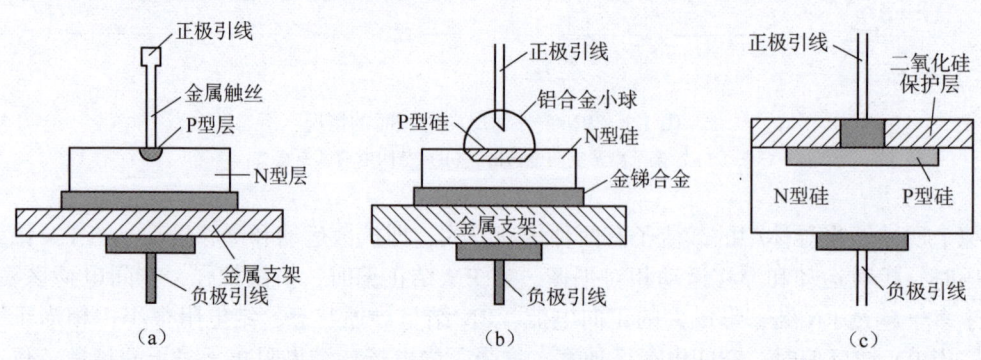

图1.8 二极管的结构示意
(a) 锗点接触型二极管；(b) 硅面接触型二极管；(c) 硅平面型二极管

按 PN 结材料的不同,二极管分为硅二极管和锗二极管两类。锗二极管的工作温度较低,一般可制成中、小功率二极管;硅二极管的工作温度较高,可制成中、大功率二极管。

按用途不同,二极管可分为检波二极管、整流二极管、稳压二极管、变容二极管和开关二极管等。

二极管的图形符号如图 1.9 所示。二极管有两个电极,由 P 区引出的电极是正极,又称为阳极;由 N 区引出的电极是负极,又称为阴极。三角箭头方向表示正向电流的方向,正向电流只能从二极管的阳极流入,阴极流出。二极管的文字符号用 VD 表示。

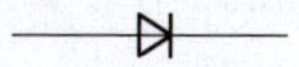

图 1.9 二极管的图形符号

1.2.2 二极管的伏安特性

二极管的主要特性是单向导电性,可用伏安特性曲线来描述。

二极管的种类虽然有很多,但它们都具有相似的伏安特性。所谓二极管的伏安特性曲线就是流过二极管的电流 I 与加在二极管两端电压 U 之间的关系曲线。硅和锗二极管的伏安特性曲线如图 1.10 所示,对其分段介绍如下。

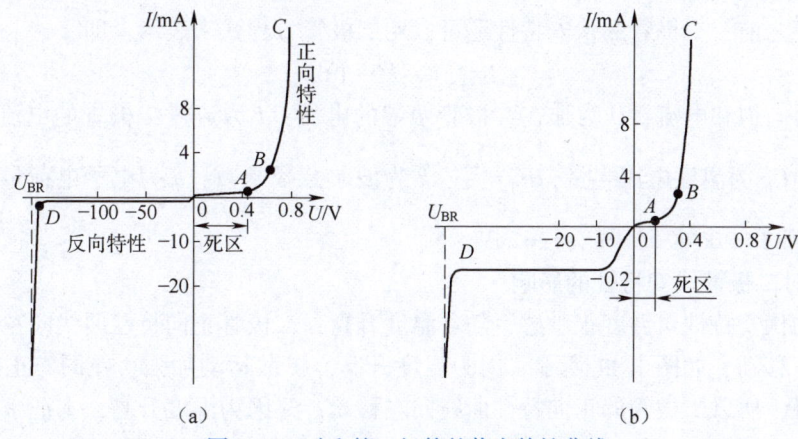

图 1.10 硅和锗二极管的伏安特性曲线
(a) 硅二极管 2CP6 的伏安特性曲线;(b) 锗二极管 2AP15 的伏安特性曲线

1. 正向特性

OA 段:当外加正向电压较小时,外电场远不足以克服内电场对多子扩散运动造成的阻力,致使多子不能顺利通过空间电荷区,故正向电流非常小,近似为 0。在这个区域内的二极管实际上还没有很好地导通,其呈现的电阻很大,该区域常称为"死区"。硅二极管的死区电压约为 0.5 V,锗二极管的死区电压约为 0.1 V。

点 A 以后,即外加正向电压超过死区电压,外电场开始削弱内电场对多子的阻碍作用,使正向电流增大。

BC 段:在正向电压大于 0.6 V 以后(对硅二极管),外电场大大削弱了内电场对多子的阻碍作用。多子在电场作用下大量通过 PN 结,所以正向电流随正向电压的增加而急速增大。在这个区域内,正向电压稍有增加,电流就会增大很多,这时二极管呈现的电阻很小,其表现出充分导通状态，可视为二极管具有恒压特性。在该区域内，二极管正向压降硅二极管为 0.6~0.7 V，锗二极管为 0.2~0.3 V。注意流过二极管的正向电流不能过大，否则会使 PN 结过热而烧坏二极管。

2. 反向特性

OD 段：所加电压加强了内电场对多子扩散的阻挡，多子几乎不能形成电流，但少子在外电场作用下漂移，形成很小的反向电流，反向电压升高，反向电流几乎不再增大。因为在一定温度下，由本征激发产生的少子总数一定，外加反向电压稍大一点，即可使全部少子参与导电，再加大反向电压，反向电流也不再增加，所以把该反向电流称为二极管的反向饱和电流 I_S。此时二极管呈现很好的反向电阻，近似处于截止状态。反向饱和电流越大，表明二极管的反向性能越差。硅二极管反向饱和电流较小，约在 1 μA 以下，锗二极管反向饱和电流达几微安到几十微安。

点 D 以后，若反向电压稍有增大，则反向电流急剧增大，这种现状称为反向击穿。二极管发生反向击穿时所加的电压称为反向击穿电压 U_{BR}。

注意：二极管被击穿后，不再具有单向导电性。二极管发生击穿并不等于其损坏了，如果对反向电流加以限制，二极管就不会损坏，当反向电压降低后，二极管又会恢复正常；如果不采取限制措施，PN 结就会因过热而烧坏。

3. 二极管方程

在未击穿之前，二极管的伏安特性还可以用二极管方程式来表示，即

$$I = I_S(e^{U/U_T} - 1) \quad (1.1)$$

式中，I_S 为反向饱和电流；U 为加在二极管两端的电压；I 为流过二极管的电流；e 为自然对数的底数；U_T 为温度电压当量，$U_T = \dfrac{kT}{q}$，k 为波尔兹曼常数，q 为电子电荷量，T 为绝对温度（K），当 $T = 300$ K 时，$U_T \approx 26$ mV。

4. 温度对二极管伏安特性的影响

二极管的伏安特性对温度很敏感，随着温度升高，二极管正向特性曲线向左移动，反向特性曲线向下移动，如图 1.11 所示。因为温度升高，扩散运动加强，在同一正向电流下的正向压降下降，所以二极管的正向特性曲线向左移动；又因为温度升高，本征激发加强，少子数目增加，在同一电压作用下，反向饱和电流增大，所以反向特性曲线向下移动。

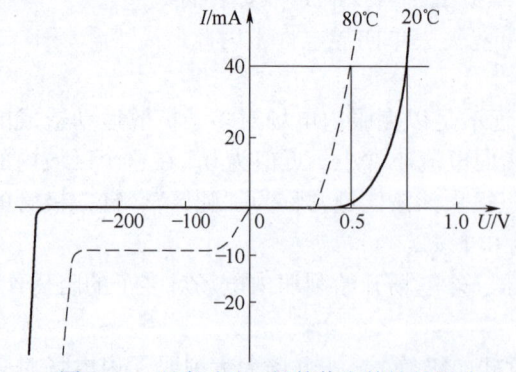

图 1.11 温度对硅二极管伏安特性的影响

二维码 1.2 PN 结的形成和二极管的单向导电性课程思政

由图 1.11 可知，若温度升高，则在同一正向电流下，二极管的正向压降减小，即二极管正向压降有负温度系数，负温度系数为 -2.4 mV/℃。若温度升高，则二极管的反向饱和电流 I_S 增大，反向击穿电压降低。一般来讲，温度每升高 10 ℃，二极管的反向电流 I_S 约增加一倍。

1.2.3　二极管的主要参数

二极管一般可用到 100 000 h 以上。但是如果使用不合理，则不能充分发挥其作用，甚至很快被损坏。要合理地使用二极管，就必须掌握它的主要参数，因为参数是电子元器件质量和特性的反映。电子元器件的参数是国家标准或制造厂家对生产的元器件应达到的技术指标所提供的数据要求，也是合理选择和正确使用元器件的依据。二极管主要有以下参数。

1. 最大整流电流 I_{FM}

I_{FM} 是指二极管长期工作时允许通过的最大正向平均电流。I_{FM} 与 PN 结的材料、面积及散热条件有关。当使用大功率二极管时，一般要加散热片。I_{FM} 是二极管的极限参数，在实际使用时，流过二极管的最大平均电流不能超过 I_{FM}，否则二极管会因过热而损坏。

2. 最高反向工作电压 U_{RM}

U_{RM} 是指二极管在使用时允许加的最高反向工作电压，通常取值为二极管反向击穿电压的一半左右。U_{RM} 也是二极管的极限参数，二极管在实际使用时所承受的最高反向工作电压不应超过此值；否则，二极管就会有反向击穿的危险。对于交流电来说，最高反向工作电压（峰值电压）也就是二极管的最高工作电压。

3. 反向电流 I_R

I_R 是指在规定的温度和最高反向工作电压下，二极管未击穿时的反向电流值，其值越小越好。

4. 最高工作频率 f_M

如果二极管的工作频率超过一定值，就可能失去单向导电性，因此最高工作频率 f_M 是保证二极管具有良好单向导电性能的最高工作频率。它主要由 PN 结结电容的大小来决定，结电容越大，则 f_M 越低。点接触型二极管的结电容较小，f_M 可达几百兆赫兹；面接触型二极管的结电容较大，f_M 只能达到几十兆赫兹。

此外，二极管还有正向压降、结电容和最高结温等参数。必须注意的是，手册上给出的参数是在一定测试条件下测得的数值。如果条件发生变化，则相应参数也会随之发生变化。因此，在选择所使用的二极管时应注意留有余地。

【例 1.1】　某位操作者有同型号的二极管甲、乙、丙 3 只，测得的数据如表 1.1 所示，试问哪只二极管性能最好？

表 1.1　二极管测得的数据

二极管	正向电流/mA（正向电压相同）	反向电流/μA（反向电压相同）	反向击穿电压/V
甲	30	3	150
乙	100	2	200
丙	50	6	80

解：乙二极管的性能最好，因为它的耐压高，反向电流小，在正向电压相同的情况下，乙二极管的正向电阻最小。

1.2.4　二极管的等效模型

由于二极管的伏安特性是非线性的，因此二极管电路的分析计算较为复杂。从工程观点出发，在电子电路的工程计算中，只要在精度允许的范围内，就常常将二极管的伏安特性进行线性化处理，常用的有下面 2 种近似处理方法。

1. 理想二极管的伏安特性

图 1.12 中用粗实线表示的是理想二极管的伏安特性曲线。由图可知，理想二极管正偏时的正向电压降为 0，相当于开关闭合（即短路）；反偏时，反向电流为 0，相当于开关断开（即开路）。

2. 二极管正向的固定压降伏安特性

图 1.13 为二极管正向的固定压降伏安特性曲线。由图可知，当二极管正向压降超过导通电压时，二极管导通，并在电路中呈现为一个固定正向压降（通常硅二极管取 0.7 V，锗二极管取 0.3 V）；否则二极管不导通，电流为 0。

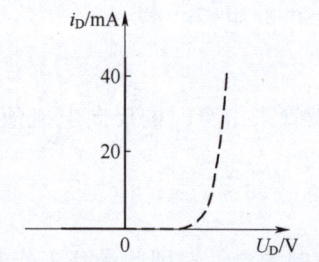

图 1.12　理想二极管的伏安特性曲线

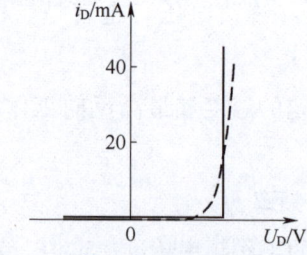

图 1.13　二极管正向的固定压降伏安特性曲线

对一般工程估算，若二极管正向压降小于串联电压的 1/10，则用理想伏安特性分析计算；若二极管正向压降不小于串联电压的 1/10，则用正向固定压降伏安特性分析计算。

【例 1.2】　试求图 1.14 所示电路中的 U_o 等于多少？假设二极管为硅二极管。

解：对于图 1.14（a）所示电路，因为二极管 VD 串接在 U_1、U_2、R 的回路中，二极管正向压降 U_F 远小于 U_1 或 U_2，所以将其看成理想二极管。设点 A 为公共参考点，二极管 VD 正极电位为 -10 V，R 的一端点 B 的电位为 -20 V，所以二极管 VD 正偏，相当于开关短接，求出 U_o = -10 V。

对于图 1.14（b）所示电路，将二极管看成理想二极管，VD_1、VD_2、VD_3 这 3 只二极管

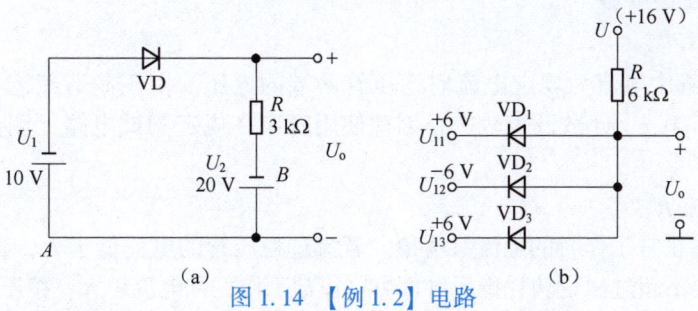

图 1.14 【例 1.2】电路

对于公共参考点（接地点）而言，VD_2 的阴极电位最低（为 $-6\ V$），所以 VD_2 优先导通。VD_1、VD_3 均因 VD_2 导通后，它们的阳极电位比阴极电位低而截止，求出 $U_o = -6\ V$。

二维码 1.3　二极管的应用电路

二维码 1.4　二极管的测量

1.2.5　稳压管

除普通二极管外，还有多种具有特殊功能和用途的二极管，稳压二极管就是其中之一。硅稳压二极管（简称稳压管）是一种用特殊工艺制造的面接触型硅半导体二极管。使用时，将它的阴极接外加电压的正端，阳极接负端，管子反向偏置，工作在反向击穿状态，利用它的反向击穿特性稳定直流电压。稳压管的图形符号如图 1.15 所示，文字符号用 VZ 表示。

1. 稳压管的稳压原理

图 1.16 为稳压管的伏安特性曲线，它通常工作在反向特性的点 A 与点 B 之间。二极管的反向击穿并不一定意味着管子损坏。只要限制流过管子的反向电流，就能使管子不因过热而烧坏，而且在反向击穿状态下，管子两端电压变化很小，而电流变化很大，具有恒压性能。稳压管正是利用这一点来实现稳压作用的。当稳压管工作时，流过它的反向电流在 $I_{Zmin} \sim I_{Zmax}$ 之间变化，在这个范围内，稳压管工作安全，且它两端的反向电压变化很小。

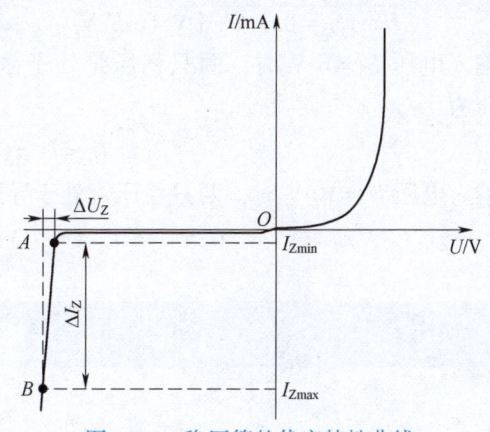

图 1.15　稳压管的图形符号　　　图 1.16　稳压管的伏安特性曲线

2. 稳压管的主要参数

（1）稳定电压 U_Z。

U_Z 是指稳压管中电流为规定电流时稳压管两端的电压。由于制造工艺不同，即使是同一型号的稳压管，其 U_Z 分散性也较大，因此使用时应在规定测试电路下测量出每一只管子的稳压值。

（2）稳定电流 I_Z。

I_Z 是指稳压管正常工作时的电流参考值。若流过稳压管的电流低于 I_Z，则稳压效果略差；若高于 I_Z，则只要不超过额定功耗稳压管都可以正常工作，且电流越大，稳压效果越好。

（3）动态电阻 r_Z。

r_Z 是稳压管两端电压变化量和通过它的电流变化量之比，即 $r_Z = \dfrac{\Delta U_Z}{\Delta I_Z}$。稳压管的 r_Z 很小，一般为十几欧至几十欧。使用时，应选 r_Z 小的稳压管。r_Z 越小，说明稳压管的反向击穿特性曲线越陡，稳压性能越好。

（4）额定功耗 P_Z。

P_Z 是由稳压管的温升来决定的，其值为它允许的最大工作电流 I_{ZM} 和稳定电压 U_Z 的乘积，即 $P_Z = I_{ZM} U_Z$。

（5）温度系数 α。

α 是稳定电压受温度影响的参数，其值为温度每变化 1℃ 时稳定电压的相对变化量，即 $\alpha = \dfrac{\Delta U_Z / U_Z}{\Delta T}$。$\alpha$ 越小，稳压性能受温度影响越小。一般来说，当稳压管的 U_Z 低于 4 V 时有负温度系数，高于 7 V 时有正温度系数，而 U_Z 为 4~7 V 的稳压管，其稳压性能受温度的影响比较小。因此，在要求温度稳定性较高的情况下，一般选用 U_Z 为 6 V 的稳压管。在要求温度稳定性更高的情况下，可将正温度系数的稳压管和负温度系数的稳压管串联使用，使温度系数相互补偿。

【例 1.3】电路如图 1.17 所示，稳压管的稳压值 U_{Z1} = 8 V，U_{Z2} = 6 V，它们的正向压降 U_Z = 0.7 V。试求当输入电压 U_i 分别为 6 V 和 10 V 时，输出电压 U_o 为多少？

解：两只稳压管串联，VZ_1 正向连接，VZ_2 反向连接。两只稳压管导通所需电压应大于

$$U_Z + U_{Z2} = 0.7 \text{ V} + 6 \text{ V} = 6.7 \text{ V}$$

当输入电压 U_i = 6 V 时，两只稳压管处于截止状态，输出电压为

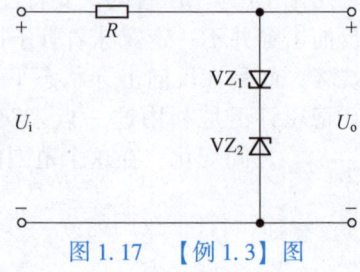

图 1.17 【例 1.3】图

$$U_o = U_i = 6 \text{ V}$$

当输入电压 U_i = 10 V 时，两只稳压管处于导通状态，输出电压为

$$U_o = U_Z + U_{Z2} = 0.7 \text{ V} + 6 \text{ V} = 6.7 \text{ V}$$

1.3 双极型晶体管

PN 结具有单向导电性，所以二极管可作为整流、开关、检波、稳压等电路的主要器件。

但是，它没有放大电信号的能力。而在电子设备中，经常需要对微弱的电信号进行放大。在生产实践和科学实验中，从传感器获得的模拟信号通常很微弱，只有经过放大后才能进一步处理，或者使之具有足够的能量来驱动执行机构，完成特定的工作。例如，在收音机电路中，接收到的无线电信号比较微弱，必须经过放大以后才能进行检波处理，并且检波后的音频信号也必须经过前置放大和功率放大后才能推动扬声器发声。由两个 PN 结组成的半导体晶体管（三极管）正好具有这种放大作用。因此，客观的需要促成了半导体晶体管的产生和发展。

1.3.1 晶体管的结构与类型

1. 晶体管的结构

晶体管又称为双极型晶体管（两种载流子参与导电）。晶体管结构示意如图 1.18 所示。其中图 1.18(a) 为 NPN 型晶体管（简称 NPN 管），图 1.18(b) 为 PNP 型晶体管（简称 PNP 管）。从图中可以看出，它们有 3 个区，并相应引出 3 个电极，即发射区引出发射极 e，基区引出基极 b，集电区引出集电极 c。晶体管有两个 PN 结，发射区和基区间的 PN 结称为发射结，集电区和基区间的 PN 结称为集电结。晶体管的图形符号和文字符号如图 1.19 所示，图中箭头方向表示发射极正偏时电流的实际方向。晶体管文字符号用 VT 表示。

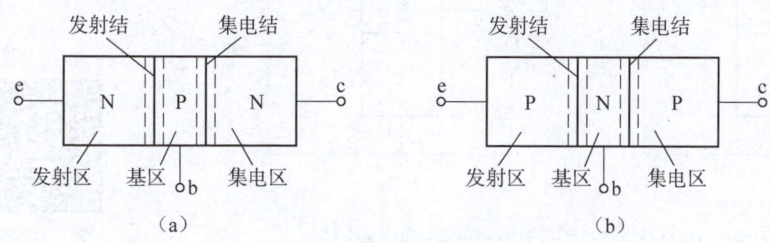

图 1.18　晶体管结构示意

(a) NPN 型晶体管；(b) PNP 型晶体管

2. 晶体管的类型

晶体管的种类繁多，除上述按结构分为 NPN 型和 PNP 型外，按制造材料分，还可以分为硅管和锗管；按功率大小分，可分为大、中、小功率管；按工作频率分，可分为高频管和低频管；按用途分，可分为放大管和开关管等。

不论是 NPN 型晶体管还是 PNP 型晶体管，它们的结构都有一个共同点，即发射区是高浓度掺杂区，基区很薄，且掺杂浓度低，集电区的面积大，这是晶体管具有电流放大作用的内部条件。

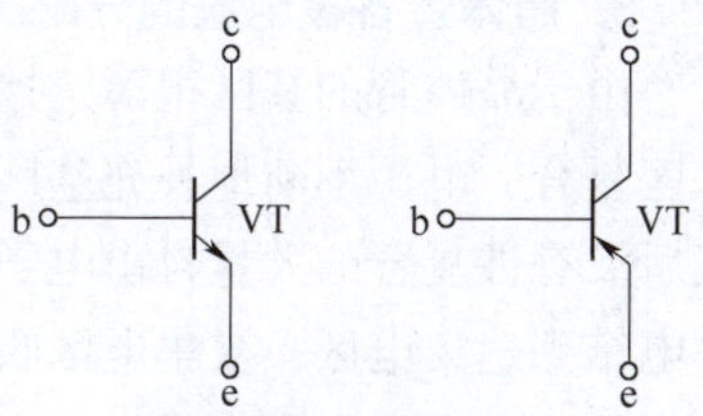

图 1.19　晶体管的图形符号和文字符号

1.3.2 晶体管的电流放大作用

1. 晶体管放大的概念

在电子电路中所说的"放大"有两方面的含义：一方面是指放大的对象是变化量，另一方面是指对能量的控制作用。所谓放大就是输入端用一个小的变化量去控制能源，使输出端产生一个大的与输入变化相对应的变化量。例如，人讲话时一般只有毫瓦级功率，而经过放大器之后送到扬声器的功率可达到十几甚至上千瓦。

2. 晶体管的偏置

晶体管基区很薄，发射区的载流子浓度远远大于基区的载流子浓度，这是晶体管实现电流放大作用的内部条件，而发射结正偏、集电结反偏是实现电流放大作用的外部条件。图 1.20(a) 为 NPN 管组成放大电路的外部电路，U_{CC} 通过 R_C 给集电结加一个反向电压（$U_{CB}>0$），U_{BB} 通过 R_B 给发射结加一个正向电压（$U_{BE}>0$）。因为 $U_{CB} = U_{CE} - U_{BE}$，所以只要 $U_{CE} > U_{BE}$，便可满足 $U_{CB}>0$，实现集电结反向偏置。显然，如果以发射极为参考电位，晶体管 3 个电极的电位满足 $U_C > U_B > U_E$，则可满足发射结正偏、集电结反偏的条件。而图 1.20(b) 为 PNP 管组成放大电路的外部电路，与 NPN 管的外部电路正好相反。若符合发射结正偏、集电结反偏，则必须满足 $U_C < U_B < U_E$。

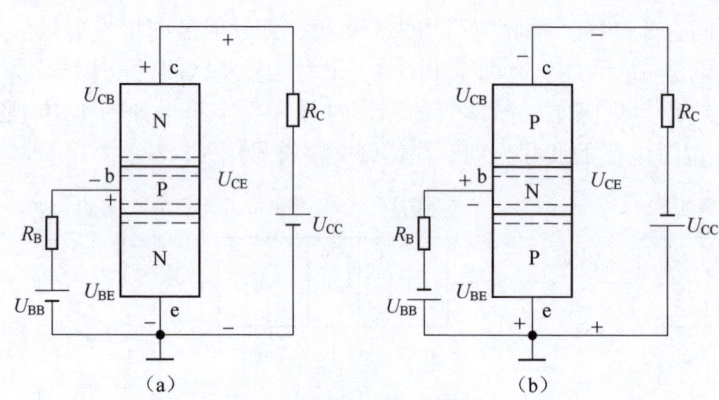

图 1.20　由晶体管组成放大电路的外部电路
(a) 由 NPN 管组成放大电路的外部电路；
(b) 由 PNP 管组成放大电路的外部电路

二维码 1.5　晶体管内部载流子的运动和各极电流的形成

3. 晶体管各极电流的分配关系

由于晶体管的基区很薄，掺杂浓度低，发射区的自由电子注入基区后只有很少一部分与基区复合，电源不断地补充基区被复合的空穴，形成很小的基极电流 I_{BN}。从发射区注入基区后没有被复合的大量自由电子成为基区的少子，在集电结反向电场的作用下，很容易越过集电结到达集电区，被集电区收集，形成集电极电流 I_{CN}。同时，集电区的少子空穴和基区本身的少子自由电子也将在内电场的作用下形成漂移电流，即反向饱和电流 I_{CBO}。

晶体管各极电流分别为

$$I_C = I_{CN} + I_{CBO} \tag{1.2}$$

$$I_B = I_{BN} - I_{CBO} \tag{1.3}$$

$$I_E = I_{CN} + I_{BN} = I_C + I_B \tag{1.4}$$

由以上可知，从发射区扩散到基区的电子（I_E），只有很小的一部分（I_{BN}）在基区复合，大部分（I_{CN}）到达集电区。把 I_{CN} 与 I_{BN} 的比值称为晶体管的共发射极直流电流放大系数，用 $\bar{\beta}$ 表示，即

$$\bar{\beta} = \frac{I_{CN}}{I_{BN}} \tag{1.5}$$

则

$$I_C = \bar{\beta} I_B + (1+\bar{\beta}) I_{CBO} \tag{1.6}$$

式中的 $(1+\bar{\beta}) I_{CBO}$ 称为穿透电流，用 I_{CEO} 表示，有

$$I_C \approx \bar{\beta} I_B \tag{1.7}$$

$$I_E = I_C + I_B = \bar{\beta} I_B + I_B = (1+\bar{\beta}) I_B \tag{1.8}$$

晶体管的电流方向与分配关系如图 1.21 所示。对于 PNP 管，其电流分配关系与 NPN 管相同，但由于它们形成的载流子极性不同，所以电流方向相反。

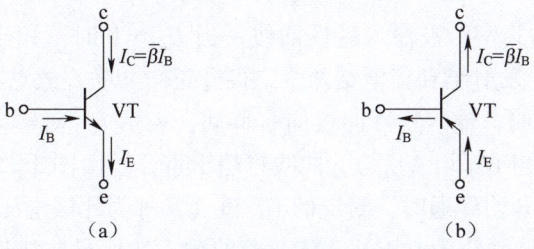

图 1.21　晶体管的电流方向与分配关系
（a）NPN 管；（b）PNP 管

4. 晶体管电流的放大作用

由以上分析可知，晶体管中的电流是按比例分配的，即 I_C 的大小不但取决于 I_B，而且远大于 I_B。因此，只要控制基极回路的小电流 I_B，就能实现对集电极回路大电流 I_C 的控制。这就是晶体管的电流放大作用或电流控制能力。因此常把晶体管称为电流控制器件。

现在再来讨论单管共发射极电路中 $\Delta U_i \neq 0$ 的情况。此时 $U_i = U_{BB} + \Delta U_i$，由于发射结两端电压的变化引起了发射极电流的变化，因此基极电流和集电极电流也会发生相应的变化，它们的变化量分别用 ΔI_B、ΔI_C 表示。在 U_i 的作用下，基极电流 i_B 和集电极电流 i_C 可表示为

$$i_B = I_B + \Delta I_B \tag{1.9}$$

$$i_C = I_C + \Delta I_C \tag{1.10}$$

ΔI_C 和 ΔI_B 的比值称为晶体管的共发射极交流电流放大系数，用 β 表示，即

$$\beta = \frac{\Delta I_C}{\Delta I_B} \tag{1.11}$$

实际上，当晶体管导通时，在 I_E 的一个相当大的范围内，β 和 $\bar{\beta}$ 相当接近，可以认为 $\beta \approx \bar{\beta}$，两者可以通用。

综上所述，当晶体管发射结正偏、集电结反偏时，晶体管具有电流放大作用。所谓电流放大作用，其实质就是基极电流对集电极电流的控制作用：I_B 的较小变化能引起 I_C 较大的变化，且 I_C 的变化规律与 I_B 的变化规律相同。

1.3.3 晶体管的特性曲线

晶体管的特性曲线是指晶体管各电极电压与电流之间的关系曲线，也称为伏安特性曲线。实际上，它是晶体管内部特性的外部表现，是分析放大电路的重要依据。从使用晶体管的角度来说，了解晶体管的外部特性比了解它的内部特性显得更为重要，晶体管的伏安特性主要有输入特性和输出特性两种。下面以共发射极放大电路为例，介绍晶体管的输入、输出特性曲线。

1. 共发射极输入特性曲线

晶体管的共发射极输入特性曲线是指当 U_{CE} 为固定值时，I_B 和 U_{BE} 之间的关系曲线，即

$$I_B = f(U_{BE}) \big|_{U_{CE}=常数} \tag{1.12}$$

图 1.22 为 NPN 管的共发射极输入特性曲线。当 $U_{CE}=0$ 时，相当于集电极和发射极短路，此时的晶体管相当于发射结和集电结两个二极管正向并联，故它与二极管的正向伏安特性曲线类似。当 U_{CE} 增大时，输入特性曲线向右移动，表示 U_{CE} 对输入特性的影响，但是当 U_{CE} 大于一定值后（一般当 $U_{CE}>1\text{ V}$ 后），曲线将趋于重合。由图 1.22 可以看出，存在导通电压 U_{on}，即指当晶体管开始导通时，对应的 U_{BE} 值（又称为死区电压或阈值电压），小功率硅管的 U_{BE} 约为 0.5 V，锗管约为 0.1 V。NPN 管的输入特性是非线性的，管子正常工作时发射结正向压降变化不大，硅管约为 0.7 V，锗管约为 0.2 V。

2. 共发射极输出特性曲线

晶体管的共发射极输出特性曲线是指在基极电流 I_B 一定时，集电极电流 I_C 和集电极与发射极之间的电压 U_{CE} 的关系曲线，即

$$I_C = f(U_{CE}) \big|_{I_B=常数} \tag{1.13}$$

图 1.23 为 NPN 管的共发射极输出特性曲线。实际上，输出特性曲线是 I_B 取不同值时的特性曲线簇。从图中可观察到晶体管的工作状态可分为 3 个区域，即截止区、饱和区和放大区。

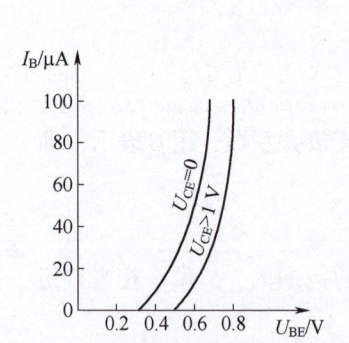

图 1.22　NPN 管的共发射极输入特性曲线

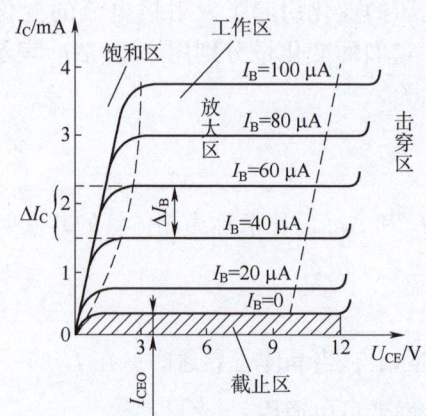

图 1.23　NPN 管的共发射极输出特性曲线

（1）截止区。

$I_B=0$ 曲线以下的区域称为截止区。在此区域内，发射结和集电结均反偏，$I_B=0$，$I_C=$

$I_{\text{CEO}} \approx 0$,晶体管 c 与 e 之间呈高阻状态,相当于开关断开。当然,由于晶体管在输入特性中存在死区电压,所以对硅管而言,当发射结电压 $U_{\text{BE}} < 0.5\text{ V}$ 时,晶体管已开始截止;对锗管而言,当发射结电压 $U_{\text{BE}} < 0.1\text{ V}$ 时,晶体管也进入截止状态。

(2) 饱和区。

U_{CE} 很小($U_{\text{CE}} \leqslant U_{\text{BE}}$)时的输出特性曲线陡直上升的区域称为饱和区。此时,集电结、发射结均正偏。I_{B} 对于 I_{C} 失去控制作用,因而晶体管工作在饱和区没有放大作用,也不存在 $I_{\text{C}} = \beta I_{\text{B}}$ 的关系。饱和时集电极、发射极间的压降称为饱和压降,用 U_{CES} 来表示,一般小功率硅管的 $U_{\text{CES}} \approx 0.3\text{ V}$,锗管 $U_{\text{CES}} \approx 0.1\text{ V}$。由于饱和压降很小,因此可把集电极与发射极之间看作开关的闭合。当 $U_{\text{CE}} = U_{\text{BE}}$,即 $U_{\text{CB}} = 0$ 时,晶体管达到临界饱和;当 $U_{\text{CE}} < U_{\text{BE}}$ 时,晶体管为过饱和状态。

(3) 放大区。

$I_{\text{B}} = 0$ 的曲线以上,各曲线近似为水平的区域称为放大区。在这个区域里,发射结正偏,集电结反偏,即放大区是指 $I_{\text{B}} > 0$ 且 $U_{\text{CE}} > 1\text{ V}$ 的区域。当 U_{CE} 超过 1 V 后,曲线变得比较平坦。由图 1.23 可知,对于一定的 I_{B},I_{C} 近似不变,即 U_{CE} 对 I_{C} 几乎无控制作用,具有电流恒定的特性。改变 I_{B} 可以改变 I_{C},因有 $I_{\text{C}} = \beta I_{\text{B}}$,故通过对 I_{B} 的控制可实现对 I_{C} 的控制。

【例 1.4】 在电路中,已知晶体管为 NPN 型,测量出各电极的电位如图 1.24(a) 所示。试判定该晶体管的工作状态。

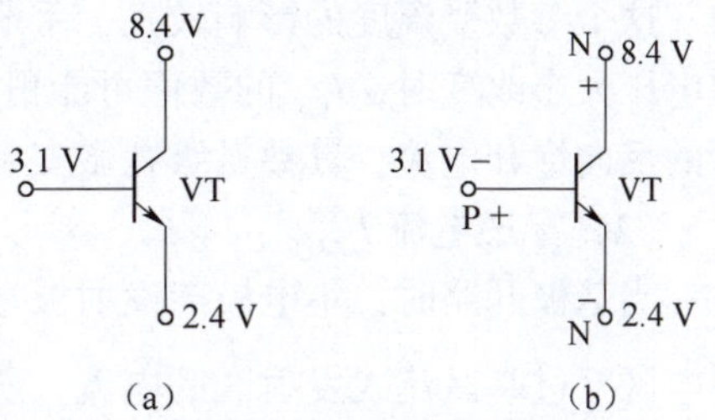

解:首先标出晶体管发射结、集电结两 PN 结的 P 端和 N 端。因为晶体管为 NPN 型,故集电极为 N,基极为 P,发射极为 N,如图 1.24(b) 所示。

然后依据各电极的电位确定发射结和集电结的偏置情况。如图 1.24(b) 所示,基极电位为 3.1 V,发射极电位为 2.4 V,基极为+,发射极为−。得出发射结 P 端为+,N 端为−,并且大于开启电压,发射结为正偏。同理,集电结 N 端为+,P 端为−,集电结为反偏。故该晶体管处于放大工作状态。

图 1.24 【例 1.4】图

1.3.4 晶体管的主要参数

晶体管的参数是表征晶体管各方面性能和安全运用范围的物理量,因此它是设计电路时选择管子,调整、计算电子电路的基本依据。晶体管的参数较多,这里介绍其主要参数。

1. 表征放大性能的参数

晶体管的表征放大性能的参数包括共发射极直流电流放大系数(简称共射直流电流放大系数)和共发射极交流电流放大系数(简称共射交流电流放大系数)。

(1) 共射直流电流放大系数。

当将晶体管接成共发射极电路时,在没有信号输入的情况下,集电极电流 I_{C} 和基极电流 I_{B} 的比值称为共射直流电流放大系数,即

$$\bar{\beta} = \frac{I_{\text{C}}}{I_{\text{B}}} \tag{1.14}$$

(2) 共射交流电流放大系数。

当将晶体管接成共发射极电路时，在有信号输入的情况下，集电极电流的变化量 ΔI_C 和基极电流的变化量 ΔI_B 的比值称为共射交流电流放大系数，即

$$\beta = \frac{\Delta I_C}{\Delta I_B} \tag{1.15}$$

这两个参数从定义上来看是不同的。若晶体管输出特性曲线比较平坦，各条曲线间隔相等，则可认为 $\beta \approx \bar{\beta}$。

由于制造工艺上的分散性，同一类型晶体管的 β 值差异很大。常用的小功率晶体管的 β 值一般为 20~200。β 值过小，管子电流放大作用小；β 值过大，管子工作稳定性差。一般选用 β 值为 40~100 的晶体管比较合适。

2. 表征稳定性的参数

极间反向电流是由少子热激发而形成的，它受温度的影响很大，对放大电路的稳定工作有着不容忽视的作用。

(1) 反向饱和电流 I_{CBO}。

当发射极开路时，集电极和基极之间的反向电流称为反向饱和电流，它是由少子形成的。这个参数受温度的影响较大。手册上给出的 I_{CBO} 都是在规定的反向电压下测出的，当反向电压大小改变时，I_{CBO} 的数值可能稍有改变。硅晶体管的反向饱和电流要远远小于锗晶体管的反向饱和电流，其数量级在微安和毫安之间，这个值越小越好。

(2) 穿透电流 I_{CEO}。

当基极开路时，集电极与发射极之间加上一定电压时的电流称为穿透电流。由于它是从集电区穿过基区流入发射区的电流，所以称为穿透电流，它是 I_{CBO} 的 $1+\bar{\beta}$ 倍。在选择管子时要兼顾 $\bar{\beta}$ 和 I_{CBO} 两个参数，不能盲目追求 $\bar{\beta}$ 值大的管子。

3. 表征安全工作的参数（晶体管的极限参数）

晶体管的极限参数是保证管子安全工作和选择管子的依据。

(1) 集电极最大允许电流 I_{CM}。

当晶体管工作在放大区，当集电极电流超过一定值时，其电流放大系数就会下降。晶体管的 β 值下降到正常值的 2/3 时的集电极电流，称为晶体管的集电极最大允许电流 I_{CM}。当集电极电流超过 I_{CM} 时，管子不一定损坏，但 β 值显著下降，管子性能变差。

(2) 集电极最大允许耗散功率 P_{CM}。

P_{CM} 是指在允许的集电结结温（硅管约为 150 ℃，锗管约为 70 ℃）下，集电极允许消耗的功率。一般小功率管的 $P_{CM} < 1\ \text{W}$，大功率管的 $P_{CM} \geq 1\ \text{W}$。P_{CM} 与散热条件和环境温度有关，在加装散热器后，可使 P_{CM} 大大提高。手册中给出的 P_{CM} 值是在常温（25 ℃）下测得的，对于大功率管则是在常温并加装规定尺寸散热器的情况下测得的。当晶体管工作时，U_{CE} 的大部分压降在集电结上，因此根据

$$P_{CM} = I_C U_{CE} \tag{1.16}$$

可在输出特性曲线上画出管子的最大允许功率损耗曲线，如图 1.25 所示。

(3) 反向击穿电压 $U_{(BR)CEO}$、$U_{(BR)CBO}$、$U_{(BR)EBO}$。

$U_{(BR)CEO}$ 是指基极开路时，集电极-发射极之间允许施加的最高反向电压；$U_{(BR)CBO}$ 是指发射极开路时，集电极-基极之间允许施加的最高反向电压；$U_{(BR)EBO}$ 是指集电极开路时，发

射极-基极之间允许施加的最高反向电压。这 3 个反向击穿电压的大小关系为 $U_{(BR)CBO}>U_{(BR)CEO}>U_{(BR)EBO}$。

由晶体管的 3 个极限参数 I_{CM}、P_{CM}、$U_{(BR)CEO}$ 可以画出晶体管的安全工作区，如图 1.25 所示。使用中，不允许将工作点设在安全工作区以外。

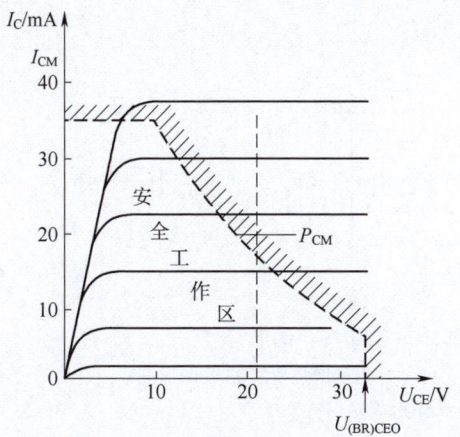

图 1.25　晶体管的最大允许功率损耗曲线

二维码 1.6　晶体管的测量

1.4　场效应晶体管

场效应晶体管出现于 20 世纪 60 年代初，它是一种电压控制型半导体器件，通过改变电场强弱来控制固体材料的导电能力。与电流控制型半导体器件——晶体管相比，场效应晶体管的突出优点是输入电阻高，能满足高内阻的信号源对放大电路的要求，因此它是较理想的前置输入级放大器件。此外，场效应晶体管还具有功耗低、制造工艺简单、便于集成化、噪声低、热稳定性好和抗辐射能力强等优点，得到了广泛的应用。场效应晶体管按其结构不同，可分为结型和绝缘栅型两大类，它们都只有一种载流子（多子）参与导电，故又称为单极型器件。由于绝缘栅型场效应晶体管（本书以下简称为 MOS 管）性能优越，为场效应晶体管的主流，故本书主要介绍 MOS 管。

1.4.1　MOS 管的结构和工作原理

MOS 管分为 N 沟道和 P 沟道，以及增强型和耗尽型，故 MOS 管有 4 种类型，即 N 沟道增强型、N 沟道耗尽型、P 沟道增强型、P 沟道耗尽型。

1. MOS 管的结构与图形符号

（1）增强型 MOS 管。

N 沟道增强型 MOS 管的结构如图 1.26（a）所示。在一块 P 型硅片（称为衬底）上，通过扩散工艺形成两个高掺杂 N 型区作为源极 s 和漏极 d，在栅极 g（铝电极）与沟道之间，被一层很薄的 SiO_2 所绝缘，故称为绝缘栅。由于场效应晶体管由金属、氧化物和半导体组成，又称为金属-氧化物-半导体场效应晶体管（这就是绝缘栅型场效应管简称为MOS管的原因）。图1.26(b)为N沟道增强型MOS管的图形符号，符号中的箭头表示P（衬底）指向N（沟道）。

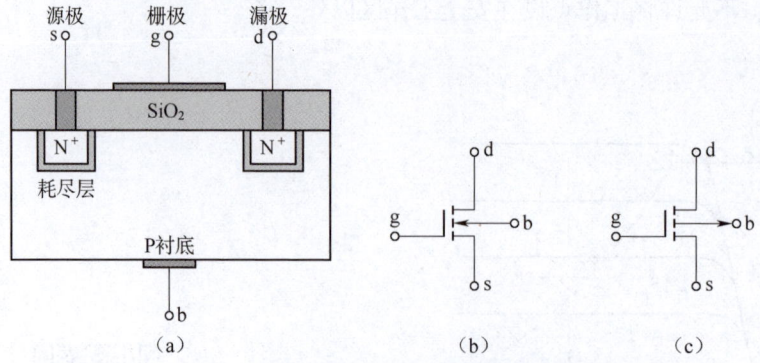

图1.26　N沟道增强型MOS管结构与图形符号

(a) N沟道增强型MOS管结构示意；(b) N沟道增强型MOS管图形符号；
(c) P沟道增强型MOS管图形符号

P沟道增强型MOS管的结构与N沟道增强型MOS管的区别是衬底为N型硅片，源极与漏极为P型区。图1.26(c)为P沟道增强型MOS管的图形符号，符号中的箭头方向与前者相反。

管子衬底引出一个引脚，用符号b表示，通常衬底b与源极s相连。由于增强型在$u_{GS}=0$时，没有导电沟道，在图形符号中形象地用竖直虚线表示漏、源极间没有原始导电沟道。

(2) 耗尽型MOS管。

增强型MOS管在结构上不存在原始导电沟道，如果在SiO_2绝缘层制作过程中掺入正离子，利用离子电场对空穴和自由电子的排斥与吸引，在紧靠SiO_2绝缘层表面形成N型的原始导电沟道，称为N沟道。N沟道耗尽型MOS管的结构如图1.27(a)所示，其图形符号如图1.27(b)所示。图形符号中，d与s之间用实线连接表示耗尽型MOS管具有原始导电沟道。

P沟道耗尽型MOS管的结构与N沟道耗尽型MOS管的区别是衬底为N型硅片，源极与漏极为P型区，在SiO_2绝缘层掺入负离子，形成的原始导电沟道为空穴组成的P型沟道，其图形符号如图1.27(c)所示。

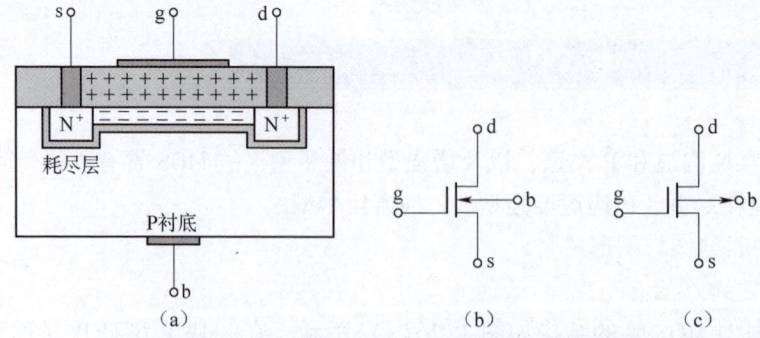

图1.27　N沟道耗尽型MOS管结构与图形符号

(a) N沟道耗尽型MOS管结构示意；(b) N沟道耗尽型MOS管图形符号；
(c) P沟道耗尽型MOS管图形符号

2. 工作原理

（1）增强型 MOS 管的工作原理。

以 N 沟道增强型 MOS 管为例，分析场效应晶体管的工作原理。

当栅源电压 $u_{GS}=0$ 时，由于漏极与源极之间没有导电沟道，因此虽然有漏源电压 u_{DS}，但是漏极电流 i_D 为 0，如图 1.28（a）所示。

如图 1.28（b）所示，当 $u_{GS}>0$ 时，栅极和 P 型衬底之间产生方向向下的电场。在电场的作用下，衬底上表面的多子（空穴）被向下排斥，衬底中的少子（自由电子）被吸引到衬底的上表面，使衬底的上表面附近的空穴减少，自由电子的数量增加。当 u_{GS} 足够大时，衬底上表面的自由电子浓度远远超过空穴浓度，该区域从 P 型变成了 N 型，称为反型层。反型层将漏极和源极两个 N^+ 区连通，形成沿衬底上表面的导电沟道，与漏极与源极的外电路形成回路，在 u_{DS} 的作用下，产生漏极电流 i_D。此时的 u_{GS} 称为开启电压，记为 $U_{GS(th)}$。此后 u_{GS} 进一步增大，导电沟道加宽，i_D 也随之增大，因此改变 u_{GS} 可以控制 i_D 的大小。由于绝缘层的存在，栅极电流 $i_G=0$，因此源极电流 i_S 与漏极电流 i_D 相等。

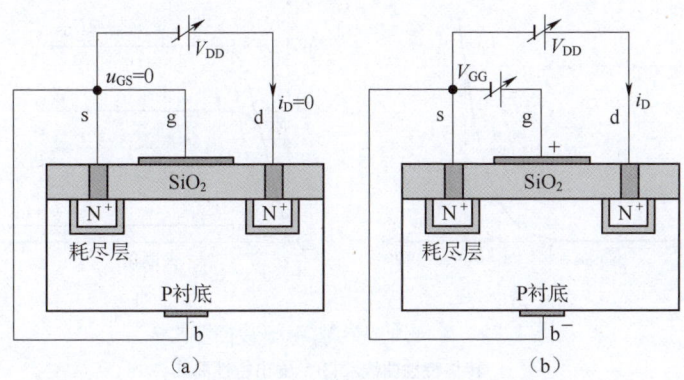

图 1.28　N 沟道增强型 MOS 管工作原理

（a）$u_{GS}=0$ 时；（b）$u_{GS}>0$ 时

（2）耗尽型 MOS 管的工作原理。

以 N 沟道耗尽型 MOS 管为例，分析场效应晶体管的工作原理。

由于在栅源电压 $u_{GS}=0$ 时就存在原始导电沟道，漏极与源极导通，有漏极电流，故当 $u_{GS}>0$ 时，导电沟道进一步加宽，从而使 i_D 增大。

当 $u_{GS}<0$ 时，在栅极与衬底之间形成方向向上的电场，与原来掺入杂质离子的电场方向相反，总电场减弱，使导电沟道变窄，从而使 i_D 减小。直到 $|u_{GS}|$ 足够大时，导电沟道消失，$i_D=0$，此时的 u_{GS} 称为夹断电压，记为 $U_{GS(off)}$。

与增强型 MOS 管一样，耗尽型 MOS 管具有改变 u_{GS} 可以控制 i_D 大小的作用。场效应晶体管实现了输入电压控制输出电流的作用。

1.4.2　MOS 管的特性曲线

1. N 沟道增强型 MOS 管的特性曲线

（1）转移特性曲线。

N 沟道增强型 MOS 管的转移特性曲线表示当 u_{DS} 保持不变时，栅源电压 u_{GS} 对漏极电流

i_D 的控制关系，即

$$i_D = f(u_{GS}) \big|_{u_{DS}=常数}$$

图 1.29(a) 为 N 沟道增强型 MOS 管的转移特性曲线。由图可见，当 $u_{GS}=0$ 时，$i_D \approx 0$；只有当 $u_{GS} \geqslant U_{GS(th)}$ 时，形成导电沟道，i_D 才随着 u_{GS} 的增加而增大，它们的变化关系是非线性的。

（2）输出特性曲线。

N 沟道增强型 MOS 管的输出特性曲线是指当 u_{GS} 保持不变时，漏极电流 i_D 与漏源电压 u_{DS} 之间的关系，即

$$i_D = f(u_{DS}) \big|_{u_{GS}=常数} \tag{1.17}$$

N 沟道增强型 MOS 管的输出特性曲线如图 1.29(b) 所示。由图可见，只有 u_{GS} 大于开启电压 $U_{GS(th)}$ 时，场效应晶体管才导通；不同的 u_{GS} 值，有一条 i_D-u_{DS} 曲线与之对应，形成输出曲线簇。

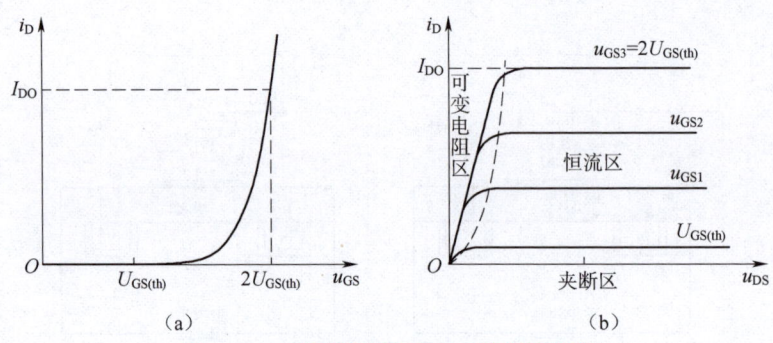

图 1.29 N 沟道增强型 MOS 管特性曲线

(a) 转移特性曲线；(b) 输出特性曲线

N 沟道增强型 MOS 管的输出特性曲线分为 3 个工作区，即夹断区、可变电阻区和恒流区。

①夹断区。当 $u_{GS} < u_{GS(th)}$ 时，管子没有导电沟道，$i_D = 0$，在漏极特性曲线中，$u_{GS} = u_{GS(th)}$，漏极特性曲线以下的区域为夹断区。

②可变电阻区。当 $u_{GS} > u_{GS(th)}$，且 u_{DS} 较小时，管子没有出现预夹断的情况，i_D 与 u_{DS} 近似呈线性关系，这时漏极与源极之间可以看成一个受 u_{GS} 控制的可变电阻。由特性曲线可知，u_{GS} 越大，曲线越陡，d、s 之间的等效电阻越小。

③恒流区。当 $u_{GS} > u_{GS(th)}$，且 u_{DS} 较大时，在管子出现预夹断以后，i_D 只取决于 u_{GS}，而与 u_{DS} 无关，该区是一组近似的水平曲线。在这个区域内，u_{DS} 对 i_D 不起控制作用，不管 u_{DS} 增大或减小，i_D 都处于饱和状态，所以这个区域又称为饱和区。

应当指出，恒流区与可变电阻区是以预夹断的连线为分界线的，当 $u_{GD} = u_{GS} - u_{DS} = u_{GS(th)}$ 时，导电沟道预夹断，则预夹断时的漏源电压为 $u_{DS} = u_{GS} - u_{GS(th)}$。

（3）电流方程。

N 沟道增强型 MOS 管工作在恒流区时，i_D 与 u_{GS} 的近似关系为

$$i_D = I_{DO}\left(\frac{u_{GS}}{U_{GS(th)}} - 1\right)^2 \tag{1.18}$$

式中，I_{DO} 是 $u_{GS}=2U_{GS(th)}$ 时的 i_D 值。

2. N 沟道耗尽型 MOS 管的特性曲线及电流方程

（1）特性曲线。

N 沟道耗尽型 MOS 管的转移特性曲线如图 1.30（a）所示，其输出特性曲线如图 1.30（b）所示。

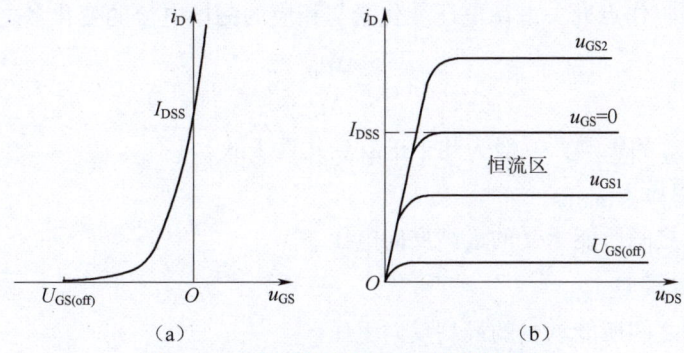

图 1.30　N 沟道耗尽型 MOS 管特性曲线

（a）转移特性曲线；（b）输出特性曲线

（2）电流方程。

N 沟道耗尽型 MOS 管工作在恒流区时，i_D 与 u_{GS} 的关系可近似地表示为

$$i_D = I_{DSS}\left(1-\frac{u_{GS}}{U_{GS(off)}}\right)^2 \tag{1.19}$$

式中，I_{DSS} 是 $u_{GS}=0$ 时的漏极电流。

1.4.3　MOS 管的主要参数

1. 开启电压 $U_{GS(th)}$

$U_{GS(th)}$ 是指当 u_{DS} 为某一固定值时，增强型场效应晶体管产生导电沟道所需的栅源电压。

2. 夹断电压 $U_{GS(off)}$

$U_{GS(off)}$ 是指当 u_{DS} 为某一固定值时，耗尽型场效应晶体管夹断导电沟道所需的栅源电压。

3. 饱和漏极电流 I_{DSS}

I_{DSS} 是指工作在恒流区的耗尽型场效应晶体管在 $u_{GS}=0$ 时的漏极电流。

4. 直流输入电阻 R_{GS}

R_{GS} 是指在漏源间短路的条件下，栅源间加一固定电压时的栅源直流电阻，其一般大于 $10^8\ \Omega$。

5. 低频跨导 g_m

低频跨导是表示场效应晶体管放大能力的重要参数，即反映 u_{GS} 对 i_D 的控制能力。其定

义为在静态工作点处,漏极电流的变化量与相应栅源电压变化量之比,即

$$g_m = \frac{\Delta i_D}{\Delta u_{GS}}$$

低频跨导的单位为西门子,符号为 S,其大小一般为毫西门子数量级。

6. 漏源动态电阻 r_{ds}

r_{ds} 是指在静态工作点处,漏源电压变化量与相应的漏极电流的变化量之比,即

$$r_{ds} = \frac{\Delta u_{DS}}{\Delta i_D}$$

r_{ds} 反映 u_{DS} 对 i_D 的影响,一般为几十千欧到几百千欧。

7. 栅源击穿电压 $U_{(BR)GS}$

$U_{(BR)GS}$ 为栅源之间所能承受的最高反向电压。

8. 漏源击穿电压 $U_{(BR)DS}$

$U_{(BR)DS}$ 为漏源之间所能承受的最高反向电压。

9. 最大耗散功率 P_{DM}

P_{DM} 指允许耗散在管子上的最大功率。

1.4.4 MOS 管的特性对比

各类 MOS 管的特性比较如表 1.2 所示。

表 1.2 各类 MOS 管的特性比较

类型	图形符号	转移特性曲线	输出特性曲线
N 沟道增强型 MOS 管	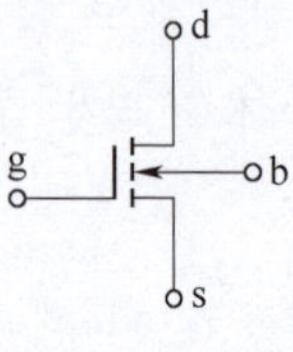	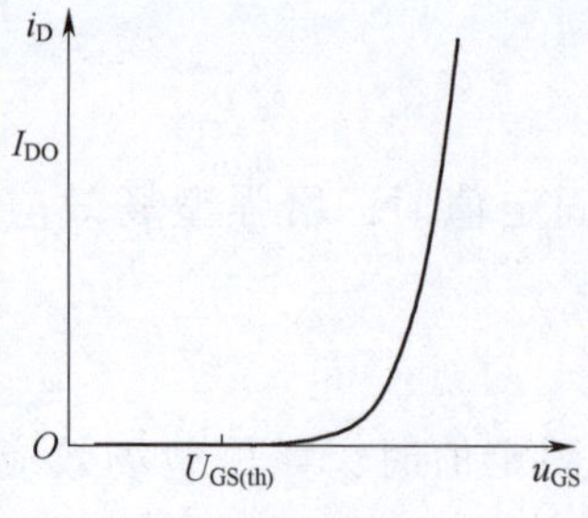	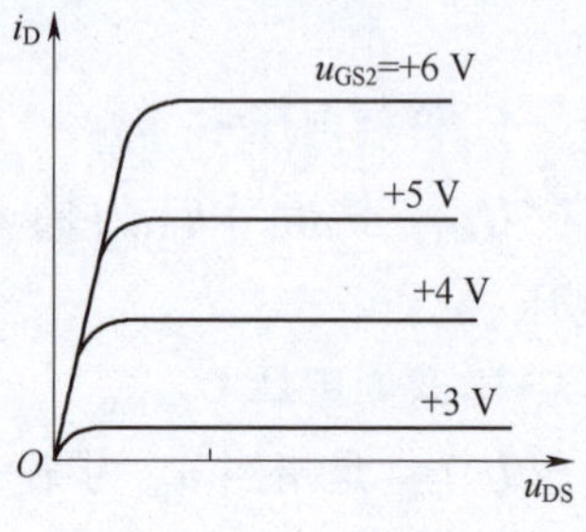
N 沟道耗尽型 MOS 管	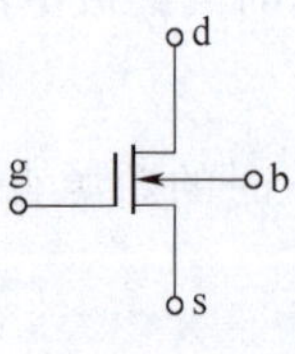	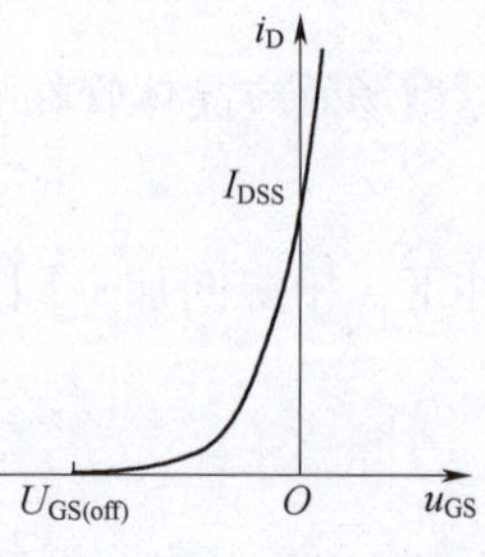	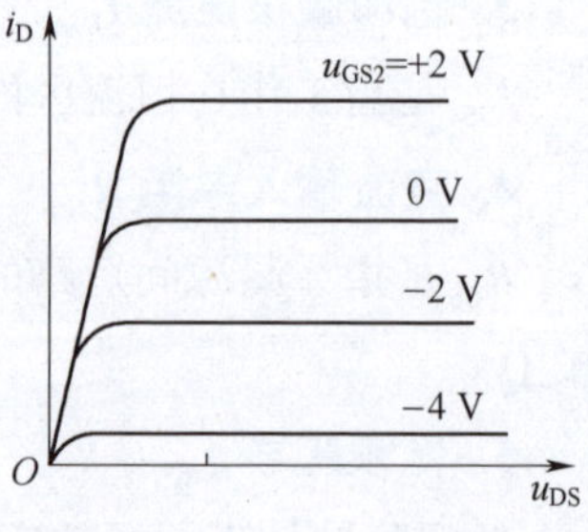

续表

类型	图形符号	转移特性曲线	输出特性曲线
P 沟道增强型 MOS 管		转移特性曲线，标有 $U_{GS(th)}$	输出特性曲线，$u_{GS2}=-5$ V, -4 V, -3 V, -2 V
P 沟道耗尽型 MOS 管		转移特性曲线，标有 $U_{GS(off)}$，I_{DSS}	输出特性曲线，$u_{GS2}=-1$ V, 0 V, $+1$ V, $+2$ V

本章小结

（1）硅和锗是两种常见的制造半导体器件的材料。在半导体中有自由电子和空穴两种载流子。

（2）P 型半导体的多数载流子是空穴，少数载流子是自由电子。N 型半导体的多数载流子是自由电子，少数载流子是空穴。杂质半导体中多数载流子的浓度取决于掺入杂质元素原子的浓度，而少数载流子的浓度与温度有关。

（3）半导体中载流子的基本运动形式是扩散运动和漂移运动，PN 结是由这两种运动达到平衡时形成的。PN 结具有单向导电性，它是半导体二极管和其他半导体器件的核心。

（4）当 PN 结正向偏置时，空间电荷区变窄，呈现为低电阻，处于导通状态；当 PN 结反向偏置时，空间电荷区变宽，呈现为高电阻，处于反向截止状态。

（5）PN 结的伏安特性表达式为 $I=I_S(e^{U/U_T}-1)$。

（6）半导体二极管由一个 PN 结构成，具有单向导电性，即开关特性。半导体二极管伏安特性包括正向特性和反向特性两部分。二极管的主要参数有最大整流电流、反向击穿电压、最高反向工作电压、反向电流、最高工作频率等。

（7）半导体二极管可用于整流、限幅、钳位等电路。

（8）稳压二极管主要利用其在反向击穿区状态下的恒压特性。稳压二极管稳压是直流稳压电源中最简单的形式。

（9）晶体管有 NPN 型和 PNP 型两种。晶体管的外形有 3 个电极，分别是发射极、基极和集电极；晶体管的内部结构有两个 PN 结，分别称为发射结和集电结；常用的晶体管有硅管和锗管。

（10）晶体管有3种工作状态，分别是放大、饱和和截止状态。当发射结正偏、集电结反偏时，晶体管处于放大状态；当发射结正偏、集电结正偏时，晶体管处于饱和状态；当发射结反偏、集电结反偏时，晶体管处于截止状态。模拟电路中晶体管常工作于放大状态；数字电路中晶体管常工作于饱和和截止状态（称为开关状态）。

（11）晶体管的伏安特性有输入特性和输出特性。从输入特性上可知，硅管的导通电压约为 0.7 V，锗管的导通电压约为 0.3 V；从输出特性上可以看出，在放大区，有 $i_C = \beta i_B$，即较小的基极电流可以控制较大的集电极电流，所以通常称晶体管是一种电流控制器件。

（12）晶体管的参数可分为表征放大性能参数、表征稳定性参数和极限参数。反映其放大性能的参数是 β。温度对晶体管参数的影响是，当温度升高时，β、I_{CEO} 增大，U_{BE} 减小。

（13）绝缘栅型场效应晶体管有 N 沟道和 P 沟道两类。绝缘栅型场效应晶体管又分为增强型和耗尽型。

（14）场效应晶体管是电压控制型器件，而半导体晶体管是电流控制型器件，区别在于场效应晶体管是通过栅源电压 u_{GS} 控制漏极电流 i_D，体现这种控制作用的是低频跨导 g_m。

（15）绝缘栅型场效应晶体管可以工作于3个工作区：可变电阻区、恒流区和夹断区。

综合习题

一、填空题

1. 半导体材料有3个特性，即热敏性、光敏性、_____。
2. 在本征半导体中掺入适量五价元素，可形成_____型半导体。
3. PN 结的主要特性是_____。
4. 稳压二极管稳压时工作在_____状态。
5. 晶体管的3种工作状态分别为放大状态、_____状态和截止状态。
6. 双极型晶体管是一种_____控制器件。
7. 放大电路中某只晶体管各电极对地的电位为 $U_{A1} = 7$ V，$U_{A2} = 1.8$ V，$U_{A3} = 2.5$ V，则该晶体管为_____型管。

二、选择题

1. 稳压管的工作是利用伏安特性中的（　　）。
   A. 正向特性　　B. 反向特性　　C. 反向击穿特性　　D. 单向导电特性
2. 若晶体管的两个 PN 结都有反偏电压，则晶体管处于（　　）。
   A. 截止状态　　B. 饱和状态　　C. 放大状态　　D. 导通状态
3. 晶体管中电流分配关系为（　　）。
   A. $I_B = I_C + I_E$　　B. $I_C = I_B + I_E$　　C. $I_E = I_C + I_B$　　D. $I_B \geq I_C + I_E$
4. 如右图所示电路中二极管的工作情况为（　　）。

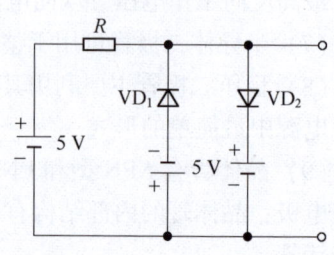

   A. VD_1、VD_2 均截止
   B. VD_1、VD_2 均导通
   C. VD_1 截止、VD_2 导通
   D. VD_1 导通、VD_2 截止

三、判断题

1. 二极管的导通区是正向电压变化比较大时，相应的正向电流变化都很小。（　　）
2. 实现 PNP 型晶体管可靠截止的条件是 $U_{BE}>0$ 和 $U_{BC}>0$。（　　）
3. 一个 NPN 型晶体管，由测量得知 3 个电极的电位分别为 $U_E=-6.6\ V$，$U_B=-6\ V$，$U_C=-3\ V$，这个晶体管工作在放大状态。（　　）
4. 测得放大电路中某晶体管 3 根引线对公共端电位：引线 1 是-4 V，引线 2 是-3.3 V，引线 3 是-8 V，则该管是 PNP 型锗管。（　　）
5. 一个晶体管接在放大电路中，看不出它的型号，也无其他标志，但可测出它的 3 个电极的对地电位。电极 A 的电位 $U_A=-9\ V$，电极 B 的电位 $U_B=-6\ V$，电极 C 的电位 $U_C=-6.2\ V$，则电极 A 为集电极，电极 B 为发射极，电极 C 为基极。（　　）

四、改错题

如下图所示电路能否起到稳压作用？若不能，请画出能起稳压作用的电路。

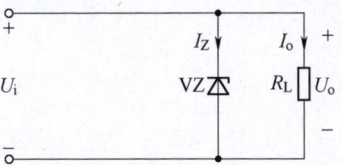

五、计算题

1. 测得放大电路两只晶体管中的两个电极的电流如下图所示。试求另一个电极电流的大小，并确定各电极的引脚。

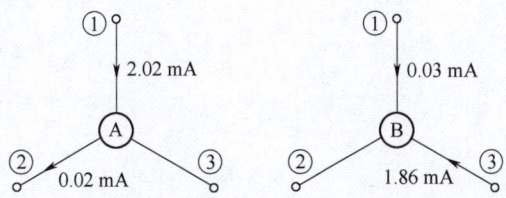

2. 电路如下图所示，VZ_1、VZ_2 为稳压二极管，其稳定工作电压分别为 8 V 和 10 V，它们的正向压降为 0.7 V，设 U_i 足够大，计算 U_o 为多少？

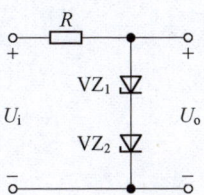

3. 测得放大电路中处于放大状态的晶体管各电极对"地"的电压如下图所示，试判断晶体管的类型（NPN 型或 PNP 型）及 3 个电极，并说明它们是硅管还是锗管。

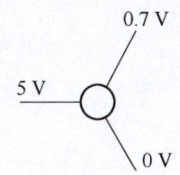

4. 测得晶体管静态时 3 个电极对"地"的电压如下图所示，试判断晶体管的工作状态，并确定其有无损坏。

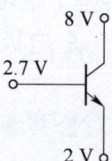

5. 电路如下图所示，已知 $U_i = 9$ V，稳压管两端电压 $U_Z = 6$ V，试计算 U_o、电阻 R 两端电压 U_R。

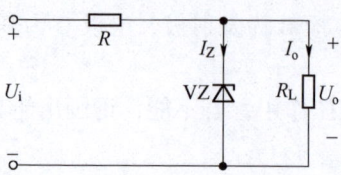

第 2 章　放大电路及其基本分析方法

★内容提要

双极型晶体管于1958年发明,是半导体基本器件之一,具有电流放大作用,是电子电路的核心器件,是现代电子技术的基础。晶体管可以构成具有各种功能的模拟集成电路、数字集成电路。放大电路是由晶体管构成的最基本电路,是各种电子设备的最基本单元电路。晶体管放大电路的作用是将微弱信号不失真地放大到最需量级,在需要提高信号的电压幅度、电流幅度或功率的场合都可以用晶体管放大电路来实现。

本章首先介绍放大电路的主要技术指标,用以说明放大电路的组成及放大作用的基本原理。其次以单管共发射极放大电路为例,提出模拟电子电路的两种工作状态及常用的两种电路分析方法,在此基础上引出能稳定静态工作点的分压式静态工作点稳定电路。接下来介绍放大电路的共集电极和共基极放大电路,并对3种组态作对比。本章中还针对场效应晶体管放大电路的组成和特点加以简单说明。最后阐述多级放大电路的3种耦合方式,分析多级放大电路的电压放大倍数,以及其输入、输出电阻和频率特性。

★学习目标

要知道:放大电路的主要技术指标,放大电路的组成及放大作用的基本原理,放大电路的静态分析方法和动态分析方法,分压式静态工作点稳定电路和射极输出器,放大电路3种组态的特点。

会计算:共发射极放大电路静态工作点、动态性能指标。

会画出:放大电路的直流通路和交流通路。

会识别:放大电路的组态,放大电路频率特性指标。

二维码 2.1　知识导图

2.1 放大电路的主要技术指标

放大电路是指具有放大作用的电路，也称为放大器。组成放大电路的核心元件是具有放大功能的双极型晶体管和场效应晶体管。放大的实质是在输入信号的控制下，将直流能量转换为交流能量的过程。

放大电路的技术指标用以定量描述电路的性能。测量放大电路技术指标的示意图如图 2.1 所示。测试时通常在放大电路的输入端加入一个正弦测试电压，然后测量电路中其他有关量，得到相应的技术指标。放大电路的主要技术指标简要介绍如下。

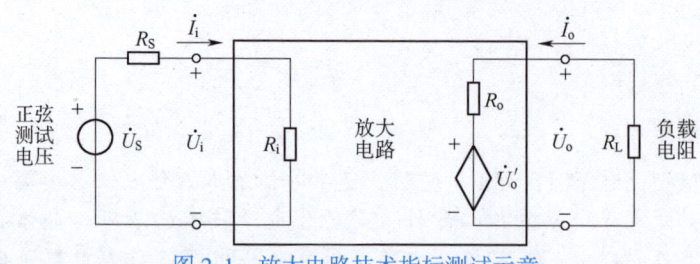

图 2.1 放大电路技术指标测试示意

1. 放大倍数

放大倍数是描述放大电路放大能力的指标，常用的有电压放大倍数与电流放大倍数。

（1）电压放大倍数。

电压放大倍数定义为输出电压与输入电压变化量之比。当输入为正弦量时，输出与输入电压用正弦相量表示，即

$$\dot{A}_u = \frac{\dot{U}_o}{\dot{U}_i} \tag{2.1}$$

（2）电流放大倍数。

电流放大倍数定义为输出电流与输入电流变化量之比，同样输出与输入电流可用正弦相量表示，即

$$\dot{A}_i = \frac{\dot{I}_o}{\dot{I}_i} \tag{2.2}$$

必须注意，放大倍数在测量时，只有在输出信号没有明显失真的情况下才有意义。

2. 输入电阻

输入电阻是描述放大电路从信号源获得信号能力的指标。所谓输入电阻是指从放大电路输入端看进去的等效电阻，其定义为输入电压与对应输入电流的比值，即

$$R_i = \frac{\dot{U}_i}{\dot{I}_i} \tag{2.3}$$

若输入电阻大，则从信号源索取的电流小；若输入电阻小，则从信号源索取的电流大。

因此输入电阻的大小,表明了放大电路对信号源的影响程度。

当考虑信号源内阻时,常用另一个放大倍数——源电压放大倍数 $\dot{A}_{us}$ 来表示放大电路对信号的放大情况。源电压放大倍数 $\dot{A}_{us}$ 定义为

$$\dot{A}_{uS} = \frac{\dot{U}_o}{\dot{U}_S} = \frac{\dot{U}_o}{\dot{U}_i} \cdot \frac{\dot{U}_i}{\dot{U}_S} = \dot{A}_u \frac{R_i}{R_i + R_S}$$

把放大电路输入端用输入电阻等效,由图 2.1 可见,输入电阻 R_i 与信号源 U_S 以及信号源内阻 R_S 组成串联电路,输入电阻越大,放大电路获得的输入电压 U_i 越大。通常希望输入电阻越大越好。

3. 输出电阻

输出电阻是描述放大电路带负载能力的指标。所谓输出电阻是指从放大电路输出端看进去的等效电阻。其定义为当输入端输入信号短路(即 $U_S = 0$),输出端负载开路(即 $R_L = \infty$)时,输出电压与对应输出电流的比值,即

$$R_o = \frac{\dot{U}_o}{\dot{I}_o} \bigg|_{U_S = 0, R_L = \infty} \tag{2.4}$$

带负载能力是指放大电路输出给负载信号电压的大小,负载获得的电压越大,带负载能力越强。由图 2.1 可见,输出电阻越小,说明放大电路带负载能力越强。

4. 通频带

在实际的放大电路中有电容、电感等电抗性元件,还有分布电容、分布电感及晶体管的 PN 结的结电容,因此信号频率的变化会影响放大倍数的大小。实验证明,这些电抗性元件对放大电路性能的影响可以用图 2.2 所示的曲线描述,该曲线称为放大电路的幅频特性曲线。

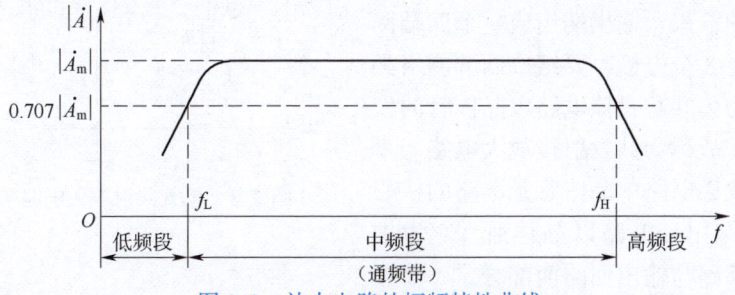

图 2.2 放大电路的幅频特性曲线

由图可见,在很大的频率变化范围(称为中频段)内,放大电路的放大倍数基本不变,但当信号频率很低或很高时,放大倍数将明显下降。将放大倍数下降到中频段放大倍数的 $1/\sqrt{2}$ 倍(或 0.707 倍)时所对应的频率称为下限截止频率(或下限频率)f_L 和上限截止频率(或上限频率)f_H。下限频率和上限频率之间的频率范围称为通频带,用 f_{BW} 表示,即

$$f_{BW} = f_H - f_L$$

通频带是用来衡量放大电路对不同频率信号的放大能力的。通频带越宽,表示放大电路能够放大的频率范围越大。

5. 最大输出功率与效率

（1）最大输出功率。

放大电路的最大输出功率，是指在输出信号没有明显失真的前提下，放大电路向负载提供的最大功率，通常用符号 P_{om} 表示。

（2）效率。

放大的本质是能量的转换，负载上得到的输出功率，是由直流电能转换来的，因此就存在功率转换的效率，也就是放大电路的效率。放大电路的效率定义为最大输出功率 P_{om} 与直流电源消耗功率 P_V 之比，即

$$\eta = \frac{P_{om}}{P_V} \tag{2.5}$$

2.2　单管共发射极放大电路

由前述可知，晶体管可以实现电流控制作用，利用晶体管的这一特性可以组成各种基本放大电路。本节以单管共发射极放大电路为例，介绍放大电路的组成和放大原理。

2.2.1　单管共发射极放大电路的组成

由 NPN 型晶体管组成的单管共发射极放大电路（简称为单管共射放大电路）的原理电路如图 2.3 所示。

放大电路的输入、输出端组成一个四端网络，晶体管只有 3 个电极，要组成四端网络必然有一个电极为公共端，该电路以晶体管的发射极为公共端，故称为共发射极放大电路。

单管共射放大电路中晶体管是电路的核心器件，起放大作用。电路以晶体管 VT 为中心，分为输入回路与输出回路两部分。

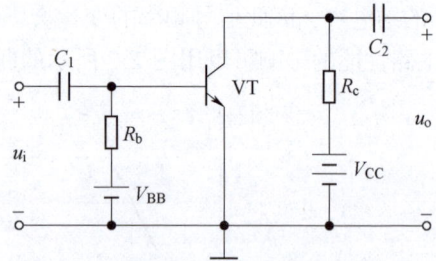

图 2.3　单管共射放大电路的原理电路

1. 输入回路

单管共射放大电路的输入回路如图 2.4（a）所示，由基极偏置电阻 R_b、基极电源 V_{BB}、输入耦合电容 C_1，以及晶体管的发射结组成。

基极电源 V_{BB} 与基极偏置电阻 R_b 为晶体管发射结提供正向偏置，并产生合适的基极工作电流 I_B；输入耦合电容 C_1 起"隔直通交"的作用，是输入信号的通道。

2. 输出回路

单管共射放大电路的输出回路如图 2.4（b）所示，由集电极电阻 R_c、集电极电源 V_{CC}、输出耦合电容 C_2，以及晶体管的集电极与发射极组成。

集电极电源 V_{CC} 与集电极电阻 R_c 为晶体管集电结提供反向偏置，并产生合适的集电极工作电流；同时集电极电源 V_{CC} 为输出信号提供能量。

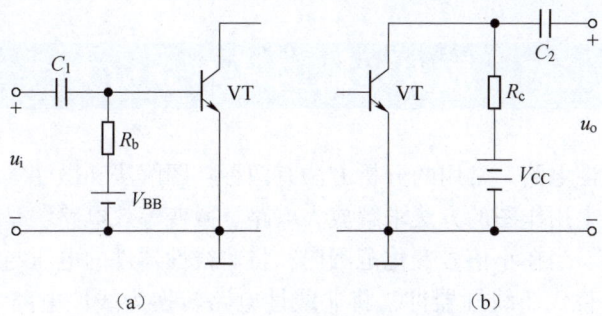

图 2.4 单管共射放大电路的输入与输出回路
(a) 输入回路；(b) 输出回路

集电极电阻 R_c 另一个重要的作用是将集电极电流的变化转变为电压的变化，形成输出电压。输出耦合电容 C_2 提供信号的输出通道。

2.2.2 单管共发射极放大电路的工作原理

1. 工作原理

在图 2.3 所示的电路中，假设在放大电路的输入端加入一个微小的变化电压 Δu_i，晶体管基极与发射极之间的电压 u_{BE} 将随之变化，产生变化量 Δu_{BE}，基极电流 i_B 也随之变化，变化量为 Δi_B，经过晶体管的电流放大作用，使集电极电流 i_C 产生比 Δi_B 大 β 倍的变化量 Δi_C，变化的集电极电流 i_C 流过集电极电阻 R_c，使发射极与集电极之间的电压 u_{CE} 也产生相应变化。显然，u_{CE} 的变化远远大于输入电压的变化，u_{CE} 的变化量就是输出电压 Δu_o。

综上：放大电路输入端输入一个微小的变化量，输出端得到一个比其大若干倍的变化量，从而实现了放大作用。

将上述的放大过程表述为

$$\Delta u_i \to \Delta u_{BE} \to \Delta i_B \to \Delta i_C = (1+\beta)\Delta i_B \to \Delta u_{CE} \to \Delta u_o$$

2. 实际应用的单管共射放大电路

由于图 2.3 的原理电路需要两个电源，既不方便又不经济，因此实际应用的单管共射放大电路将两个电源 V_{BB} 与 V_{CC} 合并为一个电源 V_{CC}，如图 2.5(a) 所示。电源 V_{CC} 取代 V_{BB}，通过电阻 R_b 为晶体管发射结提供正向偏置。

图 2.5(b) 为单管共射放大电路的简化画法，将电源用电位表示，即只标出电源正极端。

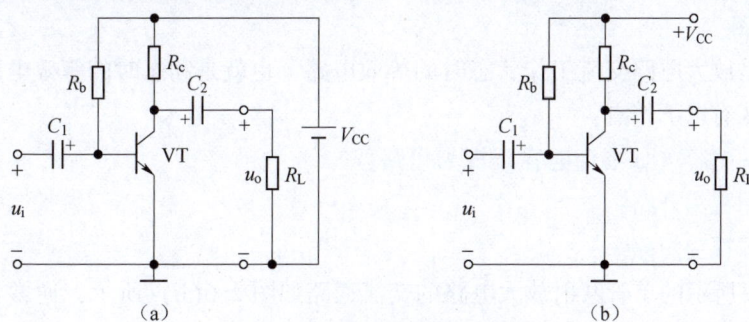

图 2.5 单管共射放大电路
(a) 单电源；(b) 简化电路

2.3 放大电路的基本分析方法

放大电路是非线性电路，常用的分析方法有两种：图解法和微变等效电路法。图解法是在放大管的特性曲线上用作图的方法求解放大电路。微变等效电路法是将非线性电路转换为线性电路的一种方法。当在小信号变化范围内，将非线性器件的电压与电流关系近似视为线性关系，用线性器件替代非线性器件，将非线性电路转换为线性电路，用电路原理中的定理、定律求解放大电路。

对放大电路进行定量分析有两个方面的内容：静态分析与动态分析。先进行静态分析，后进行动态分析。

（1）静态分析是分析放大电路未加入输入信号时的工作状态，即估算放大电路的直流电压与直流电流。静态分析的目的是确定放大电路是否有合适的直流工作状态，保证能够对输入信号进行不失真的放大。

（2）动态分析是分析加入输入信号时的工作状态，即估算放大电路的技术指标，如电压放大倍数、输入电阻、输出电阻等。

2.3.1 放大电路的直流通路与交流通路

由于电容、电感等电抗性元件的存在，直流电所流过的通路与交流电所流经的通路是不完全相同的。因此，为了研究问题的方便起见，常把直流电源对电路的作用和交流输入信号对电路的作用区分开来，分成直流通路和交流通路。

1. 直流通路

直流通路是放大电路在直流工作状态时的等效电路，也就是静态时的等效电路。直流通路有以下特点：

①电容视为开路；

②电感线圈视为短路（即忽略线圈电阻）；

③交流电压信号源视为短路，交流电流信号源视为开路，但应保留其内阻。

以图 2.5(b) 中的单管共射放大电路为例，其直流通路如图 2.6(a) 所示。

2. 交流通路

交流通路是放大电路交流工作状态时的等效电路，也就是动态时的等效电路。对于交流通路，在中频区有以下特点：

①容量大的电容（如耦合电容）视为短路；

②电感线圈视为开路；

③直流电源视为短路。

图 2.5(b) 所示的单管共射放大电路的交流通路如图 2.6(b) 所示，通常将交流通路整理为规范形式，如图 2.6(c) 所示。

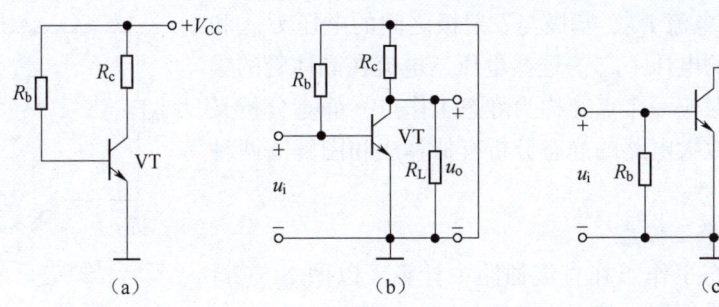

图 2.6 单管共射放大电路的直流通路与交流通路
(a) 直流通路；(b) 交流通路；(c) 交通通路的规范画法

【例 2.1】 电路如图 2.7 所示，试分析该电路是否起放大作用？

分析：放大电路组成的原则有两条，一是电路必须工作在放大状态；二是信号在放大电路中能够正常传输。

检查一个电路是否正确，首先要在直流通路中，检查晶体管是否满足发射结正偏，集电结反偏，即放大电路是否工作在放大状态。

满足放大电路工作在放大状态后，再在交流通路中检查信号是否能正常输入到放大电路，同时放大后的信号是否能正常从放大电路输出，即交流通路中有没有断路或短路处。

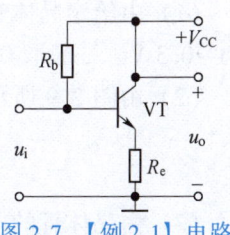

图 2.7 【例 2.1】电路

在直流通路和交流通路中的检查都满足放大电路组成的原则，则放大电路能起放大作用。如果有任何一项检查不通过，则放大电路不起放大作用。

解：(1) 画出放大电路的直流通路，如图 2.8(a) 所示。放大电路中晶体管是 NPN 型，由图可知，发射结为正偏，集电结为反偏，处于放大状态。

(2) 画出放大电路的交流通路，如图 2.8(b) 所示。由图可知，放大电路的输出端被短路，放大后的信号不能输出，故该放大电路不能起放大作用。

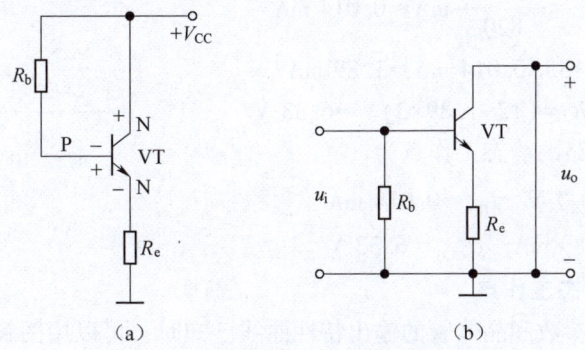

图 2.8 放大电路的直流通路与交流通路
(a) 直流通路；(b) 交流通路

2.3.2 放大电路的静态分析

将放大电路未加入输入交流信号时的工作状态称为静态，静态分析主要求解放大电路的

基极电流 I_{BQ}、集电极电流 I_{CQ}、基极与发射极之间的电压 U_{BEQ} 和集电极与发射极之间的电压 U_{CEQ}。这些电压、电流在晶体管的输入、输出特性曲线上对应一个点,称为静态工作点,静态分析又称为求静态工作点。放大电路的静态分析有估算法和图解法两种方法。

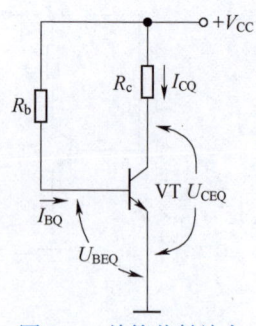

图 2.9 单管共射放大电路的直流电路

1. 用估算法求静态工作点

求放大电路的静态工作点在直流通路中计算。以图 2.5(b) 中的单管共射放大电路为例,其直流通路如图 2.9 所示。

条件:已知电路元件参数和晶体管的 β 值。

估算步骤如下。

(1) 由给定晶体管类型确定 U_{BEQ}:硅管 $U_{BEQ} = 0.6 \sim 0.7\ \text{V}$,一般取 $0.7\ \text{V}$;锗管 $U_{BEQ} = 0.1 \sim 0.3\ \text{V}$,一般取 $0.2\ \text{V}$。

(2) 由图 2.9 所示的输入回路求 I_{BQ},有

$$I_{BQ} = \frac{V_{CC} - U_{BEQ}}{R_b} \tag{2.6}$$

(3) 由晶体管的电流关系 $I_C \approx \beta I_B$ 求 I_{CQ},有

$$I_{CQ} \approx \beta I_{BQ} \tag{2.7}$$

(4) 由图 2.9 所示的输出回路求 U_{CEQ},有

$$U_{CEQ} = V_{CC} - I_{CQ} R_c \tag{2.8}$$

【例 2.2】单管共射放大电路如图 2.10 所示,已知晶体管为 NPN 硅管,$\beta = 135$,求静态工作点。

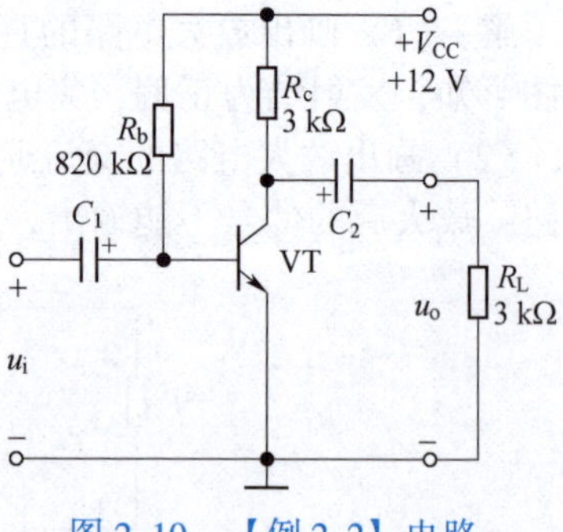

解:由于晶体管为 NPN 硅管,有

$$U_{BEQ} \approx 0.7\ \text{V}$$

$$I_{BQ} = \frac{V_{CC} - U_{BEQ}}{R_b} = \frac{12 - 0.7}{820}\ \text{mA} \approx 0.014\ \text{mA}$$

$$I_{CQ} \approx \beta I_{BQ} = 135 \times 0.014\ \text{mA} \approx 1.89\ \text{mA}$$

$$U_{CEQ} = V_{CC} - I_{CQ} R_c = (12 - 1.89 \times 3)\ \text{V} \approx 6.33\ \text{V}$$

单管共射放大电路的静态工作点为

$$U_{BEQ} \approx 0.7\ \text{V} \quad I_{BQ} \approx 0.014\ \text{mA}$$

$$I_{CQ} \approx 1.89\ \text{mA} \quad U_{CEQ} \approx 6.33\ \text{V}$$

图 2.10 【例 2.2】电路

2. 用图解法求静态工作点

当放大电路元件参数和晶体管的输出特性曲线已知时,可以用图解法求静态工作点。图解法分析步骤如下。

(1) 在晶体管的输入特性曲线上作放大电路直流通路输入回路的直流负载线,求 U_{BEQ}、I_{BQ}。

在图 2.9 所示的输入回路中,有输入方程

$$U_{BE} = V_{CC} - I_B R_b \tag{2.9}$$

在晶体管输入特性曲线坐标系中,画出式(2.9)确定的直线,通常采用两点法,它与横坐标轴的交点为 $(V_{CC}, 0)$,与纵坐标轴的交点为 $(0, V_{CC}/R_b)$,称为输入回路的直流负载线,如图 2.11(a)所示,它与输入曲线的交点即为静态工作点 Q,点 Q 的横坐标值为

U_{BEQ},纵坐标值为I_{BQ}。

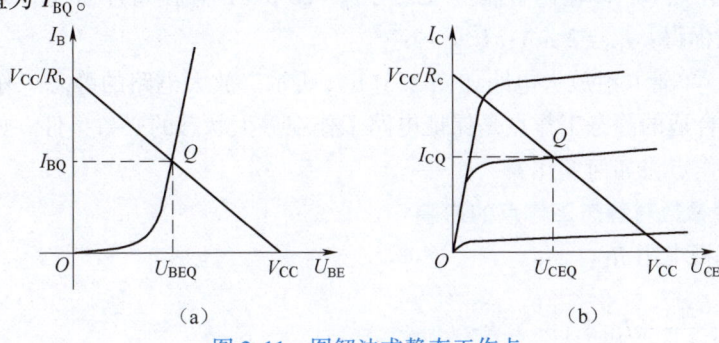

图 2.11　图解法求静态工作点
（a）输入回路的直流负载线；（b）输出回路的直流负载线

工程上为了方便起见,经常用估算法求U_{BEQ}、I_{BQ},即由给定晶体管类型确定U_{BEQ},一般硅管约为0.7 V,锗管约为0.2 V;利用式(2.6)估算I_{BQ}。

(2) 在晶体管的输出特性曲线上作放大电路直流通路输出回路的直流负载线,求I_{CQ}、U_{CEQ}。由图2.9所示的输出回路列输出方程,即

$$U_{CE}=V_{CC}-I_C R_c \tag{2.10}$$

在晶体管输出特性曲线坐标系中,画出输出方程的直线,它与横坐标轴的交点为(V_{CC},0),与纵坐标轴的交点为(0, V_{CC}/R_c),称为输出回路的直流负载线,如图2.11(b)所示。在直流负载线上确定点Q,即直流负载线与I_{BQ}对应输出曲线的交点。点Q对应的坐标值,即为I_{CQ}和U_{CEQ}。

【例2.3】单管共射放大电路如图2.12(a)所示,晶体管为NPN硅管。用图解法求静态工作点。

解：由晶体管为NPN硅管,有

$$U_{BEQ} \approx 0.7 \text{ V}$$

$$I_{BQ} = \frac{V_{CC}-U_{BEQ}}{R_b} = \frac{12-0.7}{560} \text{ mA} \approx 0.02 \text{ mA}$$

输出直流负载线方程为

$$U_{CE}=V_{CC}-I_C R_c$$

在输出特性曲线上采用两点法作直流负载线MN,与横坐标轴交于点$N(+12 \text{ V})$,与纵坐标轴交于点$M(4 \text{ mA})$,如图2.12(b)所示。

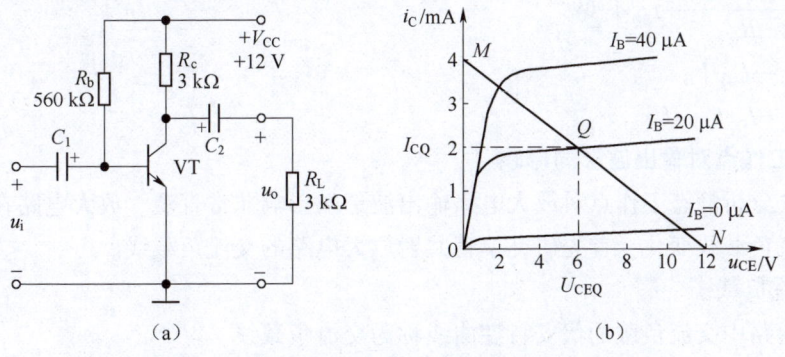

图 2.12　【例2.3】电路以及图解法求静态工作点

确定静态工作点 Q，即输出直流负载线与 $I_B = 20\ \mu A$ 的输出特性曲线的交点。

由点 Q 的坐标得：$I_{CQ} = 2\ mA$；$U_{CEQ} = 6\ V$。

【问题分析】 单管共射放大电路如图 2.5(b) 所示。放大电路的静态工作点决定电路的工作状态，选择合适的静态工作点是保证电路工作在放大状态的必备条件。如果改变电路元件参数，静态工作点将如何变化？

3. 电路元件参数对静态工作点的影响

（1）增大基极电阻 R_b。

由 $I_{BQ} = \dfrac{V_{CC} - U_{BEQ}}{R_b} \to I_{BQ} \downarrow$；

$I_{CQ} \approx \beta I_{BQ} \to I_{CQ} \downarrow$；

$U_{CEQ} = V_{CC} - I_{CQ} R_c \to U_{CEQ} \uparrow$。

（2）增大集电极电阻 R_c。

由 $I_{BQ} = \dfrac{V_{CC} - U_{BEQ}}{R_b} \to I_{BQ}$ 不变；

$I_{CQ} \approx \beta I_{BQ} \to I_{CQ}$ 不变；

$U_{CEQ} = V_{CC} - I_{CQ} R_c \to U_{CEQ} \downarrow$。

（3）增大电源 V_{CC}。

由 $I_{BQ} = \dfrac{V_{CC} - U_{BEQ}}{R_b} \to I_{BQ} \uparrow$；

$I_{CQ} \approx \beta I_{BQ} \to I_{CQ} \uparrow$；

由于 V_{CC} 与 I_{CQ} 同时增加，无法确定 U_{CEQ} 的变化。可将 V_{CC} 与 I_{CQ} 两个变量变换为一个变量，即

$$U_{CEQ} = V_{CC} - I_{CQ} R_c = V_{CC} - \beta I_{BQ} R_c = V_{CC} - \beta R_c \dfrac{V_{CC} - U_{BEQ}}{R_b}$$

$$= V_{CC} - \dfrac{\beta R_c}{R_b} V_{CC} + \dfrac{\beta R_c}{R_b} U_{BEQ} = k V_{CC} + b$$

得出 $V_{CC} \uparrow \to U_{CEQ} \uparrow$

（4）增大晶体管的 β。

由 $I_{BQ} = \dfrac{V_{CC} - U_{BEQ}}{R_b} \to I_{BQ}$ 不变；

$I_{CQ} \approx \beta I_{BQ} \to I_{CQ} \uparrow$；

$U_{CEQ} = V_{CC} - I_{CQ} R_c \to U_{CEQ} \downarrow$。

4. 静态工作点对输出波形的影响

用图解法分析静态工作点对放大电路输出波形的影响非常直观。放大电路在动态时，工作点沿着交流负载线变化，首先研究单管共射放大电路的交流负载线。

（1）交流负载线。

在交流通路中交流负载的伏安特性曲线称为交流负载线。

由图 2.6(c) 所示的单管共射放大电路的交流通路可知，放大电路的交流负载 R'_L 为电

阻 R_c 与 R_L 的并联,即 $R'_L = R_c // R_L$。因此,交流负载线的特点是斜率为 $-1/R'_L$,同时其经过静态工作点 Q。

首先作斜率为 $-1/R'_L$ 的直线 CD,然后通过静态工作点 Q,作 CD 的平行线,即为交流负载线,如图 2.13 所示。

(2) 静态工作点合适。

在放大电路中,如果静态工作点合适,则工作点随着集电极电流 i_C 而变化,变化区域在以静态工作点为中心的线性区,输出电压 u_o 不失真,如图 2.14(a) 所示。

(3) 静态工作点偏低。

如果静态工作点偏低,如图 2.14(b) 所示,当集电极电流 i_C 为负半周时,电流变化还没有到达峰值,工作点已经进入截止区,使输出电压 u_o 的波形顶部失真。这种由于工作点进入截止区,使输出波形产生的失真,称为截止失真。

(4) 静态工作点偏高。

如果静态工作点偏高,如图 2.14(c) 所示,当集电极电流 i_C 为正半周时,电流变化还没有到达峰值,工作点已经进入饱和区,使输出电压 u_o 的波形底部失真。这种由于工作点进入饱和区,使输出波形产生的失真,称为饱和失真。

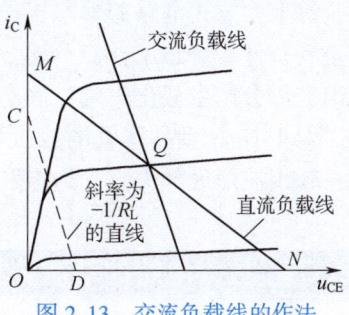

图 2.13 交流负载线的作法

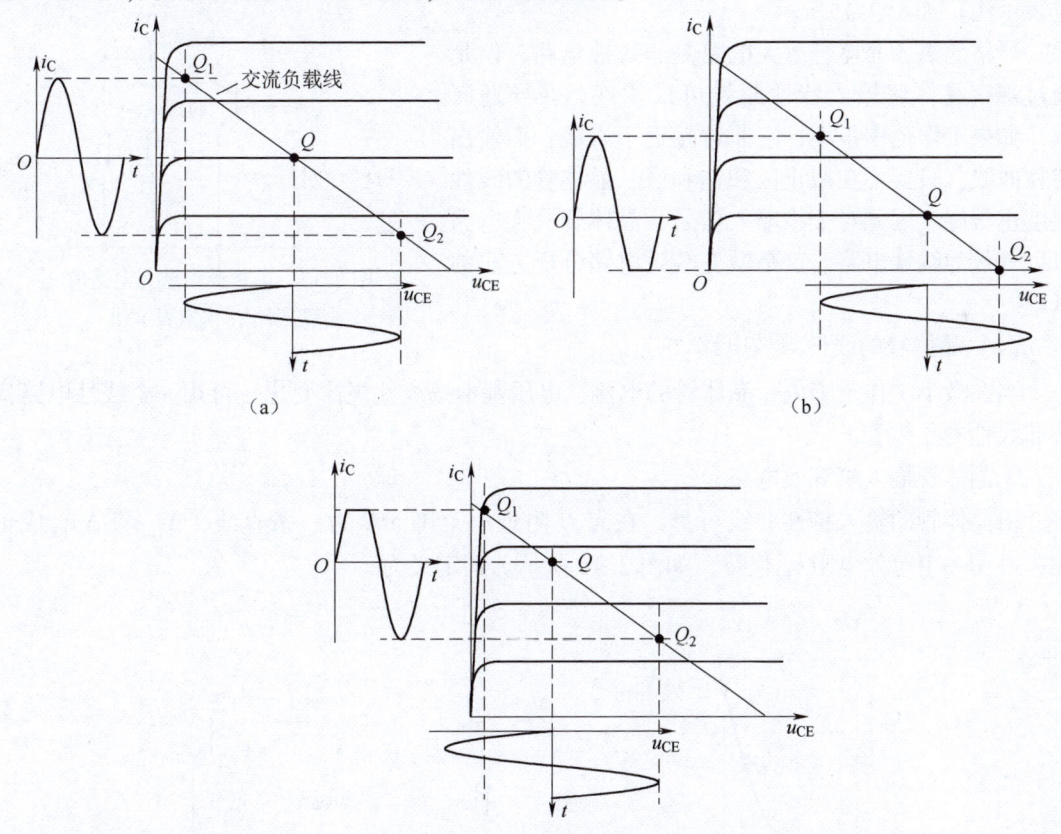

图 2.14 静态工作点对输出波形的影响

(a) 输出波形不失真;(b) 截止失真;(b) 饱和失真

综上，放大电路的静态工作点是判断放大电路输出波形是否失真的重要条件。静态工作点合适，输出波形不失真；静态工作点偏低，输出波形会产生截止失真；静态工作点偏高，输出波形会产生饱和失真。对于 NPN 型晶体管的放大电路，输出波形顶部失真，为截止失真；输出波形底部失真，为饱和失真。

二维码 2.2　放大电路静态工作点的测量

2.3.3　放大电路的动态分析

当放大电路加上输入信号后，晶体管各极的电压、电流随输入信号的变化而变化，即放大电路中的信号处在随时变化的状态，称为动态。放大电路的动态分析要确定放大电路的技术指标，如电压放大倍数 A_u、输入电阻 R_i、输出电阻 R_o 等。放大电路动态分析方法有微变等效电路法和图解法两种，本小节主要介绍微变等效电路法。

下面以图 2.5(b) 所示的单管共射放大电路为例，用微变等效电路法进行放大电路的动态分析。

1. 放大电路的微变等效电路

对放大电路进行动态分析的等效电路是交流通路，单管共射放大电路的交流通路（相量表示法）如图 2.15 所示。

严格地讲，晶体管放大电路是非线性电路，但是通过观察晶体管输入特性曲线可以发现，在导通区域，如果工作范围很小，它非常接近于直线；而输出特性曲线，只要不在截止区和饱和区，晶体管的线性程度也很好。因此对于小输入信号，晶体管放大电路可以等效为线性电路，这是微变等效电路分析方法的基础。

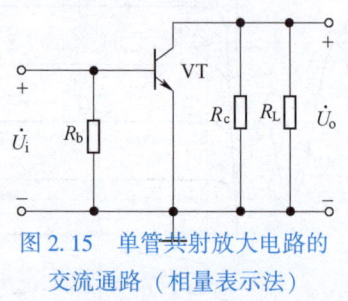

图 2.15　单管共射放大电路的交流通路（相量表示法）

（1）晶体管的线性等效电路。

当在微小工作范围内，晶体管的电流、电压基本按线性规律变化，可用一个线性电路代替非线性的晶体管。

① 晶体管输入端等效电路。

由晶体管的输入特性曲线可见，在点 Q 附近小范围 MN 为一条直线，Δi_B 与 Δu_{BE} 成正比，可用一个等效电阻 r_{be} 代替，如图 2.16 所示。其定义为

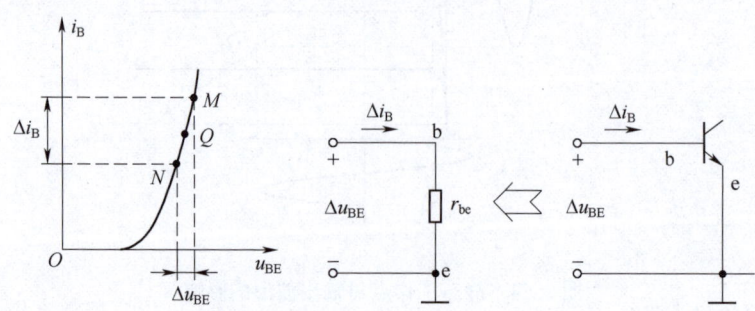

图 2.16　晶体管输入端的等效电路

$$r_{be} = \frac{\Delta u_{BE}}{\Delta i_B}$$

对于低频小功率晶体管，等效电阻 r_{be} 约为

$$r_{be} \approx \left[300 + (1+\beta)\frac{26}{I_{EQ}}\right] \Omega \tag{2.11}$$

② 晶体管输出端等效电路。

由晶体管的输出特性曲线可见，在点 Q 附近小范围 MN 为一条平行于电压轴的直线。在伏安特性曲线中，与电压轴平行的直线是电流源的特性，该电流源 $\Delta i_C = \beta \Delta i_B$，为受控电流源。因此，晶体管的输出端可用一个受控电流源 $\beta \Delta i_B$ 等效代替，如图 2.17 所示。

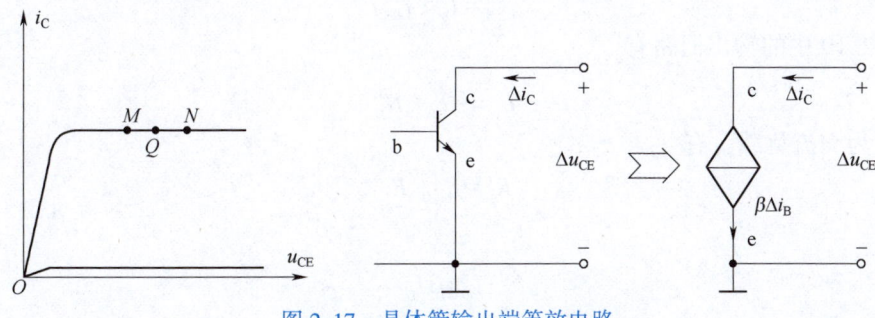

图 2.17　晶体管输出端等效电路

将晶体管输入端等效电路和输出端等效电路组成晶体管线性等效电路，如图 2.18 所示。

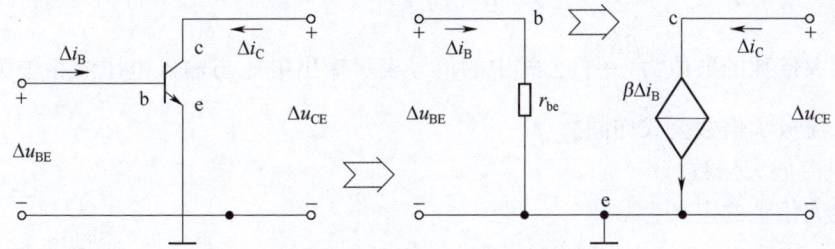

图 2.18　晶体管线性等效电路

（2）放大电路的微变等效电路。

将放大电路交流通路中的晶体管用晶体管的线性等效电路替代，得到的线性电路为放大电路的微变等效电路，如图 2.19 所示。

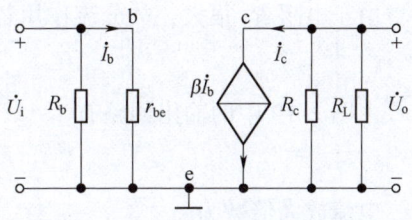

图 2.19　放大电路的微变等效电路

2. 用微变等效电路法分析放大电路的步骤

（1）首先利用估算法或图解法确定放大电路的静态工作点 Q。

（2）画出放大电路的交流通路，将交流通路中的晶体管用晶体管的等效电路替代，进而画出放大电路的微变等效电路。

（3）求出静态工作点处的微变等效电路参数 r_{be}。

（4）列出电路方程，求出电压放大倍数、输入电阻、输出电阻等放大电路的技术指标。

3. 微变等效电路法

将放大电路变换为微变等效电路后，就可以利用列方程的方法，依据定义求电压放大倍数 A_u、电流放大倍数 A_i、输入电阻 R_i、输出电阻 R_o 等放大电路的技术指标。

（1）电压放大倍数。

电压放大倍数的定义为

$$\dot{A}_u = \frac{\dot{U}_o}{\dot{U}_i}$$

由图 2.19 中的输入回路有

$$\dot{U}_i = \dot{I}_b \cdot r_{be}$$

由图 2.19 中的输出回路有

$$\dot{U}_o = -\dot{I}_c \cdot R'_L$$

式中的 R'_L 为交流负载，有

$$R'_L = R_c // R_L$$

由于有

$$\dot{I}_c = \beta \dot{I}_b$$

故

$$\dot{A}_u = \frac{\dot{U}_o}{\dot{U}_i} = \frac{-\beta \dot{I}_b R'_L}{\dot{I}_b r_{be}} = -\frac{\beta R'_L}{r_{be}} \tag{2.12}$$

电压放大倍数的数值为 $\dfrac{\beta R'_L}{r_{be}}$，公式中的负号表示输出电压与输入电压的相位关系，即相位反相，电流放大倍数公式亦同。

（2）电流放大倍数。

电流放大倍数的定义为

$$\dot{A}_i = \frac{\dot{I}_o}{\dot{I}_i}$$

由于电阻 R_b 很大，故分流作用忽略不计，由图 2.19 中的输入回路有

$$\dot{I}_i \approx \dot{I}_b$$

由图 2.19 中的输出回路有

$$\dot{I}_o = -\dot{I}_c = -(1+\beta)\dot{I}_b$$

电流放大倍数为

$$\dot{A}_i = \frac{\dot{I}_o}{\dot{I}_i} = \frac{-(1+\beta)\dot{I}_b}{\dot{I}_b} = -(1+\beta) \tag{2.13}$$

（3）输入电阻 R_i。

由图 2.19 的输入端看进去，显然输入电阻为

$$R_i = R_b // r_{be} \tag{2.14}$$

(4) 输出电阻 R_o。

输出电阻的定义为

$$R_o = \frac{\dot{U}_o}{\dot{I}_o} \bigg|_{\dot{U}_S=0, R_L=\infty}$$

由输出电阻的定义，将输入信号置 0，则基极电流 $\dot{I}_b$ 为 0，使受控电流源也为 0。同时摘掉负载电阻 R_L，等效电路如图 2.20 所示。由输出端看进去，显然输出电阻为

$$R_o \approx R_c \tag{2.15}$$

(5) 源电压放大倍数。

信号源电压为 $\dot{U}_S$，信号源内阻为 R_S，共射放大电路的微变等效电路如图 2.21 所示。

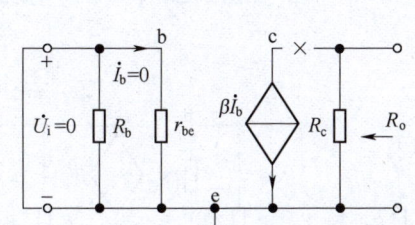 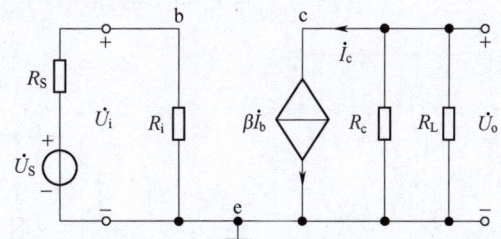

图 2.20　求放大电路输出电阻的等效电路　　图 2.21　求源电压放大倍数的微变等效电路

源电压放大倍数定义为放大电路的输出电压与信号源电压之比，即

$$\dot{A}_{uS} = \frac{\dot{U}_o}{\dot{U}_S} \tag{2.16}$$

由图 2.21 可知

$$\dot{A}_{uS} = \frac{\dot{U}_o}{\dot{U}_S} = \frac{\dot{U}_i}{\dot{U}_S} \cdot \frac{\dot{U}_o}{\dot{U}_i} = \frac{R_i}{R_S + R_i} \cdot \dot{A}_u \tag{2.17}$$

【例 2.4】 电路如图 2.22 所示，晶体管为硅管，$\beta = 50$，信号源内阻 $R_S = 1\ \text{k}\Omega$，试用微变等效电路法估算 $\dot{A}_u$、R_i、R_o 和 $\dot{A}_{uS}$。

解：先计算静态工作点，有

$$I_{BQ} = \frac{V_{CC} - U_{BEQ}}{R_b} = \frac{12 - 0.7}{280}\ \text{mA} \approx 0.04\ \text{mA}$$

$$I_{CQ} \approx \beta I_{BQ} = 50 \times 0.04\ \text{mA} = 2\ \text{mA}$$

$$r_{be} \approx \left[300 + (1+\beta)\frac{26}{I_{EQ}}\right]\Omega \approx \left(300 + 51 \times \frac{26}{2}\right)\Omega$$

$$= 963\ \Omega \approx 0.96\ \text{k}\Omega$$

$$\dot{A}_u = -\frac{\beta R'_L}{r_{be}} = -\frac{50 \times 1.5}{0.96} \approx -78$$

$$R_i = R_b /\!/ r_{be} = 280 /\!/ 0.96 \approx r_{be} = 0.96\ \text{k}\Omega$$

$$R_o \approx R_c = 3\ \text{k}\Omega$$

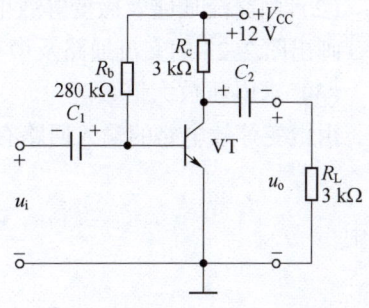

图 2.22　【例 2.4】电路

$$\dot{A}_{uS} = \frac{R_i}{R_S + R_i} \cdot \dot{A}_u = \frac{0.96}{1 + 0.96} \cdot (-78) = -38.2$$

【例 2.5】 放大电路如图 2.23 所示，其为带有发射极电阻的共射放大电路，试用微变等效电路法计算放大电路的电压放大倍数 $\dot{A}_u$、输入电阻 R_i 和输出电阻 R_o。

解：（1）求静态工作点。

由直流通路求静态工作点。图 2.23 的直流通路如图 2.24(a)所示。由直流通路的输入回路得到

$$V_{CC} = R_b \cdot I_{BQ} + U_{BEQ} + R_e \cdot I_{EQ}$$
$$= R_b \cdot I_{BQ} + U_{BEQ} + R_e \cdot (1+\beta) I_{BQ}$$
$$= U_{BEQ} + [R_b + (1+\beta) R_e] \cdot I_{BQ}$$

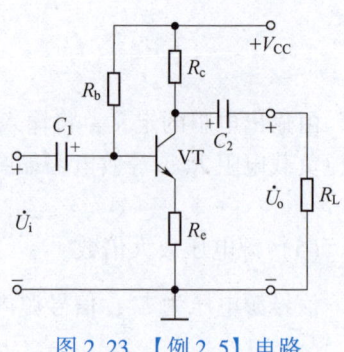

图 2.23 【例 2.5】电路

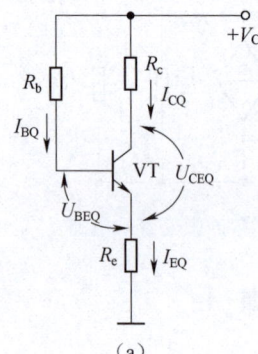 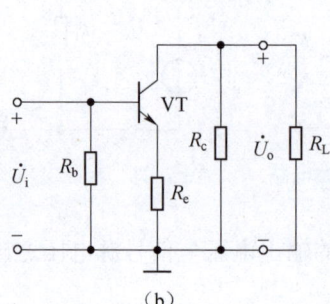 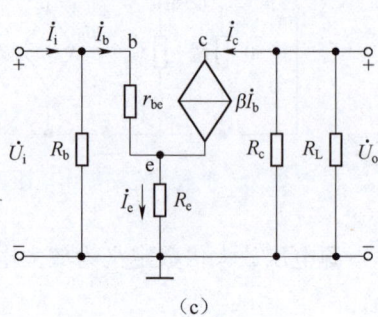

图 2.24 带有发射极电阻的共射放大电路的直流通路、交流通路和微变等效电路

(a) 直流通路；(b) 交流通路；(c) 微变等效电路

则有

$$I_{BQ} = \frac{V_{CC} - U_{BEQ}}{R_b + (1+\beta) R_e}$$

集电极静态电流为

$$I_{CQ} = \beta \cdot I_{BQ}$$

由直流通路的输出回路得到

$$U_{CEQ} = V_{CC} - I_{CQ} \cdot (R_c + R_e)$$

（2）画交流通路及微变等效电路。

画出图 2.23 的交流通路及微变等效电路，如图 2.24(b)、(c)所示。

（3）求电压放大倍数。

由微变等效电路的输入回路有

$$\dot{U}_i = \dot{I}_b \cdot r_{be} + \dot{I}_e R_e$$

式中

$$\dot{I}_e = (1+\beta) \cdot \dot{I}_b$$

得到

$$\dot{U}_i = [r_{be}+(1+\beta)R_e] \cdot \dot{I}_b$$

由微变等效电路的输出回路有

$$\dot{U}_o = -\dot{I}_c \cdot R'_L = -\beta \cdot \dot{I}_b R'_L$$

式中

$$R'_L = R_c // R_L$$

则电压放大倍数为

$$\dot{A}_u = \frac{\dot{U}_o}{\dot{U}_i} = -\frac{\beta \cdot R'_L}{r_{be}+(1+\beta)R_e}$$

(4) 求输入电阻 R_i。

由微变等效电路的输入回路有

$$\dot{I}_i = \frac{\dot{U}_i}{R_b} + \frac{\dot{U}_i}{r_{be}+(1+\beta)R_e}$$

则输入电阻为

$$R_i = \frac{\dot{U}_i}{\dot{I}_i} = \frac{1}{\dfrac{1}{R_b}+\dfrac{1}{r_{be}+(1+\beta)R_e}} = R_b // [r_{be}+(1+\beta)R_e]$$

二维码 2.3　放大电路电压放大倍数、输入电阻和输出电阻的测量

(5) 求输出电阻 R_o。

求输出电阻时,如果不考虑晶体管 c、e 间电阻 r_{ce},则输出电阻为

$$R_o = R_c$$

结论：共射放大电路加入发射极电阻后,电压放大倍数大大降低,输入电阻大大提高,输出电阻基本不变。

2.4　分压式静态工作点稳定电路

放大电路进行信号正常放大的前提是电路的静态工作点 Q 设置合理,使信号的工作范围处于放大区,前面讨论的共射放大电路中,当电路的偏置电阻 R_b、R_c 确定后,静态工作点对应的 3 个量 (I_{BQ}、I_{CQ}、U_{CEQ}) 就是确定值,如果外界温度发生变化,或因为晶体管损坏更换 β 值不同的管子,静态工作点就会移动,严重情况下会使信号工作范围超出放大区,到达截止区或饱和区,使输出波形产生失真,同时还会影响放大电路的动态性能,因此有必要分析静态工作点的稳定问题。

2.4.1　温度对静态工作点的影响

1. 温度对晶体管参数的影响

温度对晶体管参数的影响主要有以下 3 个方面。

①温度增加时，晶体管内部载流子的扩散运动加强，速度增加，在基区的复合机会减小，i_B减小的同时i_C增加，所以β增加，温度每增加1 ℃，β增加0.5%~1%。

②基极电流i_B不变时，温度增加，发射结电压u_{BE}减小，温度每增加1 ℃，u_{BE}减小2~2.5 mV。

③I_{CBO}是集电结反向偏置时，由少子漂移运动形成的电流，温度增加时，少子的数目增加。所以，I_{CBO}随温度的增加而增加，温度每增加10 ℃，I_{CBO}增加约一倍。

2. 温度对放大电路静态工作点的影响

当温度升高时，晶体管的β值增大，由$I_{CQ} \approx \beta I_{BQ}$可知，$I_{CQ}$将增大，使静态工作点向饱和区移动，输出波形将出现失真。

3. 稳定静态工作点的措施

温度变化时要稳定电路的静态工作点，就是要使I_{CQ}基本不变。根据以上分析，稳定静态工作点的措施可以从以下两个方面考虑。

（1）如果在温度增加时能设法使I_{BQ}自动减小，则I_{CQ}就可以基本保持不变。

（2）如果在温度增加时能设法使U_{BEQ}自动减小，则I_{BQ}就可以减小，从而维持静态工作点的稳定。

二维码2.4 温度对静态工作点的影响课程思政

分压式静态工作点稳定电路能够实现这一设想。

2.4.2 分压式静态工作点稳定电路介绍

分压式静态工作点稳定电路如图2.25(a)所示。

与上节的共射放大电路相比，分压式静态工作点稳定电路增加了R_{b1}、R_e、C_e 3个元件，其中R_e称为发射极电阻，C_e称为发射极旁路电容。由于电阻R_{b1}、R_{b2}与电源V_{CC}组成串联分压电路，故称为分压式静态工作点稳定电路。

1. 稳定静态工作点原理

（1）晶体管基极电位U_{BQ}稳定不变。

分压式静态工作点稳定电路的直流通路如图2.25(b)所示。如果R_{b1}和R_{b2}的参数设置得当，能使$I_R \gg I_{BQ}$，则流过电阻R_{b2}与R_{b1}的电流近似相等，电阻R_{b2}与R_{b1}为串联关系，晶体管基极电位U_{BQ}为

$$U_{BQ} = V_{CC} \cdot \frac{R_{b1}}{R_{b1}+R_{b2}} \tag{2.18}$$

可见，偏置电阻确定后，基极电位U_{BQ}为定值，与环境温度无关。

（2）稳定静态工作点的过程。

当温度升高时，I_{CQ}增大，I_{EQ}增大（近似与I_{CQ}相等），发射极电位$U_{EQ} = I_{EQ}R_e$增大，而U_{BQ}不变，所以$U_{BEQ} = U_{BQ} - U_{EQ}$随着温度的升高自动减小，符合以上分析的稳定静态工作点的措施，达到稳定点Q的目的。以上过程可表示为

$T(℃)\uparrow \to \beta\uparrow \to I_{CQ}\uparrow \to 由 I_{EQ}\approx I_{CQ}, U_{EQ}=I_{EQ} \cdot R_e \to U_{EQ}\uparrow \to 由 U_{BEQ}=U_{BQ}-U_{EQ} \to U_{BEQ}\downarrow \to I_{CQ}\downarrow$

（3）静态工作点稳定的条件。

要使静态工作点稳定，必须满足图2.25(b)中的$I_R \gg I_{BQ}$，一般常按下列公式选择，即

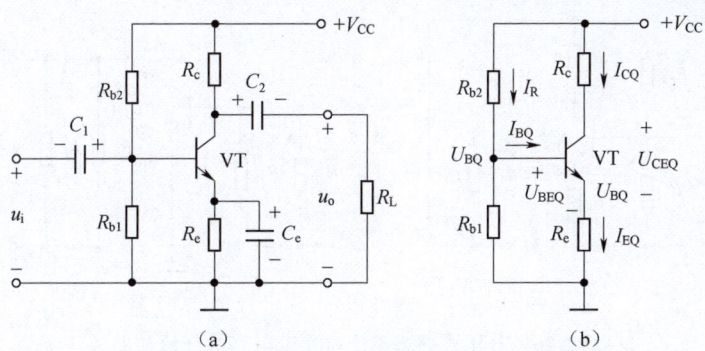

图 2.25 分压式静态工作点稳定电路及其直流通路

(a) 分压式静态工作点稳定电路；(b) 直流通路

$$I_R = (5\sim10)I_{BQ} \tag{2.19}$$

同时 R_{b1} 与 R_{b2} 又不能太小，否则会使放大电路的输入电阻降低，必须满足

$$U_{BQ} = (5\sim10)U_{BEQ} \tag{2.20}$$

式(2.19)与式(2.20)称为静态工作点稳定的条件。

2. 静态工作点计算

分压式静态工作点稳定电路的静态分析由电路的 U_{BQ} 稳定入手，先计算 U_{BQ}，由图 2.25(b)可知

$$U_{BQ} \approx V_{CC} \cdot \frac{R_{b1}}{R_{b1}+R_{b2}}$$

然后计算静态集电极电流与静态基极电流，其计算公式为

$$I_{CQ} \approx I_{EQ} = \frac{U_{EQ}}{R_e} = \frac{U_{BQ}-U_{BEQ}}{R_e} \tag{2.21}$$

$$I_{BQ} \approx \frac{I_{CQ}}{\beta} \tag{2.22}$$

最后计算集电极与发射极之间的静态电压，计算公式为

$$U_{CEQ} = V_{CC} - I_{CQ}R_c - I_{EQ}R_e \approx V_{CC} - I_{CQ}(R_c + R_e) \tag{2.23}$$

【例 2.6】 在图 2.25(a)所示电路中，有 $R_{b1}=3.3\ \text{k}\Omega$，$R_{b2}=10\ \text{k}\Omega$，$R_e=1.5\ \text{k}\Omega$，$R_c=3\ \text{k}\Omega$，$R_L=3\ \text{k}\Omega$，$V_{CC}=12\ \text{V}$，晶体管 $\beta=40$。试计算放大电路的静态工作点。

解：

$$U_{BQ} \approx V_{CC} \cdot \frac{R_{b1}}{R_{b1}+R_{b2}} = 12 \times \frac{3.3}{3.3+10}\ \text{V} \approx 3\ \text{V}$$

$$I_{CQ} \approx I_{EQ} = \frac{U_{BQ}-U_{BEQ}}{R_e} = \frac{3-0.7}{1.5}\ \text{mA} \approx 1.53\ \text{mA}$$

$$I_{BQ} \approx \frac{I_{CQ}}{\beta} = \frac{1.53}{40}\ \text{mA} \approx 0.038\ \text{mA}$$

$$U_{CEQ} \approx V_{CC} - I_{CQ}(R_c+R_e) = [12-1.53\times(3+1.5)]\ \text{V} \approx 5.1\ \text{V}$$

3. 动态性能指标分析

依据画交流通路的法则，一是将电容短路，二是将电源对地短路，分压式静态工作点稳定电路的交流通路如图 2.26(a)所示，将其整理为规范画法，如图 2.26(b)所示。

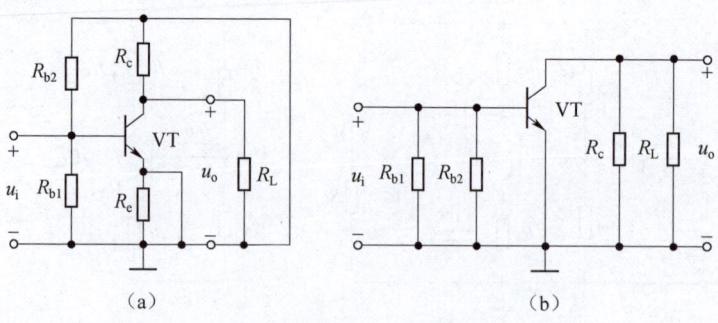

图 2.26 分压式静态工作点稳定电路的交流通路

(a) 交流通路一般画法；(b) 交流通路规范画法

在分压式静态工作点稳定电路的交流通路中，将晶体管用晶体管的线性等效电路替代，得到微变等效电路如图 2.27 所示。

观察分压式静态工作点稳定电路的交流通路与微变等效电路，其与基本共射放大电路的交流通路与微变等效电路结构上完全相同，用微变等效电路法得到的电压放大倍数公式、输入电阻与输出电阻公式必然也相同。

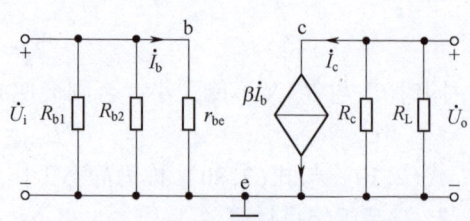

图 2.27 分压式静态工作点稳定电路的微变等效电路

(1) 电压放大倍数。

分压式静态工作点稳定电路的电压放大倍数为

$$\dot{A}_u = -\frac{\beta R'_L}{r_{be}} \tag{2.24}$$

式中，$R'_L = R_c // R_L$。

(2) 输入电阻。

分压式静态工作点稳定电路的输入电阻为

$$R_i = R_{b1} // R_{b2} // r_{be} \tag{2.25}$$

(3) 输出电阻。

分压式静态工作点稳定电路的输出电阻为

$$R_o \approx R_c \tag{2.26}$$

【例 2.7】 在图 2.25(a) 所示电路中，有 $R_{b1} = 3.3 \text{ k}\Omega$，$R_{b2} = 10 \text{ k}\Omega$，$R_e = 1.5 \text{ k}\Omega$，$R_c = 3 \text{ k}\Omega$，$R_L = 3 \text{ k}\Omega$，$V_{CC} = 12 \text{ V}$，晶体管 $\beta = 40$，静态集电极电流 $I_c = 1.53 \text{ mA}$。试计算放大电路的 $\dot{A}_u$、R_i、R_o。

解：晶体管的基极与发射极间等效电阻为

$$r_{be} \approx \left[300 + (1+\beta)\frac{26}{I_{EQ}}\right]\Omega = \left(300 + 41 \times \frac{26}{1.53}\right)\Omega = 997\ \Omega \approx 1\ \text{k}\Omega$$

$$R'_L = R_c // R_L = (3 // 3)\ \text{k}\Omega = 1.5\ \text{k}\Omega$$

$$\dot{A}_u = -\frac{\beta R'_L}{r_{be}} \approx -\frac{40 \times 1.5}{1} = -60$$

$$R_i = R_{b1} // R_{b2} // r_{be} = (3.3 // 10 // 1)\ \text{k}\Omega \approx 0.71\ \text{k}\Omega$$

$$R_o \approx R_c = 3 \text{ k}\Omega$$

【例 2.8】 在图 2.25(a) 所示的分压式静态工作点稳定电路中，如果分别改变电路中 R_{b1}、R_e 的数值（假设增大），试分析对静态工作点、电压放大倍数有何影响？

解：（1）增大 R_{b1}。

由 $U_{BQ} \approx V_{CC} \cdot \dfrac{R_{b1}}{R_{b1}+R_{b2}} \to U_{BQ} \uparrow$；

$I_{CQ} \approx I_{EQ} = \dfrac{U_{BQ}-U_{BEQ}}{R_e} \to I_{CQ} \uparrow$；

$I_{BQ} \approx \dfrac{I_{CQ}}{\beta} \to I_{BQ} \uparrow$；

$U_{CEQ} \approx V_{CC} - I_{CQ}(R_c + R_e) \to U_{CEQ} \downarrow$；

$r_{be} \approx 300 + (1+\beta)\dfrac{26}{I_{EQ}} \to r_{be} \downarrow$；

$\dot{A}_u = -\dfrac{\beta R'_L}{r_{be}} \to \dot{A}_u \uparrow$。

结论：R_{b1} 增大时，静态工作点升高，电压放大倍数增大。

（2）增大 R_e。

由 $U_{BQ} \approx V_{CC} \times \dfrac{R_{b1}}{R_{b1}+R_{b2}} \to U_{BQ}$ 不变；

$I_{CQ} \approx I_{EQ} = \dfrac{U_{BQ}-U_{BEQ}}{R_e} \to I_{CQ} \downarrow$；

$I_{BQ} \approx \dfrac{I_{CQ}}{\beta} \to I_{BQ} \downarrow$；

$U_{CEQ} \approx V_{CC} - I_{CQ}(R_c + R_e) \to U_{CEQ} \uparrow$；

$r_{be} \approx 300 + (1+\beta)\dfrac{26}{I_{EQ}} \to r_{be} \uparrow$；

$\dot{A}_u = -\dfrac{\beta R'_L}{r_{be}} \to \dot{A}_u \downarrow$。

结论：R_e 增大时，静态工作点降低，电压放大倍数减小。

2.5 双极型晶体管放大电路的 3 种基本组态

根据晶体管输入回路和输出回路所共用的电极不同，晶体管组成的单级放大电路除了前面介绍的共射极放大电路外，还有共集电极放大电路和共基极放大电路，共 3 种组态。本节主要研究共集电极放大电路和共基极放大电路的特点。

2.5.1 共集电极放大电路

图 2.28(a) 为共集电极放大电路，图 2.28(b) 为共集电极放大电路的交流通路。由交

流通路可知,该电路晶体管的集电极为公共端,基极与集电极为输入端,发射极与集电极为输出端,故称为共集电极放大电路(简称共集放大电路)。由于输出信号由发射极输出,又称其为射极输出器。

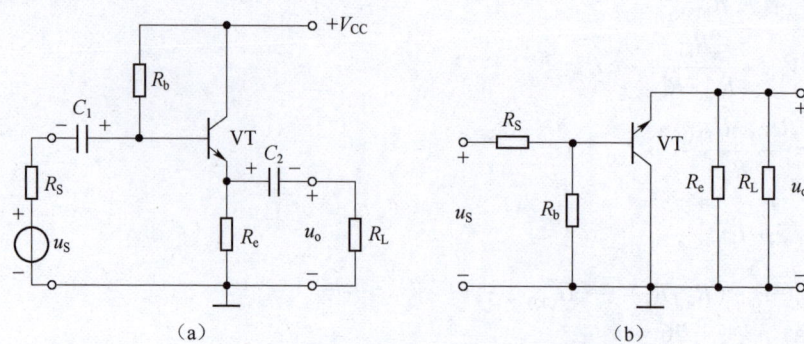

图 2.28 共集电极放大电路及其交流通路
(a)共集电极放大电路;(b)交流通路

1. 静态分析

共集电极放大电路的直流通路如图 2.29 所示。

估算静态工作点从输入回路入手。由图 2.29 所示的输入回路有

$$V_{CC} = I_{BQ}R_b + U_{BEQ} + I_{EQ}R_e$$
$$= I_{BQ}R_b + U_{BEQ} + (1+\beta)I_{BQ}R_e$$
$$= U_{BEQ} + I_{BQ}[R_b + (1+\beta)R_e]$$

$$I_{BQ} = \frac{V_{CC} - U_{BEQ}}{R_b + (1+\beta)R_e} \tag{2.27}$$

$$I_{CQ} \approx \beta I_{BQ} \tag{2.28}$$

由图 2.29 的输出回路得到

$$U_{CEQ} = V_{CC} - I_{EQ}R_e \approx V_{CC} - I_{CQ}R_e \tag{2.29}$$

2. 动态分析

在共集电极放大电路的交流通路中,将晶体管用晶体管的线性等效电路替代,得到共集电极放大电路的微变等效电路,如图 2.30 所示。

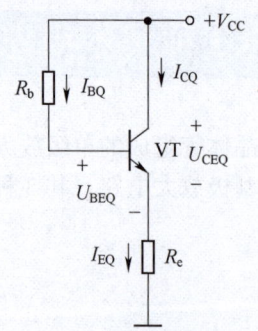

图 2.29 共集电极放大电路的直流通路

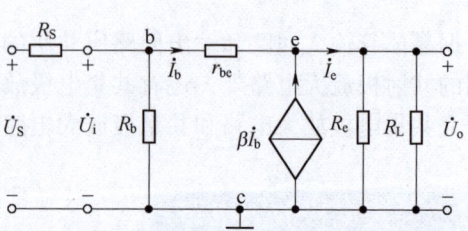

图 2.30 共集电极放大电路的微变等效电路

(1) 电流放大倍数。

由于 R_b 很大,忽略 R_b 的分流,由图 2.30 的输入端有

$$\dot{I}_i \approx \dot{I}_b$$

又由图 2.30 的输出端有

$$\dot{I}_o = -\dot{I}_e = -(1+\beta)\dot{I}_b$$

电流放大倍数为

$$\dot{A}_i = \frac{\dot{I}_o}{\dot{I}_i} \approx \frac{-(1+\beta)\dot{I}_b}{\dot{I}_b} = -(1+\beta) \tag{2.30}$$

(2) 电压放大倍数。

由图 2.30 的输出回路有

$$\dot{U}_o = \dot{I}_e R'_e = (1+\beta)\dot{I}_b R'_e$$

式中,$R'_e = R_e /\!/ R_L$。

由图 2.30 的输入回路有

$$\dot{U}_i = \dot{I}_b r_{be} + \dot{U}_o = \dot{I}_b r_{be} + (1+\beta)\dot{I}_b R'_e$$

电压放大倍数为

$$\dot{A}_u = \frac{\dot{U}_o}{\dot{U}_i} \approx \frac{(1+\beta)\dot{I}_b R'_e}{r_{be}\dot{I}_b + (1+\beta)\dot{I}_b R'_e} = \frac{(1+\beta)R'_e}{r_{be} + (1+\beta)R'_e} \tag{2.31}$$

由电压放大倍数公式得出共集电极放大电路的电压放大倍数 $\dot{A}_u \approx 1$,输出电压 $\dot{U}_o$ 与输入电压 $\dot{U}_i$ 同相,故共集电极放大电路又称为射极跟随器。

(3) 输入电阻。

求输入电阻的等效电路如图 2.31(a) 所示,共集电极放大电路的输入电阻 R_i 视为 R_b 与 R'_i 的并联,先计算 R'_i。

由图 2.31(a) 的输入回路有

$$\dot{U}_i = \dot{I}_b r_{be} + (1+\beta)\dot{I}_b R'_e$$

$$R'_i = \frac{\dot{U}_i}{\dot{I}_b} = r_{be} + (1+\beta)R'_e$$

得到输入电阻为

$$R_i = R_b /\!/ R'_i = R_b /\!/ [r_{be} + (1+\beta)R'_e] \tag{2.32}$$

(4) 输出电阻。

求输出电阻的等效电路如图 2.31(b) 所示,共集电极放大电路输出电阻 R_o 视为 R_e 与 R'_o 的并联,先计算 R'_o。

由图 2.31(b) 的输出回路有

$$R'_o = \frac{\dot{U}_o}{-\dot{I}_e} = \frac{-\dot{I}_b(r_{be}+R'_S)}{-\dot{I}_b(1+\beta)} = \frac{r_{be}+R'_S}{1+\beta}$$

式中，$R'_S = R_S // R_b$。

得出输出电阻为

$$R_o = R_e // R'_o = R_e // \frac{R'_S + r_{be}}{1+\beta} \tag{2.33}$$

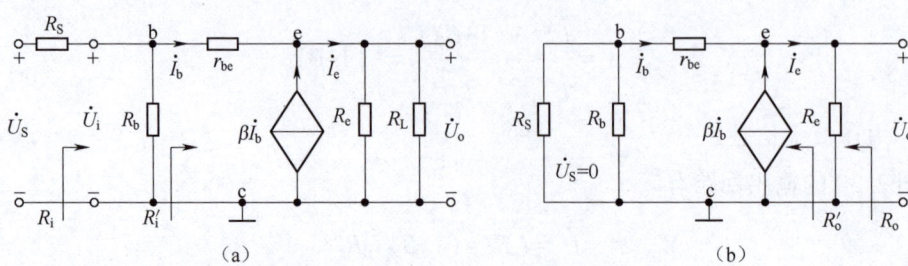

图 2.31　共集电极放大电路及其交流通路

(a) 求输入电阻的等效电路；(b) 求输出电阻的等效电路

由上述分析得出共集电极放大电路的特点及用途如下。

①电压放大倍数小于 1，但接近于 1，输出和输入同相跟随。

②输入电阻较大，可以在多级放大电路中作输入级使用，以减小对信号源的影响；如果是测量仪器中的放大电路，则其输入电阻越大，对被测电路的影响越小，测量精度越高。

③输出电阻较小，可以在多级放大电路中作输出级使用。当负载电流变动较大时，其输出电压变化较小，因此带负载的能力较强。即当放大电路接入的负载变化时，对放大电路的影响小，有利于输出电压的稳定。

④高的输入电阻和低的输出电阻可以作阻抗变换，在两级放大电路之间或者在高内阻信号源和低阻抗负载之间起缓冲作用。

⑤共集电极放大电路没有电压放大作用，但有电流放大和功率放大作用。

【例 2.9】共集电极放大电路如图 2.28(a) 所示，$R_b = 240\text{ k}\Omega$，$R_e = 5.6\text{ k}\Omega$，$R_S = 10\text{ k}\Omega$，$V_{CC} = 10\text{ V}$，晶体管 $\beta = 40$。试计算静态工作点以及 $\dot{A}_u$、R_i、R_o。

解：先计算静态工作点，有

$$I_{BQ} = \frac{V_{CC} - U_{BEQ}}{R_b + (1+\beta)R_e} = \frac{10 - 0.7}{240 + 41 \times 5.6}\text{ mA} \approx 0.02\text{ mA}$$

$$I_{CQ} \approx \beta I_{BQ} = 40 \times 0.02\text{ mA} = 0.8\text{ mA}$$

$$U_{CEQ} \approx V_{CC} - I_{CQ}R_e = (10 - 0.8 \times 5.6)\text{V} = 5.52\text{ V}$$

再计算 $\dot{A}_u$、R_i、R_o，有

$$r_{be} \approx \left[300 + (1+\beta)\frac{26}{I_{EQ}}\right]\Omega \approx \left(300 + 41 \times \frac{26}{0.8}\right)\Omega = 1\,632\text{ }\Omega \approx 1.6\text{ k}\Omega$$

$$R'_e = R_e // R_L = R_e = 5.6\text{ k}\Omega$$

$$\dot{A}_u = \frac{(1+\beta)R'_e}{r_{be}+(1+\beta)R'_e} = \frac{41 \times 5.6}{1.6 + 41 \times 5.6} \approx 0.993$$

$$R_i = R_b \mathbin{/\mkern-5mu/} [r_{be}+(1+\beta)R'_e] = [240 \mathbin{/\mkern-5mu/} (1.6+41\times 5.6)]\,\text{k}\Omega \approx 118\,\text{k}\Omega$$

$$R'_S = R_S \mathbin{/\mkern-5mu/} R_b = (10 \mathbin{/\mkern-5mu/} 240)\,\text{k}\Omega \approx 9.6\,\text{k}\Omega$$

$$R_o = R_e \mathbin{/\mkern-5mu/} \frac{R'_S + r_{be}}{1+\beta} = \left[5.6 \mathbin{/\mkern-5mu/} \frac{9.6+1.6}{41}\right]\Omega \approx 0.26\,\text{k}\Omega$$

2.5.2 共基极放大电路

图 2.32(a) 为共基极放大电路，图 2.32(b) 为共基极放大电路的交流通路。由交流通路可知，该电路晶体管的基极为公共端，发射极与基极为输入端，集电极与基极为输出端，故称为共基极放大电路（简称为共基放大电路）。

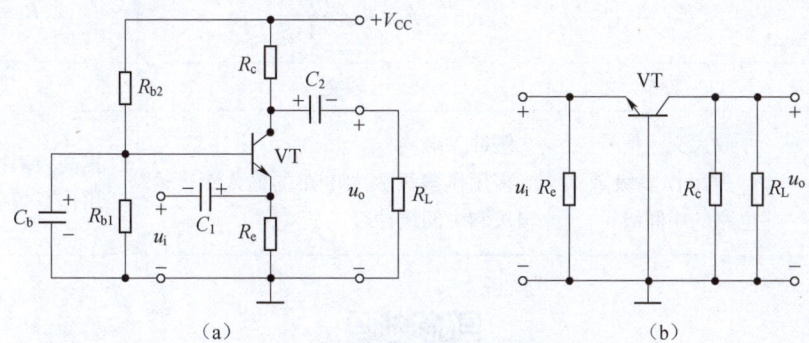

图 2.32　共基极放大电路及其交流通路
(a) 共基极放大电路；(b) 交流通路

共基放大电路的特点和用途如下。
(1) 具有电压放大作用，输出电压和输入电压同相。
(2) 没有电流放大作用，电流放大倍数小于 1 但接近于 1，所以也称该电路为电流跟随器。
(3) 输入电阻很小，一般是几欧到几十欧；输出电阻较大。

二维码 2.5　共基极放大电路分析

2.5.3　3 种基本组态的比较

放大电路有 3 种组态，即共射放大电路、共基放大电路和共集放大电路。共射放大电路的电压、电流、功率放大倍数都比较大，得到了广泛的应用；共基放大电路常用于宽频带或者高频情况下；共集放大电路的优点是输入电阻大、输出电阻小，多用于放大电路的输入级、输出级或缓冲级。

综合以上分析，将 3 种组态放大电路的特点进行对比，如表 2.1 所示。

表 2.1　双极型晶体管放大电路 3 种基本组态的比较

组态		共射放大电路	共集放大电路	共基放大电路
性能	$\dot{A}_i$	大 $\dot{A}_i = \beta$	大 $\dot{A}_i = -(1+\beta)$	小 $\dot{A}_i \approx 1$
	$\dot{A}_u$	大 $\dot{A}_u = -\dfrac{\beta R'_L}{r_{be}}$	小 $\dot{A}_u = \dfrac{(1+\beta)R'_e}{r_{be}+(1+\beta)R'_e} \approx 1$	大 $\dot{A}_u = \dfrac{\beta R'_L}{r_{be}}$
	R_i	中 $R_i = R_b // r_{be}$	大 $R_i = R_b // [r_{be}+(1+\beta)R'_e]$	小 $R_i = R_e // \dfrac{r_{be}}{1+\beta}$
	R_o	中 $R_o \approx R_c$	小 $R_o = R_e // \dfrac{R'_s + r_{be}}{1+\beta}$	中 $R_o \approx R_c$
通频带		较窄	较宽	宽
用途		放大交流信号 多用作多级放大电路的中间级	缓冲、隔离 多用作多级放大电路的输入级、输出级和中间缓冲级	提高频率特性 用作宽频带放大电路

二维码 2.6　晶体管放大电路的 3 种基本组态课程思政

2.6　场效应晶体管放大电路

　　场效应晶体管与晶体管一样，也是具有放大能力的器件，因此，其构成的放大电路的形式以及分析方法均与晶体管放大电路类似。与共射、共集和共基这 3 种晶体管放大电路相对应，场效应晶体管放大电路有共源极、共漏极和共栅极放大电路。常用的分析方法也是图解法和微变等效电路分析法。

2.6.1　分压-自偏压式共源极放大电路

　　分压-自偏压式共源极放大电路及其直流通路如图 2.33 所示。

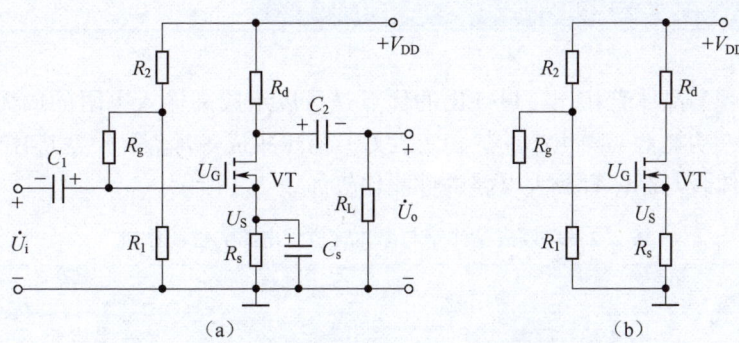

图 2.33 分压-自偏压式共源极放大电路及其直流通路
(a) 共源极放大电路；(b) 直流通路

场效应晶体管的静态偏置电压 $U_{GSQ} = U_G - U_S$，静态栅极电压 U_G 由 V_{DD} 经 R_1、R_2 分压获得，静态源极电压 U_S 为静态源极电流流过 R_s 产生的自偏压，因此电路称为分压-自偏压式共源极放大电路。自偏压的作用是稳定静态工作点。R_g 是一个阻值很大的电阻，其作用是增大输入电阻。

二维码 2.7 分压-自偏压式共源极放大电路分析

2.6.2 共漏极放大电路

共漏极放大电路又称源极输出器或源极跟随器。与晶体管共集放大电路一样，具有输入电阻高、输出电阻低、电压放大倍数小于 1 的特点。

共漏极放大电路如图 2.34(a) 所示，其交流通路如图 2.34(b) 所示。由交流通路可见，输入与输出的公共端是漏极，因此称为共漏极放大电路。由于输出电压自源极输出，故又称为源极输出器。

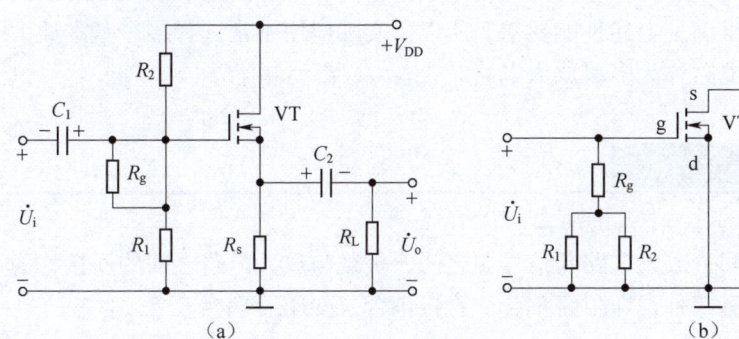

图 2.34 共漏极放大电路及其交流通路
(a) 共漏极放大电路；(b) 交流通路

二维码 2.8 共漏极放大电路分析

2.6.3 场效应晶体管和晶体管放大电路的比较

场效应晶体管与晶体管相比,最突出的优点是可以组成高输入电阻的放大电路。此外,它还具有体积小、功耗低、噪声小、热稳定性好、易于集成等优点,广泛应用于各种电子电路中。场效应晶体管与晶体管放大电路的性能比较如表 2.2 所示。

表 2.2 场效应晶体管与晶体管放大电路的性能比较

项目	元器件	
	场效应晶体管	晶体管
载流子极性	一种载流子参与导电的单极型器件	两种载流子同时参与导电的双极型器件
控制方式	电压控制	电流控制
类型	N 沟道和 P 沟道	NPN 和 PNP
输入电阻	$10^7 \sim 10^{15}$ Ω,很高	$10^2 \sim 10^4$ Ω,较低
输出电阻	r_{ds} 很高	r_{ce} 很高
放大参数	$g_m = 1 \sim 5$ mS,较低	$\beta = 20 \sim 200$,较高
热稳定性	好	差
制造工艺	简单、易于集成	较复杂
对应电极	g—s—d	b—e—c

2.7 多级放大电路

使用实际的电压放大倍数时,往往要求其输入电阻大,以减少放大电路从信号源索取的电流,即可获得尽可能大的输入电压;输出电阻要小,使负载尽可能多地获得输出回路等效电压源的电压,即有足够的带负载能力;电压放大倍数要大,即有足够的电压放大能力。由于任何一种单管放大电路都很难满足上述性能要求,所以,实际应用中常选用多个基本放大电路相级联的方式,这种放大电路称为多级放大电路。

2.7.1 多级放大电路的耦合方式

多级放大电路的级与级之间、放大电路与信号源之间、负载与放大电路之间的连接称为信号的耦合。常用的耦合方式有 3 种,即阻容耦合、直接耦合、变压器耦合。

1. 阻容耦合方式

用电阻和电容元件将两级放大电路连接起来,称为阻容耦合,如图 2.35 所示。

由于耦合电容的"隔直"作用,各级间的静态工作点相互独立,故分析和调整静态工作点方便。但由于耦合电容对低频信号呈现很大的阻抗,因此,阻容耦合放大电路的低频特性差,不能放大变化缓慢的信号。

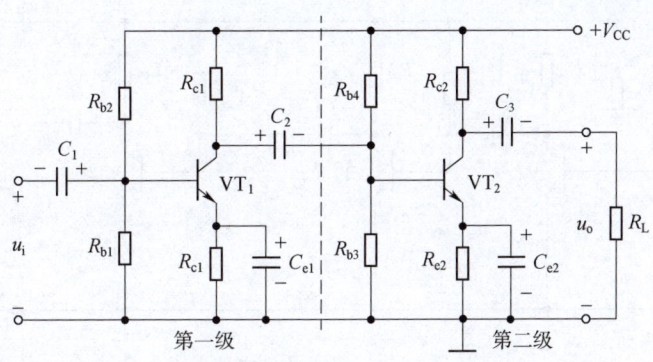

图 2.35 两级阻容耦合放大电路

2. 直接耦合方式

把两级放大电路直接或用电阻连接起来,称为直接耦合,其放大电路如图 2.36 所示。

直接耦合放大电路既能放大交流信号,又能放大直流信号,且具有很好的低频特性,即能放大变化缓慢的信号,便于集成化。但由于前、后级电路直接相连,故各级静态工作点之间会相互影响,调节不方便。直接耦合放大电路存在零点漂移现象,即放大电路输入为 0,输出不为 0 且随时间缓慢变化的现象。

3. 变压器耦合方式

用变压器将两级放大电路连接起来,称为变压器耦合,其放大电路如图 2.37 所示。

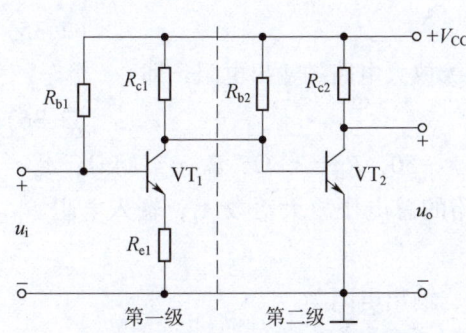

图 2.36 两级直接耦合放大电路

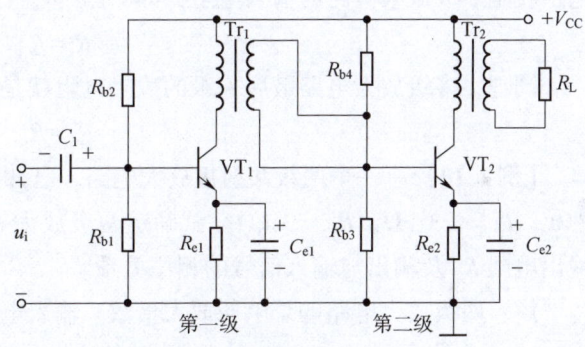

图 2.37 两级变压器耦合放大电路

变压器耦合放大电路可以实现阻抗变换,与阻容耦合放大电路一样,各级电路的静态工作点相互独立,但低频特性差,不能放大变化缓慢的信号。另外,其所采用的变压器还有体积大、质量大、费用高、不宜集成化等缺点,所以现在已很少使用。

2.7.2 多级放大电路的电压放大倍数、输入和输出电阻

1. 电压放大倍数

多级放大电路如图 2.38 所示,前级的输出电压就是后级的输入电压。

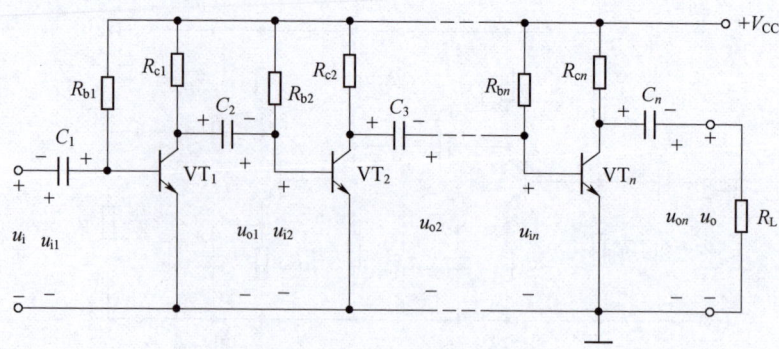

图 2.38　多级放大电路

多级放大电路的电压放大倍数为

$$\dot{A}_u = \frac{\dot{U}_o}{\dot{U}_i} = \prod_{i=1}^{n} \frac{\dot{U}_{on}}{\dot{U}_{in}} = \frac{\dot{U}_{o1}}{\dot{U}_{i1}} \cdot \frac{\dot{U}_{o2}}{\dot{U}_{i2}} \cdot \ldots \cdot \frac{\dot{U}_{on}}{\dot{U}_{in}} = \dot{A}_{u1} \cdot \dot{A}_{u2} \cdot \ldots \cdot \dot{A}_{un} \tag{2.34}$$

多级放大电路的电压放大倍数等于各级电压放大倍数的乘积。

需要注意的是，多级放大电路中前、后级之间相互影响，即后级的输入电阻为前级的负载，同时前级的输出电阻为后级的信号源内阻。

2. 输入电阻和输出电阻

多级放大电路输入端也就是多级放大电路第一级的输入端，多级放大电路第一级的输入电阻就是多级放大电路的输入电阻，即

$$R_i = R_{i1} \tag{2.35}$$

同理，多级放大电路最后一级的输出电阻就是多级放大电路的输出电阻，即

$$R_o = R_{on} \tag{2.36}$$

【例 2.10】 有一个两级共射极放大电路。已知 $A_{u1} = -50$，$R_{i1} = 2\ \text{k}\Omega$，$R_{o1} = 5.1\ \text{k}\Omega$；$A_{u2} = -40$，$R_{i2} = 4.3\ \text{k}\Omega$，$R_{o2} = 3\ \text{k}\Omega$。试确定两级放大电路的总电压放大倍数 A_u、输入电阻 R_i、输出电阻 R_o 及输出与输入信号的相位关系。

解： 两级放大电路的总电压放大倍数、输入电阻、输出电阻为

$$A_u = A_{u1} \cdot A_{u2} = -50 \times (-40) = 2\,000$$

$$R_i = R_{i1} = 2\ \text{k}\Omega$$

$$R_o = R_{o2} = 3\ \text{k}\Omega$$

由此可以看出，输出与输入信号的相位为同相。

2.8　放大电路的频率特性

在前面放大电路的动态分析中，认为在一定频率范围内，可以忽略耦合电容、旁路电容、PN 结电容、负载电容、分布电容、引线电感等电抗性元件的影响，放大倍数不随信号工作频率而改变。但在实际的放大电路中，输入电信号往往包含了多种频率成分，如语音信

号、电视信号、生物信号等,这些信号的某些频率成分可能超出了可以忽略上述电抗性元件影响的范畴,所以在计算放大倍数时,必须考虑这些电抗性元件的影响。因而,电路的放大倍数是与信号频率密切相关的,是关于信号频率的函数,这种函数关系称为频率响应,也称频率特性。

2.8.1 频率特性的基本概念

1. 幅频特性和相频特性

由于电抗性元件的作用,输入信号通过放大电路的放大,不仅使信号的幅度得到放大,而且还产生相位移。电压放大倍数为

$$\dot{A}_u = |\dot{A}_u| \varphi \tag{2.37}$$

式中,电压放大倍数的幅值$|\dot{A}_u|$和相位φ都是关于频率f的函数。

(1) 幅频特性:电压放大倍数的幅值与频率的关系,即式(2.37) 中的$|\dot{A}_u|$部分。
(2) 相频特性:电压放大倍数的相位与频率的关系,即式(2.37) 中的φ部分。

单管共射放大电路的幅频特性和相频特性如图 2.39(a)、(b) 所示。

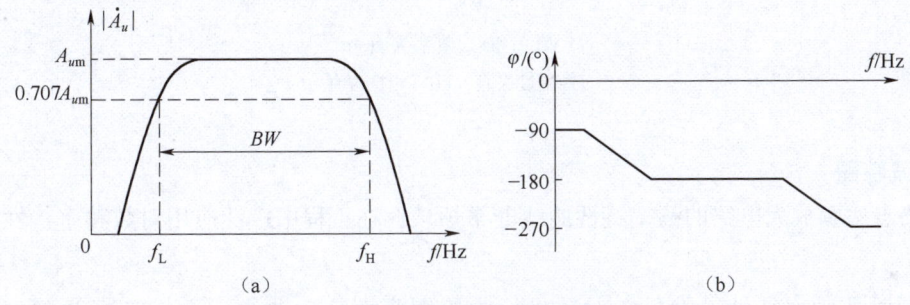

图 2.39 单管共射放大电路的频率特性
(a) 幅频特性;(b) 相频特性

2. 下限频率、上限频率和通频带

由图 2.39(a) 可见,在中频段放大电路的电压放大倍数基本保持不变,并且为放大倍数的最大值,称为中频电压放大倍数A_{um}。在低频段,当电压放大倍数的数值下降到$0.707A_{um}$时,对应的频率称为下限频率f_L。在高频段,当电压放大倍数的数值下降到$0.707A_{um}$时,对应的频率称为上限频率f_H。f_L与f_H之间的频率范围称为通频带BW,即

$$BW = f_H - f_L \tag{2.38}$$

通频带表征放大电路对不同频率输入信号的响应能力,放大电路的通频带越宽越好。

3. 频率失真

由于放大电路对不同频率信号放大的幅度不同而造成的波形失真称为幅度失真。如图 2.40(a) 所示,假设某放大电路的输入信号由基波和谐波组成,如果放大电路对谐波的放大倍数小于对基波的放大倍数,则放大后信号各频率分量的大小比例将不同于输入信号,从

而使输出波形产生失真，这就是幅度失真。

由于放大电路对不同频率信号产生的相位移不同而造成的波形失真称为相位失真，如图 2.40(b) 所示。

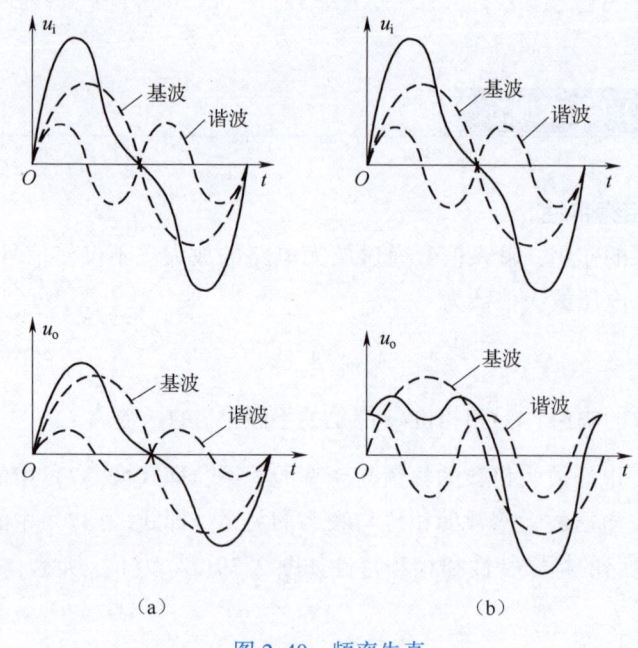

图 2.40　频率失真

(a) 幅度失真；(b) 相位失真

4. 波特图

用描点法画放大电路的频率特性曲线非常烦琐，在工程中广泛应用对数频率特性，又称波特图。

所谓对数频率特性，就是在对数坐标中绘制频率特性曲线。即横坐标为频率 f 的对数值，幅频特性的纵坐标为电压放大倍数幅值的对数 $20\lg|\dot{A}_u|$，称为对数增益，单位是分贝 (dB)，相频特性的纵坐标仍然是角度值。在对数坐标中用折线代替频率特性曲线，如图 2.41 所示。其中图 2.41(a) 为对数幅频特性曲线，图 2.41(b) 为对数相频特性曲线。

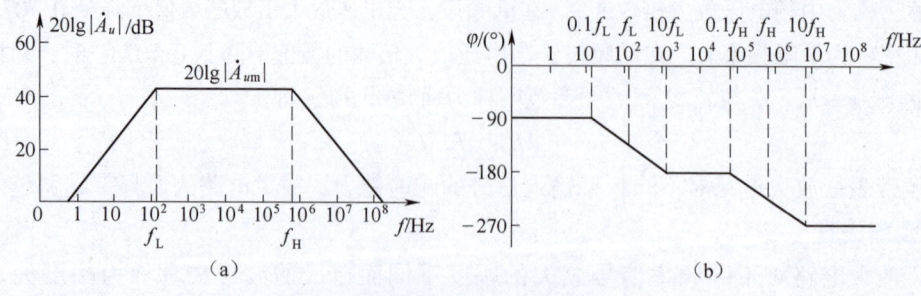

图 2.41　单管共射放大电路的波特图

(a) 对数幅频特性；(b) 对数相频特性

2.8.2 单管共射放大电路的频率特性

由波特图可知,决定单管共射放大电路频率特性的参数有中频电压放大倍数 $\dot{A}_{um}$、下限频率 f_L、上限频率 f_H。

单管共射放大电路如图 2.42 所示。为了研究方便,将耦合电容 C_2 与负载电阻 R_L 作为下一级的元件。

1. 中频电压放大倍数

在中频段,放大电路的耦合电容 C_1 的容抗比串联回路中其他电阻小很多,视为交流短路;晶体管的极间电容的容抗比并联支路的其他电阻大很多,视为交流开路,单管共射放大电路中频等效电路如图 2.43 所示。

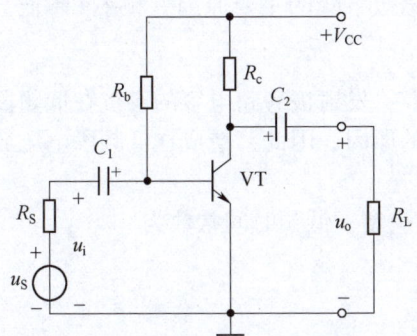

图 2.42 单管共射放大电路

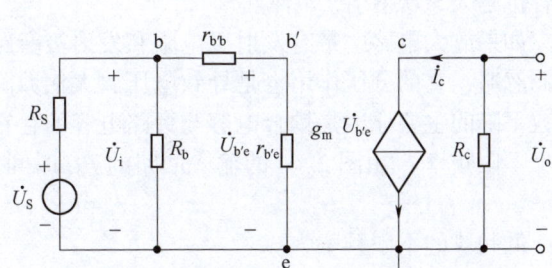

图 2.43 单管共射放大电路中频等效电路

由图可知,输入回路中电压 $\dot{U}_{b'e}$ 由信号源电压 $\dot{U}_S$ 经过两次分压获得,有

$$\dot{U}_{b'e} = \frac{R_i}{R_S + R_i} \cdot \frac{r_{b'e}}{r_{be}} \dot{U}_S$$

式中,$R_i = R_b // r_{be}$;$r_{be} = r_{bb'} + r_{b'e}$。

输出电压为

$$\dot{U}_o = -g_m \dot{U}_{b'e} R_c = -\frac{r_{b'e}}{r_{be}} g_m R_c \dot{U}_i$$

则中频电压放大倍数为

$$\dot{A}_{um} = \frac{\dot{U}_o}{\dot{U}_i} = -\frac{r_{b'e}}{r_{be}} g_m R_c \tag{2.39}$$

式中,g_m 为跨导,$g_m = \dfrac{\beta}{r_{b'e}}$,将其带入上式可得

$$\dot{A}_{um} = -\frac{r_{b'e}}{r_{be}} \cdot \frac{\beta}{r_{b'e}} R_c = -\frac{\beta \cdot R_c}{r_{be}}$$

可见,中频电压放大倍数的表达式与用微变等效电路法分析的结果是一致的。

2. 下限频率 f_L

在低频段，放大电路的耦合电容 C_1 的容抗较大，不能忽略；晶体管的极间电容的容抗很大，视为开路，单管共射放大电路低频等效电路如图 2.44 所示。

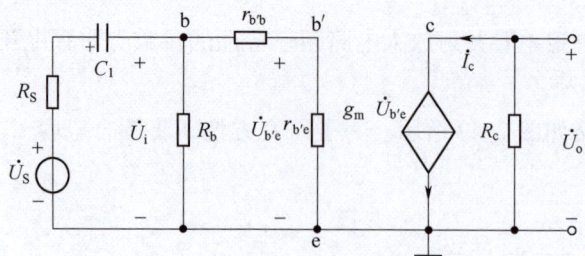

图 2.44　单管共射放大电路低频等效电路

由图 2.44 的输入回路可见，由于耦合电容 C_1 的容抗不能忽略，C_1 的分压作用，使 $\dot{U}_i$ 减小，导致电压放大倍数降低。这是低频段电压放大倍数下降的主要原因。频率 f 越低，C_1 的容抗越大，$\dot{U}_i$ 越小，$\dot{A}_u$ 越小。

如果放大电路中带有发射极电阻和发射极旁路电容，发射极旁路电容的容抗在低频段也不能忽略，它的分压作用也是导致电压放大倍数降低的原因。因此，造成在低频段电压放大倍数下降的主要原因是耦合电容与旁路电容的存在。

下限频率 f_L 由图 2.44 的输入回路的 RC 时间常数决定，低频时间常数为

$$\tau_L = (R_S + R_i) C_1$$

低频段的下限频率为

$$f_L = \frac{1}{2\pi\tau_L} = \frac{1}{2\pi(R_S + R_i)C_1} \tag{2.40}$$

由此可见，阻容耦合的共射放大电路的下限频率 f_L 主要取决于低频时输入回路的时间常数，时间常数越大，f_L 越小，放大电路的低频特性越好。

3. 上限频率 f_H

在高频时，放大电路的耦合电容 C_1 的容抗非常小，可忽略不计；晶体管的极间电容的容抗随着频率的增大而减小，不能视为开路，单管共射放大电路高频等效电路如图 2.45 所示。

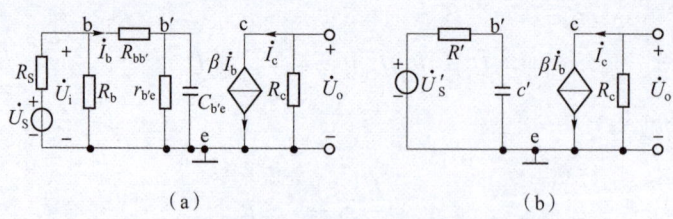

(a)　　　　　　　　　　　　(b)

图 2.45　单管共射放大电路高频等效电路

(a) 高频等效电路；(b) 简化高频等效电路

由图 2.45(a) 的输入回路可见，由于晶体管的极间电容不能忽略，极间电容 $C_{b'e}$ 的分流作用，使 U_i 减小，导致电压放大倍数降低。这是高频段电压放大倍数下降的主要原因。频率 f 越高，$C_{b'e}$ 的容抗越小，U_i 越小，A_u 越小。

将图 2.45(a) 化简为图 2.45(b) 所示的简化高频等效电路。图中

$$\dot{U}'_S = \frac{R_i}{R_S+R_i} \cdot \frac{r_{b'e}}{r_{be}} \dot{U}_S$$

$$R' = r_{b'e} // [r_{bb'} + (R_S // R_b)]$$

$$C' \approx C_{b'e}$$

上限频率 f_H 由图 2.42(b) 中输入回路的 RC 时间常数决定,RC 时间常数为

$$\tau_H = R'C'$$

上限频率为输入回路的谐振频率,为

$$f_H = \frac{1}{2\pi\tau_H} = \frac{1}{2\pi R'C'} \tag{2.41}$$

4. 对数幅频特性曲线的画法

(1) 在横坐标上确定下限频率 f_L 和上限频率 f_H 点。

(2) 画中频段幅频特性曲线:数值为 $20\lg|\dot{A}_{um}|$ dB 的水平直线,从 f_L 点画到 f_H 点。

(3) 画低频段幅频特性曲线:斜率为 20 dB/十倍频的直线,在下限频率 f_L 值处与中频段幅频特性曲线相交。

(4) 画高频段幅频特性曲线:斜率为 -20 dB/十倍频的直线,在上限频率 f_H 值处与中频段幅频特性曲线相交。

单管共射放大电路的对数幅频特性如图 2.46(a) 所示。

5. 对数相频特性曲线的画法

(1) 在横坐标上确定下限频率 f_L 和上限频率 f_H 点,以及 $0.1f_L$、$10f_L$、$0.1f_H$、$10f_H$ 点。

(2) 画中频段相频特性曲线:从 $10f_L \sim 0.1f_H$,画一条 $\varphi = -180°$ 的水平直线。

(3) 画低频段相频特性曲线:从 $0 \sim 0.1f_L$,画一条 $\varphi = -90°$ 的水平直线;从 $0.1f_L \sim 10f_L$,画一条斜率为 $-45°$/十倍频的直线。

(4) 画高频段相频特性曲线:在大于 $10f_H$ 区域,画一条 $\varphi = -270°$ 的水平直线;从 $0.1f_H \sim 10f_H$,画斜率为 $-45°$/十倍频的直线。

单管共射放大电路的对数相频特性如图 2.46(b) 所示。

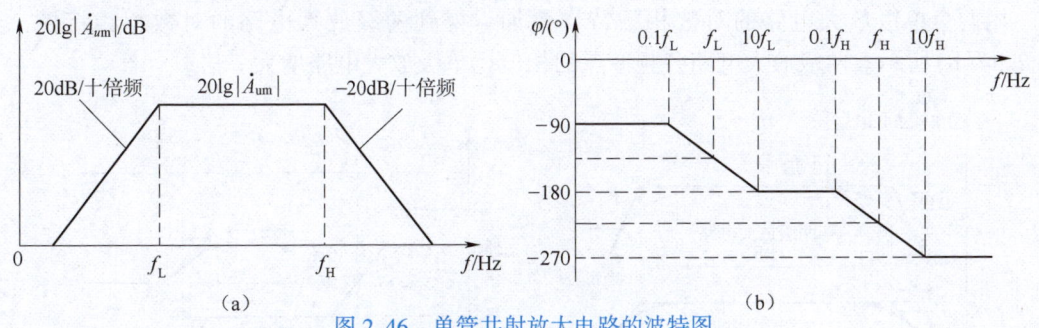

图 2.46 单管共射放大电路的波特图
(a) 对数幅频特性;(b) 对数相频特性

2.8.3 多级放大电路的频率特性

1. 多级放大电路的频率特性

在多级放大电路一节已经学习过,多级放大电路的电压放大倍数等于各级电压放大倍数

的乘积。即

$$\dot{A}_u = \dot{A}_{u1} \cdot \dot{A}_{u2} \cdot \dot{A}_{u3} \cdot \cdots \cdot \dot{A}_{un}$$

其对数增益为

$$20\lg|\dot{A}_u| = 20\lg|\dot{A}_{u1}| + 20\lg|\dot{A}_{u2}| + \cdots + 20\lg|\dot{A}_{un}| = \sum_{k=1}^{n} 20\lg|\dot{A}_{uk}| \tag{2.42}$$

即多级放大电路对数增益等于其各级对数电压增益的代数和。

多级放大电路总的相位为

$$\varphi = \varphi_1 + \varphi_2 + \cdots + \varphi_n = \sum_{k=1}^{n} \varphi_k \tag{2.43}$$

即多级放大电路总的相位等于其各级相位的代数和。

由此可知，多级放大电路的对数幅频特性和相频特性为各级的对数增益与相位的叠加。

下面以两级放大电路为例，分析两级放大电路与组成它的单级放大电路频率特性的关系。

已知单级放大电路的下限频率 f_{L1}、上限频率 f_{H1} 和通频带 BW_1，由两个完全相同的单级放大电路组成两级放大电路，确定该两级放大电路的下限频率 f_L、上限频率 f_H 和通频带 BW。

由两个单级放大电路的对数幅频特性叠加，得到两级放大电路的对数幅频特性，如图2.47(a)所示。

由图2.47(a)可知，单级放大电路在 f_{L1}、f_{H1} 处对数增益下降 3 dB，两个同样的单级放大电路组成的两级放大电路，在 f_{L1}、f_{H1} 处对数增益下降了 6 dB。两级放大电路在对数增益下降 3 dB 处的下限频率 f_L 一定比单级放大电路的 f_{L1} 高；上限频率 f_H 一定比单级放大电路的 f_{H1} 低。两级放大电路的通频带变窄，即

$$f_L > f_{L1}$$

$$f_H < f_{H1}$$

$$BW = f_H - f_L < BW_1 = f_{H1} - f_{L1}$$

由两个单级放大电路的对数相频特性叠加，得到两级放大电路的对数相频特性，如图2.47(b)所示。两级放大电路各频率点的相位比单级放大电路增大一倍。

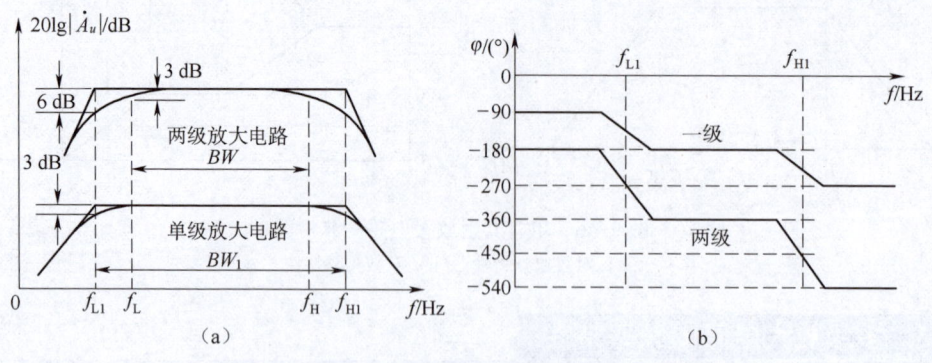

图 2.47 两级放大电路的波特图
(a) 对数幅频特性；(b) 对数相频特性

2. 多级放大电路的上限频率与下限频率

多级放大电路的上限频率与组成它的各级的上限频率之间的近似关系为

$$\frac{1}{f_H} \approx 1.1 \sqrt{\frac{1}{f_{H1}^2} + \frac{1}{f_{H2}^2} + \cdots + \frac{1}{f_{Hn}^2}} \tag{2.44}$$

多级放大电路的下限频率与组成它的各级的下限频率之间的近似关系为

$$f_L \approx 1.1 \sqrt{f_{L1}^2 + f_{L2}^2 + \cdots + f_{Ln}^2} \tag{2.45}$$

(1) 如果两个频率特性相同的放大电路组成两级放大电路，每一级的下限频率为 f_{L1}，上限频率为 f_{H1}，则两级放大电路的下限频率与上限频率为

$$f_L \approx 1.56 f_{L1}$$

$$f_H \approx 0.64 f_{H1}$$

(2) 如果组成多级放大电路的各级的下限频率与上限频率不同，且相差悬殊，可近似认为多级放大电路的下限频率为各级中下限频率最高的，上限频率为各级中上限频率最低的。

二维码 2.9　放大电路频率特性的测量

二维码 2.10　单管放大电路的仿真实例

二维码 2.11　放大电路的工程应用及分析

本章小结

本章介绍了放大电路的基本原理和基本分析方法，是分析各种电路的基础。

(1) 放大的本质是能量控制，在输入信号的控制下，将直流能量转换为交流能量。

(2) 放大电路是最基本的模拟电路，一般用放大倍数、输入电阻、输出电阻、通频带、最大输出功率等参数衡量放大电路性能的优劣。组成放大电路的基本原则是，外加电源电压的极性应使晶体管的发射结正偏，集电结反偏，保证放大器件工作在放大状态，且输入信号能正常输入放大电路，放大后的信号能输送给负载。

(3) 放大电路的基本分析方法有图解法和微变等效电路法。由于放大电路处于直流、交流共存的工作状态，对放大电路的分析任务有两项：一是静态分析，确定放大电路的静态工作点；二是动态分析，确定放大电路的电压放大倍数、输入电阻和输出电阻等。分析顺序为先静态，后动态。

用图解法分析放大电路的条件是必须已知放大器件的特性曲线，图解法既可以分析放大电路的静态，也可以分析放大电路的动态；用微变等效电路法分析放大电路的条件是放大电路工作在小信号情况下，微变等效电路法只能分析放大电路的动态。

(4) 造成放大电路静态工作点不稳定的原因，主要是温度的影响。分压式静态工作点稳定电路是最常用的稳定静态工作点电路，它是用负反馈原理实现的。

(5) 双极型晶体管放大电路有 3 种组态，即共发射极、共集电极和共基极放大电路。不同组态的电路有不同的性能、特点和适用场合。共发射极放大电路的电压与电流放大倍数都较大，但输入、输出电阻特性不够好，适合作为低频放大电路的中间级；共集电极放大电

路具有较大的电流放大倍数和电压跟随作用,输入、输出电阻特性很好,常用于输入级、输出级和缓冲级;共基极放大电路的高频特性好,常用于高频或宽频带放大电路。

(6) 场效应晶体管放大电路的分析方法与晶体管放大电路相同,分为静态分析与动态分析。由于场效应晶体管是电压控制元件,其放大电路具有输入电阻高、噪声小、集成度高等优点,但跨导较低,电压放大倍数较小。分压-自偏压式共源极放大电路与共漏极放大电路是常用的场效应晶体管放大电路。

(7) 多级放大电路常用的耦合方式有3种,即阻容耦合、直接耦合和变压器耦合。

多级放大电路的电压放大倍数为各级电压放大倍数的乘积,但在计算每一级电压放大倍数时,要考虑前、后级之间的影响。

多级放大电路的输入电阻为第一级的输入电阻,输出电阻为最后一级的输出电阻。

(8) 由于电路中电抗性元件的存在,放大电路的电压放大倍数是关于频率的函数,称为放大电路的频率特性。耦合电容与旁路电容是造成在低频段电压放大倍数下降的主要原因;极间电容和分布电容是造成在高频段电压放大倍数下降的主要原因。多级放大电路通频带比组成它的每一级的通频带窄。

综合习题

一、填空题

1. 一般用输出电阻 R_o 来衡量放大电路带负载的能力,R_o 越小,则放大电路带负载能力_____。

2. 通常用通频带衡量放大电路对不同频率信号的适应能力,通频带_____,说明放大电路对信号变化的适应能力越强。

3. 在放大电路中,晶体管的发射结正偏,集电结_____偏。

4. 单管共射放大电路,当工作点 Q 选择较低时,易出现_____失真。

5. 单管共射放大电路中,设电容 C_1,C_2 对交流信号的影响可以忽略不计。当输入 $f=1\text{ kHz}$ 的正弦电压信号后,用示波器观察 U_o 及 U_i,则两者的相位关系为_____。

6. 共集电极放大电路中,输出电压与输入电压相位_____。

7. 共基极放大电路中,输出电压与输入电压相位_____。

8. 在双极型3种基本放大电路组态中,希望既能放大电压又能放大电流,应选用_____组态。

9. 多级放大电路常用的耦合方式有3种,它们是阻容耦合、直接耦合和_____耦合。

10. 采用直接耦合方式的放大电路,电路结构简单,但各级放大电路的静态工作点_____。

11. 在多级放大电路中,后级的输入电阻是前级的_____。

12. 阻容耦合单级放大电路的上限频率为 f_H,下限频率为 f_L,用这样的放大电路组成两级放大电路,与单级放大电路相比,两级放大电路的上限频率 f_H_____。

二、选择题

1. 共射放大电路如下图所示,用直流电压表测出 $U_{CE} \approx V_{CC}$,则电路出现的故障可能是(   )。

A. R_b 短路 B. R_b 开路 C. R_c 开路 D. β 过大、V_{CC} 过大

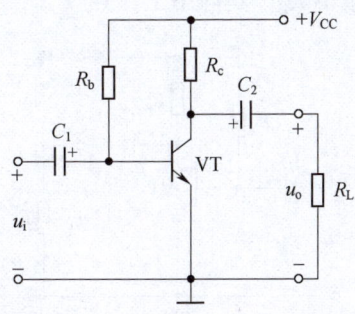

2. 在基本单管共射放大电路中，当环境温度升高后，其静态工作点（　　）。
   A. 不变　　　　　　　　　　　　B. 沿直流负载线下移
   C. 沿交流负载线上移　　　　　　D. 沿直流负载线上移
3. 分压式静态工作点稳定放大电路如下图所示。若更换晶体管使 β 由 80 变为 50，则电压放大倍数（　　）。

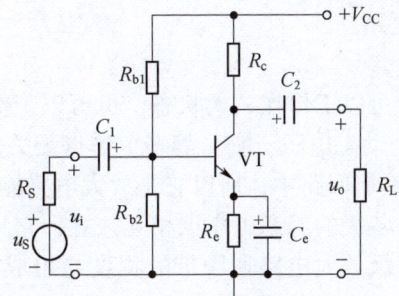

   A. 基本不变　　　B. 减小　　　　C. 增大一倍　　　D. 无法确定
4. 共集电极放大电路的特点是（　　）。
   A. 电压放大倍数很大，输入电阻很小，输出电阻较大
   B. 电压放大倍数很大，输入电阻较大，输出电阻较大
   C. 电压放大倍数很小，输入电阻很小，输出电阻较大
   D. 电压放大倍数近似为 1，输入电阻很大，输出电阻很小
5. 下述 4 种类型的电路中，输入阻抗最大、输出阻抗最小的电路为（　　）。
   A. 共射　　　　　　　　　　　　B. 共集
   C. 共基　　　　　　　　　　　　D. 共射-共基串接电路
6. 设单级放大器的通频带为 BW_1，由它组成的多级放大器的通频带为 BW，则（　　）。
   A. $BW<BW_1$　　B. $BW>BW_1$　　C. $BW=BW_1$　　D. 不能确定
7. 有两级共射放大电路。已知 $A_{u1}=-50$，$R_{i1}=2\ \text{k}\Omega$，$R_{o1}=5.1\ \text{k}\Omega$；$A_{u2}=-40$，$R_{i2}=5.1\ \text{k}\Omega$，$R_{o2}=10\ \text{k}\Omega$，则两级放大电路的总电压放大倍数和输出电阻为（　　）。
   A. $A_u=2\ 000$，$R_o=10\ \text{k}\Omega$　　　　B. $A_u=-2\ 000$，$R_o=5.1\ \text{k}\Omega$
   C. $A_u=-40$，$R_o=2\ \text{k}\Omega$　　　　　D. $A_u=-50$，$R_o=10\ \text{k}\Omega$
8. 阻容耦合放大电路低频段放大倍数下降的主要原因是有（　　）。
   A. 极间电容和旁路电容　　　　　B. 分布电容和耦合电容
   C. 耦合电容和旁路电容　　　　　D. 极间电容和分布电容

9. 电路如下图所示，如果减小 R_b，其静态工作点（　　）。

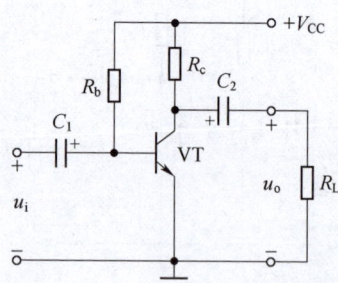

A. I_{BQ} 增大，I_{CQ} 减小，U_{CEQ} 增大　　B. I_{BQ} 增大，I_{CQ} 增大，U_{CEQ} 减小

C. I_{BQ} 基本不变，I_{CQ} 增大，U_{CEQ} 减小　　D. I_{BQ} 减小，I_{CQ} 增大，U_{CEQ} 基本不变

10. 在画放大电路的直流通路时（　　）。

A. 电容可视为开路，电感可视为短路

B. 电容可视为短路，电感可视为开路

C. 电容和电感都可视为开路

D. 电容和电感都可视为短路

三、判断题

1. 在放大电路中，晶体管可以工作在放大状态，也可以工作在饱和状态。　（　　）
2. 晶体管的电阻 r_{be} 是一个动态电阻，它与静态工作点无关。　（　　）
3. 因为负载电阻 R_L 接在输出回路中，所以它是放大电路输出电阻的一部分。　（　　）
4. 阻容耦合多级放大电路各级的静态工作点相互独立，它只能放大交流信号。　（　　）
5. 在多级放大电路中，多级放大电路通频带的宽度与组成它的各单级放大电路的通频带的宽度相同。　（　　）

四、改错题

1. 共射放大电路如下图所示，请指出电路中的错误，并画出正确的电路图。

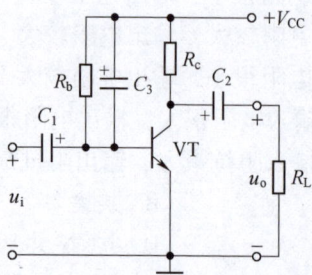

2. 共射放大电路如下图所示，请指出电路中的错误，并画出正确的电路图。

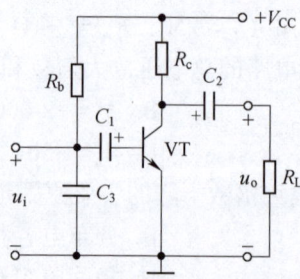

3. 共集放大电路如下图所示，请指出电路中的错误，并画出正确的电路图。

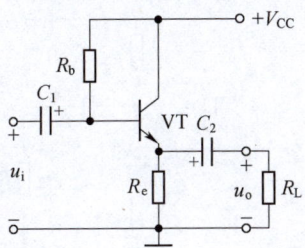

4. 共集放大电路及其交流通路如下图所示，请指出交流通路中的错误，并画出正确的交流通路。

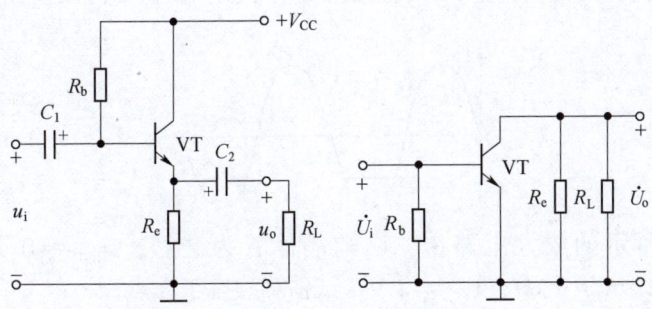

五、画图题

1. 放大电路如下图所示，画出放大电路的直流通路、交流通路、微变等效电路。

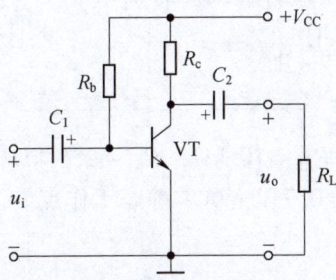

2. 放大电路如下图所示，画出放大电路的直流通路、交流通路、微变等效电路。

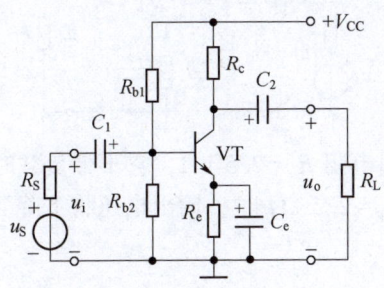

3. 放大电路如下图所示，画出放大电路的直流通路、交流通路。

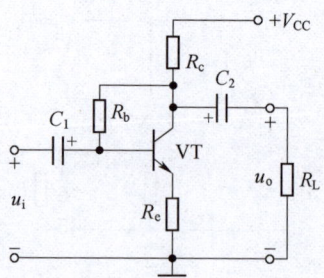

六、计算题

1. 在由 NPN 型硅管组成的单管共射放大电路中，用示波器测量输出电压 u_{ce} 的波形如下图所示，试分析这是何种失真？调整 R_b 可使波形趋向于正弦波，如何调整 R_b 消除失真？

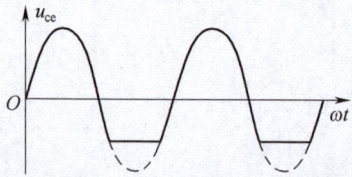

2. 在如下图所示的放大电路中，已知晶体管为硅管，$U_{BEQ} \approx 0.7$ V，$\beta = 80$，$R_b = 400$ kΩ，$R_c = 3$ kΩ，$R_L = 3$ kΩ，$V_{CC} = 12$ V，试估算静态工作点。

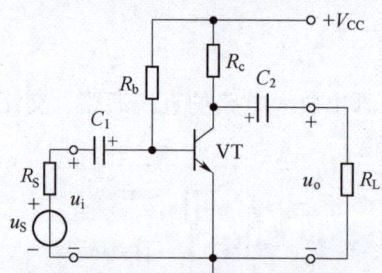

3. 电路如下图所示，已知 $R_{b1} = 10$ kΩ，$R_{b2} = 2.5$ kΩ，$R_c = 2$ kΩ，$R_e = 750$ Ω，$R_L = 3$ kΩ，$\beta = 60$，$V_{CC} = 12$ V，$U_{BEQ} = 0.7$ V，试求静态工作点。

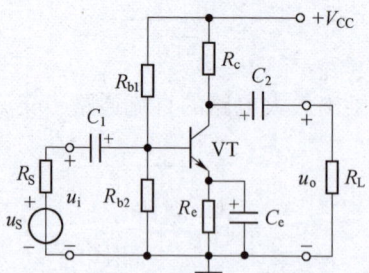

4. 已知某放大电路的输出电阻 $R_o = 7.5$ kΩ，它不带负载时的输出端开路电压 $U_{os} = 2$ V，问该放大电路在带负载电阻 $R_L = 2.5$ kΩ 时，输出电压将下降到多少？

5. 某放大电路在负载开路时的输出电压为 6 V，当接入 2 kΩ 负载后，其输出电压降为 4 V，试估算该放大电路的输出电阻。

6. 在如下图所示的电路中，已知 V_{CC} = 12 V，晶体管的 β = 100，R_b' = 100 kΩ。测得 U_{BEQ} = 0.7 V，I_{BQ} = 20 μA，U_{CEQ} = 6 V，试求基极偏置电阻 R_b（$R_b = R_b' + R_P$）及集电极电阻 R_c。

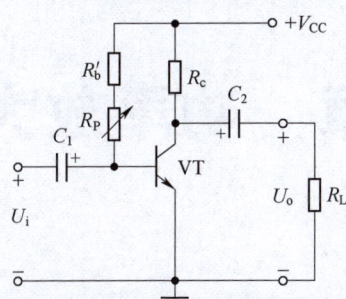

7. 在共射放大电路中，若测得输入电压有效值 U_i = 5 mV，输出空载时输出电压有效值 U_o = 0.6 V，接上负载电阻 R_L 后（$R_L = R_c$），试求输出电压有效值 U_o 变为多少？

第3章 功率放大电路

★内容提要

麦克风将声音信号传送给扩音器,扩音器中的功率放大电路把声音信号功率放大了几十倍,由扬声器播放出去,使声音传播得更远。例如,在开音乐会时,歌唱家在台上演唱,礼堂后面的人就听不到,为了使礼堂的所有人都能听到,就要使用麦克风,即用功率放大电路。本章首先介绍功率放大电路的特点、工作状态的分类;然后重点介绍常用的OTL和OCL互补对称功率放大电路的组成、工作原理、分析方法及主要技术指标的估算方法,并且简要介绍复合管的互补对称功率放大电路;最后介绍广为应用的集成功率放大器。

★学习目标

要知道:输出最大功率、最大效率、功率放大电路的特点、交越失真、功放管的工作状态、功放管的最大耗散功率、最大电流、最大反向电压、组成复合管的原则、复合管的放大倍数、输入电阻;无输出电容(OCL)互补对称功率放大电路和无输出变压器(OTL)互补对称功率放大电路的结构。

会分析:OCL、OTL互补对称功率放大电路的工作原理。

会计算:OCL、OTL互补对称功率放大电路的相关参数及功放管的参数。

会画出:OCL、OTL互补对称功率放大电路。

会选用:功放管。

会识别:是否能组成复合管。

二维码3.1 知识导图

3.1 功率放大电路的基本概念

一个实用的放大电路通常由 3 部分组成：输入级、中间级和输出级，其任务各不相同。输入级与信号源相连，基本要求是对信号源的衰减小；中间级的主要任务是电压放大；输出级则要求向负载提供足够大的驱动功率。

前几章讨论的放大电路，都是以电压放大为目的，本章将介绍功率放大电路，简称功放电路。功放电路不但要求能输出较大幅度的电压，而且要求能输出较大幅度的电流，即输出足够大功率的信号，以带动扬声器发出响亮的声音，驱动电动机旋转，使电视屏幕显示出画面等。

功率放大电路通常是在大信号状态下工作，小信号电路的分析方法已不再适用，且电路的主要任务是获得不失真的输出功率。所以，与前述的电压放大电路相比，功率放大电路在电路特性和分析方法上，具有独特特点。

1. 功率放大电路的特点

（1）能够输出尽可能大的功率。

最大输出功率成为功率放大电路的一个重要指标，在正弦输入信号下，输出波形不超过规定的非线性失真要求时，放大电路的最大输出电压有效值与最大输出电流有效值的乘积，称为最大输出功率。其表示为

$$P_{om} = \frac{U_{om}}{\sqrt{2}} \frac{I_{om}}{\sqrt{2}} = \frac{1}{2} U_{om} I_{om} \tag{3.1}$$

式中，U_{om} 和 I_{om} 分别为功率放大电路输出电压和输出电流的幅值。

（2）具有较高的工作效率。

放大电路输出给负载的功率是由直流电源提供的，对于功率放大电路，提高转换效率尤为重要。这不仅在节能方面具有重要的意义，而且在元器件使用寿命及设备的成本方面也具有很重要的作用。效率不高，会使大量的电能转换成热量，使功率放大管等元件因温度过高而损坏，从而不得不选用较大容量的元器件，很不经济。

所谓效率，就是负载得到的交流信号功率与直流电源供给的功率之比，表示为

$$\eta = \frac{P_o}{P_V} \tag{3.2}$$

式中，P_o 为放大电路输出给负载的功率；P_V 为直流电源所提供的功率。

（3）尽量减小非线性失真。

为了获得较大的输出功率，信号的动态范围较大，由于晶体管的非线性，因此很容易产生非线性失真。功率放大电路输出功率较大时，不可能没有非线性失真，但要尽量减小非线性失真，使其控制在允许范围内。

（4）功率放大晶体管的散热问题。

在功率放大电路中，有相当大的功率消耗在管子的集电结上，使管子发热严重。因此，功率放大晶体管（以下简称功放管）的散热就成为一个重要问题。例如，要按照规定装配散热片，将管子安装在容易散热的位置等。此外，在功率放大电路中，为了输出较大功率的

信号，管子承受的电压高，通过的电流大，受损坏的可能性比较大，所以要注意功放管的安全与保护问题。

（5）要用图解法分析。

由于功率放大电路的晶体管处于大信号工作状态，小信号分析所用的微变等效电路法已不再适用，故应采用图解法来分析电路。

2. 功率放大电路的工作状态及提高效率的主要途径

（1）功率放大电路的工作状态。

功率放大电路按照其晶体管导通时间的不同，其工作状态可分为甲类工作状态、甲乙类工作状态、乙类工作状态和丙类工作状态，如图 3.1 所示。

甲类工作状态：在一个周期内晶体管始终是导通的，这种工作方式通常称为甲类放大。在甲类工作状态中，晶体管的导通角为 360°。

甲乙类工作状态：在一个周期内，晶体管的导通时间比半个周期稍多一些，称为甲乙类放大。在甲乙类工作状态中，晶体管的导通角大于 180°。

乙类工作状态：在一个周期内，晶体管有半个周期导通，半个周期截止，称为乙类放大。在乙类工作状态中，晶体管的导通角为 180°。

丙类工作状态：在一个周期内，晶体管的导通时间小于半个周期，称为丙类放大。在丙类工作状态中，晶体管的导通角小于 180°。丙类放大多用于高频大功率发射电路中。

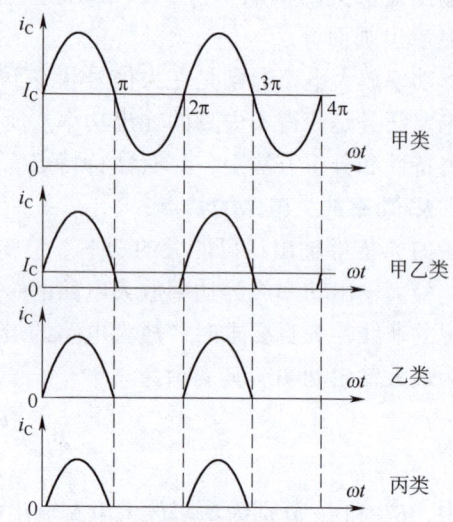

图 3.1 功率放大电路的分类

（2）提高效率的主要途径。

由于在甲类工作状态中，晶体管在整个周期都导通，并且有较大的静态电流，即使没有输入信号，也要消耗较多电能，因此甲类功放电路效率很低，在理想情况下，最大也只能达到 50%。

静态电流消耗电能是效率低的主要原因，故要提高效率，必须减小静态电流，即将静态工作点下移。

乙类功放电路将静态工作点设置在截止区的边沿，静态时晶体管处于截止状态，不消耗电能，有输入信号时才导通，将电源供给的直流能量转换为交流能量输出给负载。因此效率得到了很大提高，理想情况下可达到 78.5%，但存在严重的波形失真。

为了克服乙类功放电路波形失真的缺点，将静态工作点设置在临界导通状态，为甲乙类工作状态。由于静态电流很小，静态时消耗电能很少，效率与乙类功放电路十分相近，因此甲乙类功放电路得到了广泛应用。

3.2 互补对称功率放大电路

目前应用广泛的**功率放大电路是无输出电容**（Output Capacitorless，OCL）互补对称功率放大电路和无输出变压器（Output Transformerless，OTL）互补对称功率放大电路，下面分别对它们进行介绍。

3.2.1 OCL 互补对称功率放大电路

1. 乙类 OCL 互补对称功率放大电路

（1）电路的组成。

乙类 OCL 互补对称功率放大电路如图 3.2（a）所示，它由一对特性一致的 NPN 型和 PNP 型晶体管 VT_1 和 VT_2 组成，信号从基极输入，从发射极输出，R_L 为负载。其中晶体管 VT_1 为一个 NPN 型晶体管的射极输出器，如图 3.2（b）所示，晶体管 VT_2 为一个 PNP 型晶体管的射极输出器，如图 3.2（c）所示。两个射极输出器对接，组成乙类 OCL 互补对称功率放大电路。由于电路的上、下都是参数相同的射极输出器，具有对称性，两个射极输出器使用了一对类型不同的晶体管，有很好的互补性，电路的输出端发射极直接与负载连接，之间没有耦合电容，故称其为无输出电容的互补对称功率放大电路。其结构上最突出的特点是输出端无耦合电容，以及使用了对称的正、负双电源供电。

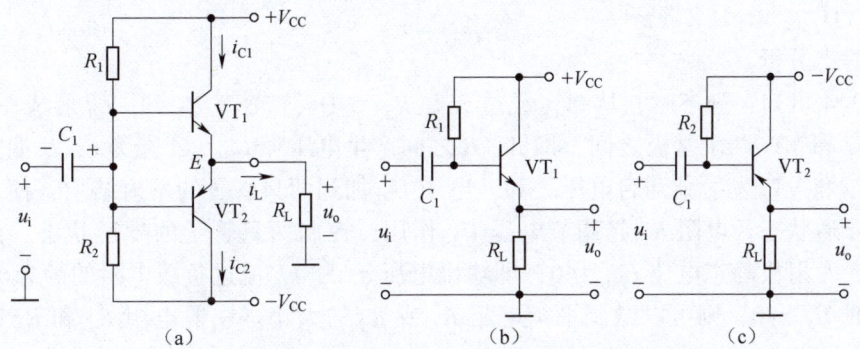

图 3.2 乙类 OCL 互补对称功率放大电路

（a）乙类 OCL 电路；（b）NPN 管射极输出器；（c）PNP 管射极输出器

（2）工作原理。

①静态分析。

电路在静态时，输入信号 u_i 为 0，两个晶体管的发射结电压为 0，都处于截止状态，其静态工作点 I_{BQ}、I_{CQ} 均为 0，电路无静态功耗。由于电路对称，发射极电位为 0，负载 R_L 无电流。故在电路输出端与负载之间无须加入起"隔直"作用的耦合电容。

②动态分析。

在输入端加入正弦输入信号 u_i，当输入信号 u_i 为正半周时，VT_1 的发射结获得正向偏压，使其导通，VT_2 的发射结获得反向偏压，使其截止。此时 VT_1 的集电极电流 i_{C1} 按照正弦规律变化，自上而下流过负载，负载获得输出电压 u_o 的正半周信号。

当输入信号 u_i 为负半周时，与正半周时刚好相反，VT_1 发射结为反偏，使其截止，VT_2 发射结为正偏，使其导通，VT_2 的集电极电流 i_{C2} 自下而上流过负载，负载获得输出电压 u_o 的负半周信号。负载电阻将正、负半周信号合成，获得了完整的输出信号。

从以上分析中可知，互补对称功放电路中两个晶体管是轮流工作半个周期的，晶体管工作在乙类工作状态。为了保证每个管子正常工作，必须有各自的电源，这正是采用双电源的原因。

③输出波形出现交越失真。

由于晶体管是非线性器件，其发射结在正向导通时存在死区电压，以硅管为例，输入电压的数值大于 0.5 V 的死区电压时，晶体管才导通。因此，负载电阻获得的正、负半周输出电压都小于半个周期，合成时，在正、负半周信号的衔接处出现断点，输出信号出现了失真。这种在两只管子轮换过程中，有一段时间都处于截止而出现的失真称为交越失真，如图 3.3 所示。

若放大电路输出波形出现严重失真，则这种放大电路没有任何实际应用价值。交越失真是晶体管的死区电压造成的，为了消除交越失真，可以给晶体管设置一个较小的正向偏压，抵消死区电压带来的影响，组成实际应用的甲乙类 OCL 互补对称功率放大电路。

2. 甲乙类 OCL 互补对称功率放大电路

甲乙类 OCL 互补对称功率放大电路如图 3.4 所示。其在电路结构上与乙类 OCL 互补对称功率放大电路的不同之处是在晶体管 VT_1 和 VT_2 的两基极之间，接入电阻 R_2 和两个二极管 VD_1 和 VD_2。

（1）静态分析。

由图 3.4 可知，静态时，从 $+V_{CC}$ 经过 R_1、R_2、VD_1、VD_2、R_3 到 $-V_{CC}$ 形成一个通路，于是在 VT_1 和 VT_2 两个基极之间，即 A、B 之间产生电压降 U_{AB}，A 端为 $+$，B 端为 $-$，U_{AB} 略大于 VT_1 和 VT_2 发射结开启电压之和。电压 U_{AB} 加到两只管子的发射结上，使两只管子均处于微导通状态。电阻 R_2 起调节电压 U_{AB} 作用，控制两只管子的导通状态。由于电路的对称性，发射极静态电位 U_{EQ} 为 0，即输出电压 u_o 为 0，流过负载电阻的静态电流为 0。如果静态时 $U_{EQ} \neq 0$，则可以微调平衡电阻 R_1 或 R_3 的大小。一般电阻 R_1 和 R_3 都选用阻值相同的电阻。

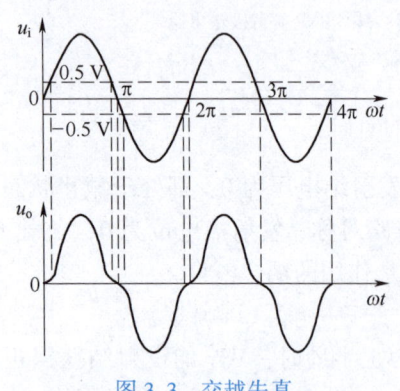

图 3.3　交越失真　　　图 3.4　甲乙类 OCL 互补对称功率放大电路

（2）动态分析。

加入正弦输入信号 u_i，由于二极管 VD_1、VD_2 的动态电阻很小，而且 R_2 的阻值也较小，对输入信号产生的压降忽略不计，因而可以认为输入信号 u_i 加到了 VT_1 和 VT_2 的基极。

当输入信号 u_i 为正半周时，VT_1 立即完全导通，同时输入信号使 VT_2 发射结反偏，很快使 VT_2 退出微导通状态，进入截止状态，负载电阻获得完整的输出信号的正半周。当输入信号 u_i 为负半周时，输入信号使 VT_1 发射结反偏，很快使 VT_1 退出微导通状态，进入截止状态，同时输入信号使 VT_2 立即完全导通，负载电阻获得完整的输出信号的负半周。在负载电阻上合成完整的输出信号，消除了交越失真。如果输出信号还没有完全消除交越失真，则可以调节电阻 R_2，将 R_2 调大，直到交越失真完全消除。

综上所述，输入信号的正半周主要是 VT_1 工作驱动负载，而负半周主要是 VT_2 工作驱动负载，而且两管的导通时间都比输入信号的半个周期稍长一些，因而它们工作在甲乙类状态。

【问题分析】甲乙类 OCL 互补对称功率放大电路如图 3.4 所示。如果电阻 R_1 断路，电路会发生什么故障？如果二极管 VD_1 虚焊，电路会发生什么故障？

（1）电阻 R_1 断路。

如果电阻 R_1 断路，如图 3.5（a）所示，晶体管 VT_1 发射结没有偏压，处于截止状态。晶体管 VT_2 形成图中所示通路，由于基极电流较大，使晶体管 VT_2 处于饱和状态。点 E 电位严重偏离 0，近似为 $-V_{CC}$，负载电阻两端的电压几乎为 V_{CC}，负载电阻为扬声器时，扬声器的阻抗只有几欧到十几欧，流过扬声器的电流非常大，瞬间会把扬声器烧毁。

（2）二极管 VD_1 虚焊。

如果二极管 VD_1 虚焊，如图 3.5（b）所示，则从 $+V_{CC}$ 经过 R_1、VT_1 发射结、VT_2 发射结、R_3 到 $-V_{CC}$ 形成一个通路，使较大的基极电流流过两只晶体管，从而导致 VT_1 和 VT_2 有很大的集电极直流电流，且每只管子的管压降均为 V_{CC}，以至于 VT_1 和 VT_2 会因功耗过大而损坏。

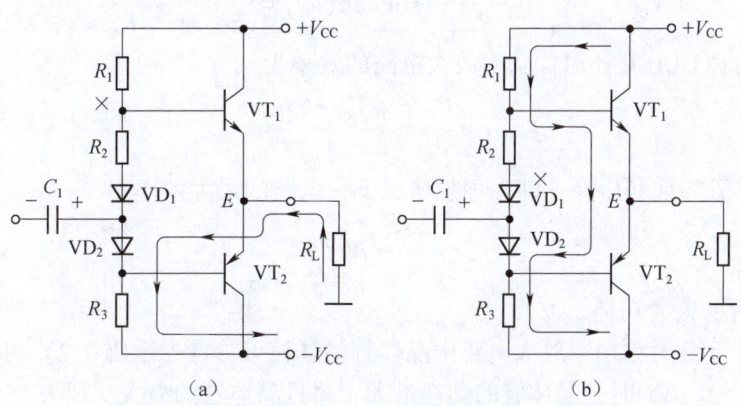

图 3.5 【问题分析】电路

（a）R_1 断路；（b）二极管 VD_1 虚焊

3. OCL 互补对称功率放大电路主要技术指标的估算

功率放大电路主要的技术指标是最大输出功率 P_{om} 及效率 η。

（1）最大输出功率 P_{om}。

功率放大电路的最大输出功率 P_{om} 为

$$P_{om} = \frac{1}{2} U_{om} I_{om}$$

图 3.6 为晶体管 VT_1 的输出回路,当负载电阻上的输出电压达到最大幅值 U_{om} 时,回路电流也达到最大,为饱和电流,此时晶体管处于饱和状态,晶体管集电极和发射极之间的电压为饱和压降 U_{CES},因此有

$$U_{om} = V_{CC} - U_{CES}$$

甲乙类和乙类 OCL 互补对称功率放大电路的最大输出功率为

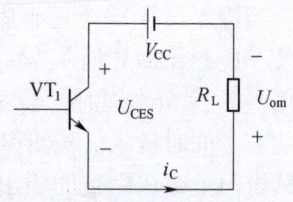

图 3.6 晶体管 VT_1 的输出回路

$$P_{om} = \frac{1}{2} U_{om} I_{om} = \frac{1}{2} U_{om} \cdot \frac{U_{om}}{R_L} = \frac{(V_{CC} - U_{CES})^2}{2R_L} \tag{3.3}$$

若忽略晶体管的饱和压降,即在理想情况下的最大输出功率为

$$P_{om} = \frac{V_{CC}^2}{2R_L} \tag{3.4}$$

(2) 效率 η。

功率放大电路的效率为

$$\eta = \frac{P_{om}}{P_V}$$

在忽略基极回路电流的情况下,电源 V_{CC} 提供的电流为

$$i_C = I_{cm} \sin \omega t = \frac{V_{CC} - U_{CES}}{R_L} \sin \omega t$$

电源供给功率为电源电压 V_{CC} 与电源供给电流的平均值 $\bar{I}_C$ 的乘积,即

$$P_V = V_{CC} \cdot \frac{1}{\pi} \int_0^\pi \frac{V_{CC} - U_{CES}}{R_L} \sin \omega t \, d(\omega t) = \frac{2}{\pi} \frac{V_{CC}(V_{CC} - U_{CES})}{R_L} \tag{3.5}$$

甲乙类和乙类 OCL 互补对称功率放大电路的效率为

$$\eta = \frac{P_{om}}{P_V} = \frac{\pi}{4} \frac{V_{CC} - U_{CES}}{V_{CC}} \tag{3.6}$$

若忽略晶体管的饱和压降,即在理想情况下,电路的最大效率为

$$\eta = \frac{\pi}{4} \approx 78.5\% \tag{3.7}$$

(3) 晶体管的最大功耗。

通过分析(互补对称功率放大电路中晶体管的管耗可参考二维码 3.2)可以得到,当负载上的电压 $U_{om} \approx 0.6 V_{CC}$ 时,晶体管的功耗最大,每只晶体管的最大功耗为

$$P_{Tm} \approx 0.2 P_{om} \tag{3.8}$$

需要注意,式(3.8)中的 P_{om} 是 OCL 互补对称功率放大电路理想情况下的最大输出功率。

4. 功放管的选择条件

在功率放大电路中,功放管是最重要的元件。选择功放管的主要依据为晶体管的极限参数 I_{CM}、$U_{(BR)CEO}$、P_{CM}。

(1) 集电极最大允许电流 I_{CM}。

在 OCL 互补对称功率放大电路中,晶体管的最大集电极电流为

二维码 3.2 互补对称功率放大电路中晶体管的管耗

$$I_{cm} = \frac{V_{CC} - U_{CES}}{R_L} \approx \frac{V_{CC}}{R_L}$$

因此，选择功放管的集电极最大允许电流为

$$I_{CM} > \frac{V_{CC}}{R_L} \tag{3.9}$$

(2) 集电极最大允许反向电压 $U_{(BR)CEO}$。

在 OCL 互补对称功率放大电路中，晶体管 VT_2 导通时，VT_1 截止，VT_1 的集电极承受反向电压，总电源电压为 $2V_{CC}$。VT_1 承受的集电极最大反向电压为

$$u_{CE1} = 2V_{CC} - |U_{CES2}| \approx 2V_{CC}$$

因此，选择功放管的集电极最大允许反向电压为

$$U_{(BR)CEO} > 2V_{CC} \tag{3.10}$$

(3) 集电极最大允许耗散功率 P_{CM}。

OCL 互补对称功率放大电路中每只晶体管的最大功耗为

$$P_{Tm} \approx 0.2 P_{om}$$

因此，选择功放管的集电极最大允许耗散功率为

$$P_{CM} > 0.2 P_{om} \tag{3.11}$$

OCL 互补对称功率放大电路具有效率高、低频特性好、输出电阻低、带负载能力强等突出的优点，由于必须使用双电源，故使用不太方便。

【例 3.1】 电路如图 3.4 所示，已知电源电压 $V_{CC} = 25$ V，负载电阻 $R_L = 4$ Ω，设晶体管的饱和压降忽略不计。

(1) 若输入电压有效值 $U_i = 12$ V，求输出功率 P_o、电源供给功率 P_V 及效率 η。

(2) 如果输入信号增加到能提供最大不失真的功率，求最大输出功率 P_{om}、电源提供的功率 P_V 及效率 η。

(3) 求每只晶体管的最大功耗 P_{Tm}。

(4) 若 VT_1 的集电极和发射极短路，则将产生什么现象？

解：(1) OCL 互补对称功率放大电路中的晶体管组成射极输出器，则 $U_o \approx U_i = 12$ V，所以有

$$P_o = \frac{U_o^2}{R_L} \approx \frac{12^2}{4} \text{ W} = 36 \text{ W}$$

$$P_V = \frac{2}{\pi} \frac{V_{CC} U_{om}}{R_L} = \frac{2}{\pi} \frac{V_{CC} \sqrt{2} U_o}{R_L} = \frac{2 \times 25 \times \sqrt{2} \times 12}{4\pi} \text{ W} \approx 67.5 \text{ W}$$

$$\eta = \frac{P_o}{P_V} = \frac{36}{67.5} \approx 53.3\%$$

(2) 当输出最大功率时，忽略晶体管的饱和压降，最大输出功率 P_{om}、电源提供的功率 P_V 及效率 η 分别为

$$P_{om} \approx \frac{V_{CC}^2}{2R_L} = \frac{25^2}{2 \times 4} \text{ W} \approx 78 \text{ W}$$

$$P_V = \frac{2}{\pi} \frac{V_{CC}(V_{CC} - U_{CES})}{R_L} \approx \frac{2 \times 25^2}{4\pi} \text{ W} \approx 99.5 \text{ W}$$

$$\eta = \frac{78}{99.5} \approx 78.5\%$$

(3) 每只晶体管的最大功耗为
$$P_{Tm} \approx 0.2 P_{om} = 0.2 \times 78 \text{ W} = 15.6 \text{ W}$$

(4) 若 VT_1 的集电极和发射极短路，则 VT_2 静态管压降为 $2V_{CC}$，且从 $+V_{CC}$ 经 VT_2 的 e—b、R_3 至 $-V_{CC}$ 形成通路，产生较大的基极静态电流，由于 VT_2 工作在放大状态，其集电极电流势必很大，会因功耗过大而烧毁晶体管 VT_2。

【例 3.2】电路如图 3.7 所示。已知 VT_1 和 VT_2 的饱和管压降 $|U_{CES}| \approx 2$ V，直流功耗可忽略不计；集成运放为理想运放。

(1) VD_1 和 VD_2 的作用是什么？

(2) 负载上可能获得的最大输出功率 P_{om} 和电路的效率 η 各为多少？

(3) VT_1 和 VT_2 的 3 个极限参数 I_{CM}、$U_{(BR)CEO}$、P_{CM} 至少应为多少？

(4) 电路中引入了哪种组态的交流负反馈？若输入电压的有效值为 1 V，则为使负载获得最大输出功率 P_{om}，电阻 R_5 至少应为多大？

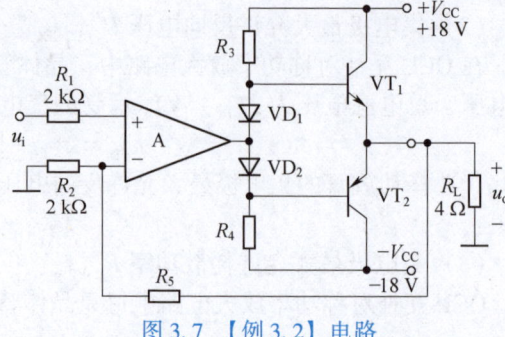

图 3.7 【例 3.2】电路

解：(1) VD_1 和 VD_2 的作用是消除交越失真。

(2) 最大输出功率和效率分别为
$$P_{om} = \frac{(V_{CC} - U_{CES})^2}{2R_L} = \frac{(18-2)^2}{2 \times 4} \text{ W} = 32 \text{ W}$$
$$\eta = \frac{\pi}{4} \frac{V_{CC} - U_{CES}}{V_{CC}} = \frac{\pi}{4} \frac{18-2}{18} \approx 69.8\%$$

(3) OCL 互补对称功率放大电路中功放管的极限参数应满足
$$I_{CM} > \frac{V_{CC}}{R_L} = \frac{18}{4} \text{ A} = 4.5 \text{ A}$$
$$U_{(BR)CEO} > 2V_{CC} = 36 \text{ V}$$
$$P_{om} = \frac{V_{CC}^2}{2R_L} = \frac{18^2}{2 \times 4} \text{ W} = 40.5 \text{ W}$$
$$P_{CM} > 0.2 P_{om} = 8.1 \text{ W}$$

(4) 电路引入了电压串联负反馈，由深度负反馈放大电路的分析可以得到电压放大倍数为
$$\dot{A}_u = \frac{\dot{U}_o}{\dot{U}_i} = 1 + \frac{R_5}{R_1}$$

最大输入电压的有效值为 1 V，峰值为 $\sqrt{2}$ V，为了使最大不失真输出电压的峰值达到
$$V_{CC} - U_{CES} = (18-2) \text{ V} = 16 \text{ V}$$
则电压放大倍数为
$$\dot{A}_u = \frac{\dot{U}_{om}}{\sqrt{2} \dot{U}_i} = \frac{16}{\sqrt{2}} \approx 11.3$$

即

$$\dot{A}_u = 1 + \frac{R_5}{R_1} = 1 + \frac{R_5}{2} \text{ k}\Omega \approx 11.3$$

$$R_5 = 20.6 \text{ k}\Omega$$

3.2.2 OTL 互补对称功率放大电路

1. 乙类 OTL 互补对称功率放大电路

乙类 OTL 互补对称功率放大电路如图 3.8 所示，该电路采用单电源 $+V_{CC}$ 供电，输出端接一个大容量的电解电容 C，代替 OCL 互补对称功率放大电路中的另一个电源。

（1）静态分析。

在静态时，两只晶体管的发射结偏压为 0，两管都为截止状态，静态集电极电流 I_{CQ} 为 0。由于电路对称，发射极电位 $U_E = V_{CC}/2$，输出耦合电容 C 上的电压也等于 $V_{CC}/2$。由于耦合电容 C 的隔直作用，负载上无电流流过，输出电压为 0，电路工作在乙类状态。

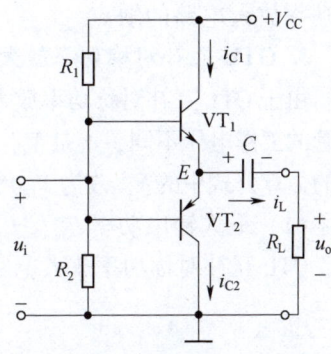

图 3.8　乙类 OTL 互补对称功率放大电路

（2）动态分析。

在输入端加入正弦输入信号 u_i。当输入信号 u_i 为正半周时，晶体管 VT_1 导通，VT_2 截止。在 VT_1 的输出回路中集电极电流 i_{C1} 由 $+V_{CC}$ 流经 VT_1 的集电极到发射极，经电容 C，自上而下流过负载，最后到地。负载上获得输出电压 u_o 的正半周信号。

当输入信号 u_i 为负半周时，VT_1 截止，VT_2 导通。由于 VT_1 截止断开了电源，此时耦合电容 C 成为 VT_2 的工作电源。在 VT_2 的输出回路中的集电极电流 i_{C2} 由电容 C 的正极，流经 VT_2 的发射极到集电极，自下而上流过负载，最后到电容 C 的负极。负载上获得输出电压 u_o 的负半周信号。负载电阻将正、负半周信号合成，获得完整的输出信号。

由于放大负半周信号时，电容 C 代替电源供电。为使电容 C 在供电过程中电压下降不要过多，应选取足够大容量的电解电容。

如同乙类 OCL 互补对称功率放大电路一样，乙类 OTL 互补对称功率放大电路输出波形存在交越失真。改善方法同样是给晶体管 VT_1 和 VT_2 加入静态偏压，从而改进为甲乙类 OTL 互补对称功率放大电路。

2. 甲乙类 OTL 互补对称功率放大电路

甲乙类 OTL 互补对称功率放大电路如图 3.9 所示。

在图 3.9 所示的电路中，两基极之间的两只二极管 VD_1 和 VD_2 因施加了正向电压而导通，其正向压降及电阻 R_2 上的压降之和，给两只晶体管 VT_1 和 VT_2 的发射结施加了正向偏压。因此，在输入信号 $u_i = 0$ 时，两晶体管处于微导通状态，抵消了晶体管发射结死区电压的影响。在对输入信号的放大过程中，两管

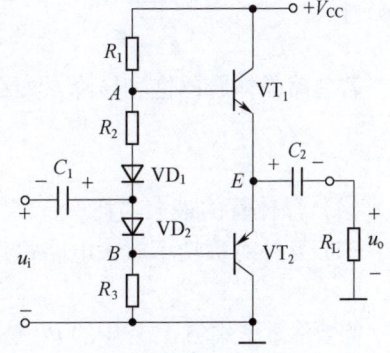

图 3.9　甲乙类 OTL 互补对称功率放大电路

交替平滑地轮流导通，在负载上得到的输出波形更接近于理想的正弦波，从而减小了交越失真。

调节图 3.9 中电阻 R_2 的大小，可以改变加在晶体管发射结的偏压大小，从而改变消除交越失真的程度。调节电阻 R_1 或 R_3 的大小，可以保证晶体管发射极的静态电位为 $V_{CC}/2$。

与 OCL 互补对称功率放大电路相比，OTL 互补对称功率放大电路少用一个电源，故使用更方便。但由于其输出端的耦合电容容量大，电容器内铝箔卷数多，呈现的电感效应大，故对不同频率的信号会产生不同的对称，输出信号有附加失真，这是 OTL 互补对称功率放大电路的缺点。

3. OTL 互补对称功率放大电路主要技术指标的估算

由于 OTL 互补对称功率放大电路与 OCL 互补对称功率放大电路基本相同，只是其每只功放管的工作电压不同，不是 V_{CC}，而是 $V_{CC}/2$。因此只要将 OCL 互补对称功率放大电路技术指标的估算公式中的 V_{CC} 改为 $V_{CC}/2$，就得出了 OTL 互补对称功率放大电路技术指标的相关公式。

（1）最大输出功率 P_{om}。

OTL 互补对称功率放大电路的最大输出功率为

$$P_{om}=\frac{\left(\dfrac{V_{CC}}{2}-U_{CES}\right)^2}{2R_L} \tag{3.12}$$

若忽略晶体管的饱和压降，即在理想情况下的最大输出功率为

$$P_{om}=\frac{V_{CC}^2}{8R_L} \tag{3.13}$$

（2）电源供给功率。

OTL 互补对称功率放大电路的电源供给功率为

$$P_V=\frac{1}{\pi}\cdot\frac{V_{CC}\cdot\left(\dfrac{V_{CC}}{2}-U_{CES}\right)}{R_L} \tag{3.14}$$

（3）效率 η。

OTL 互补对称功率放大电路的功率为

$$\eta=\frac{\pi}{2}\cdot\frac{\dfrac{V_{CC}}{2}-U_{CES}}{V_{CC}} \tag{3.15}$$

若忽略晶体管的饱和压降，即在理想情况下，电路的最大效率为

$$\eta=\frac{\pi}{4}\approx 78.5\% \tag{3.16}$$

（4）晶体管的最大功耗。

OTL 互补对称功率放大电路每只晶体管的最大功率为

$$P_{Tm}\approx 0.2P_{om} \tag{3.17}$$

需要注意，式(3.17) 中的 P_{om} 是 OTL 互补对称功率放大电路理想情况下的最大输出功率。

4. 功放管的选择条件

选择功放管应满足下列条件。

(1) 集电极最大允许电流 I_{CM}。

在 OTL 互补对称功率放大电路中，选择功放管的集电极最大允许电流为

$$I_{CM} > \frac{V_{CC}}{2R_L} \tag{3.18}$$

(2) 集电极最大允许反向电压 $U_{(BR)CEO}$。

在 OTL 互补对称功率放大电路中，选择功放管的集电极最大允许反向电压为

$$U_{(BR)CEO} > V_{CC} \tag{3.19}$$

(3) 集电极最大允许耗散功率 P_{CM}。

在 OTL 互补对称功率放大电路中，选择功放管的集电极最大允许耗散功率为

$$P_{CM} > 0.2 P_{om} \tag{3.20}$$

【例 3.3】图 3.9 所示的甲乙类 OTL 互补对称功率放大电路中，已知 $V_{CC}=24$ V，$R_L=8$ Ω，设晶体管的饱和压降 $U_{CES}=1$ V，试计算：

(1) 电路最大不失真输出功率 P_{om} 及效率 η；

(2) 晶体管的极限参数 I_{CM}、P_{CM}、$U_{(BR)CEO}$。

解：(1) 考虑晶体管的饱和压降时，最大不失真输出功率为

$$P_{om} = \frac{\left(\frac{V_{CC}}{2}-U_{CES}\right)^2}{2R_L} = \frac{(12-1)^2}{2\times 8} \text{ W} \approx 7.56 \text{ W}$$

输出最大功率时的效率为

$$\eta = \frac{\pi}{2} \cdot \frac{\frac{V_{CC}}{2}-U_{CES}}{V_{CC}} = \frac{\pi (12-1)}{2\times 24} \approx 72\%$$

显然，考虑晶体管的饱和压降时的效率低于理想的 78.5%。

(2) 晶体管的极限参数 I_{CM}、$U_{(BR)CEO}$ 分别为

$$I_{CM} > \frac{V_{CC}}{2R_L} = \frac{24}{2\times 8} \text{ A} = 1.5 \text{ A}$$

$$U_{(BR)CEO} > V_{CC} = 24 \text{ V}$$

理想情况下晶体管的最大不失真输出功率为

$$P_{om} = \frac{V_{CC}^2}{8R_L} = \frac{24^2}{8\times 8} \text{ W} = 9 \text{ W}$$

$$P_{CM} > 0.2 P_{om} = 0.2\times 9 \text{ W} = 1.8 \text{ W}$$

【例 3.4】电路如图 3.10 所示，为使电路正常工作，试回答下列问题。

(1) 静态时电容 C_2 两端电压是多大？如果偏离此值，如何调节？

(2) 欲调节静态工作电流，应调节哪个元件？如何调节？

(3) 若晶体管饱和压降忽略不计，求最大不失真输出时的功率、电源供给功率、管耗及效率。

解：(1) 静态时，电容 C_2 两端电压应等于电源电压的 1/2，即 $U_{C2}=12/2$ V$=6$ V。如果偏离此值，应调

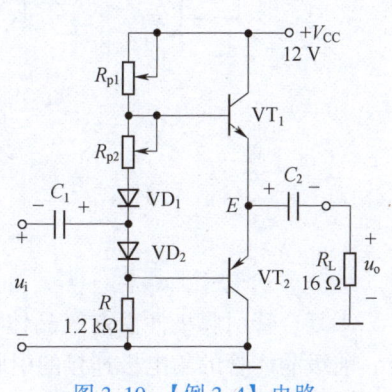

图 3.10 【例 3.4】电路

节电位器 R_{P1}。

（2）欲调节 VT_1、VT_2 的静态工作电流，主要应调节电位器 R_{P2}。改变 R_{P2} 的大小，将改变加在 VT_1、VT_2 发射结上的正向偏压的大小，从而调节两管的静态工作电流。增大 R_{P2}，使静态工作电流增大，反之使静态工作电流减小。

（3）最大不失真输出时的功率、电源供给功率、管耗及效率分别为

$$P_{om} = \frac{V_{CC}^2}{8R_L} = \frac{12^2}{8 \times 16} \text{ W} = 1.125 \text{ W}$$

$$P_V = \frac{1}{\pi} \cdot \frac{V_{CC}\left(\frac{V_{CC}}{2} - U_{CES}\right)}{R_L} = \frac{12 \times 6}{\pi \times 16} \text{ W} = 1.433 \text{ W}$$

$$P_{Tm} = \frac{P_V - P_{om}}{2} = \frac{1.433 - 1.125}{2} \text{ W} = 0.154 \text{ W}$$

$$\eta = \frac{1.125}{1.433} = 78.5\%$$

3.2.3 采用复合管的互补对称功率放大电路

大功率晶体管的电流放大系数值较小，功率放大电路输出电流较大时，就要求推动功率晶体管工作的前置放大级必须提供较大的电流。为了减少功率输出级对前置放大级的电流要求，功率输出级可采用复合管，实现既能输出较大的电流又不需要前置级提供较大的驱动电流。

1. 复合管的接法

复合管可由两只或两只以上的晶体管组成，它们可以由相同类型的晶体管组成，也可以由不同类型的晶体管组成。图 3.11 为用两只晶体管组成复合管的 4 种连接方法。

（1）复合管组成的原则。

①复合管中每只管子均工作在放大状态，即发射结正偏，集电结反偏。

②前级晶体管的输出电流与后级晶体管的输入电流的实际方向一致，形成电流通路。

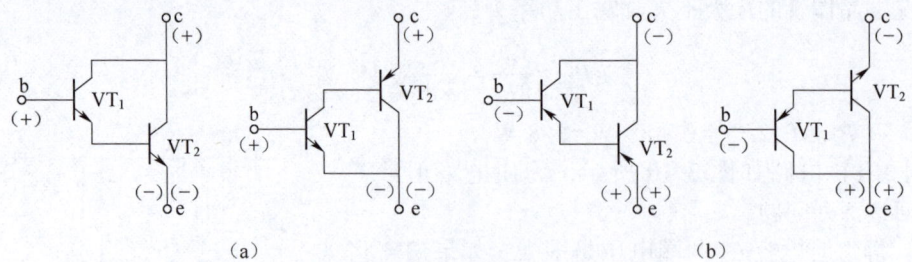

图 3.11 复合管的接法

(a) NPN 型；(b) PNP 型

（2）复合管引脚极性、类型及材料的确定。

①复合管引脚极性由前级晶体管决定，即前级晶体管的基极连接的引脚为复合管的基极，前级晶体管的集电极连接的引脚为复合管的集电极，前级晶体管的发射极连接的引脚为复合管的发射极。

② 复合管的类型由前级晶体管决定，即前级晶体管是何种类型，复合管也是何种类型。

③ 复合管的材料由后级晶体管决定，后级晶体管是硅管，复合管也是硅管；后级晶体管是锗管，复合管也是锗管。

2. 复合管的参数

（1）复合管的电流放大系数 β。

复合管的电流放大系数近似为两只管子放大系数的乘积，即

$$\beta = \beta_1 \cdot \beta_2 \tag{3.21}$$

（2）复合管的输入电阻 r_{be}。

① 相同类型晶体管组成的复合管的输入电阻为

$$r_{be} = r_{be1} + (1+\beta_1) r_{be2} \tag{3.22}$$

② 不同类型晶体管组成的复合管的输入电阻为

$$r_{be} = r_{be1} \tag{3.23}$$

3. 由复合管组成的互补对称功率放大电路

由复合管组成的甲乙类 OCL 互补对称功率放大电路如图 3.12 所示，其中 NPN 型晶体管 VT_1 和 VT_3 组成 NPN 型复合管，PNP 型晶体管 VT_2 和 VT_4 组成 PNP 型复合管，两者实现互补对称。由于电阻 R_2、二极管 VD_1、VD_2 对输入信号产生压降，使输入信号加到晶体管 VT_1 和 VT_2 的幅度不相等，造成输出信号正、负半周不对称。接入电容 C_2，为输入信号直接加到晶体管 VT_2 提供了交流通道，保证了加到晶体管 VT_1 和 VT_2 的输入信号对称。

这种互补对称功率放大电路存在一个缺点，对于大功率晶体管 VT_3 和 VT_4，由于两者类型不同，因此与其他同管型的管子相比，很难做到两者的特性互补对称。

为了克服这个缺点，可以采用图 3.13 所示的由复合管组成的准互补对称功率放大电路。其中 NPN 型晶体管 VT_1 和 VT_3 组成 NPN 型复合管，PNP 型晶体管 VT_2 和 NPN 型晶体管 VT_4 组成 PNP 型复合管，大功率晶体管 VT_3 和 VT_4 均为 NPN 型晶体管，实现互补对称。图中接入电阻 R_{e1} 和 R_{e2} 是为了调整晶体管 VT_3 和 VT_4 的静态工作点。

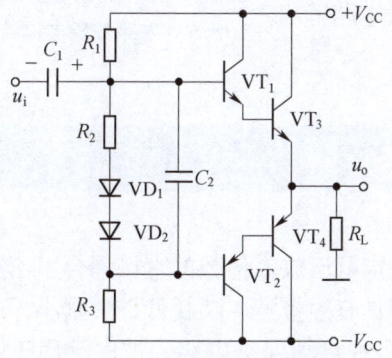

图 3.12　由复合管组成的甲乙类 OCL 互补对称功率放大电路

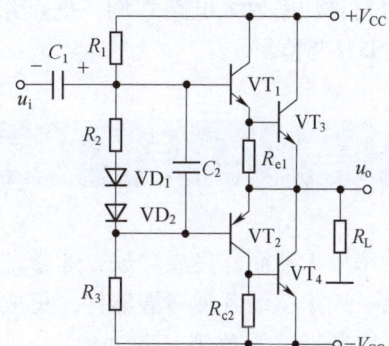

图 3.13　由复合管组成的准互补对称功率放大电路

4. 互补对称功率放大电路中晶体管的功耗

在互补对称功率放大电路中，两只晶体管的耗散功率为直流电源供给功率与输出功率之差，即

$$P_T = P_V - P_o = \frac{2V_{CC}U_{om}}{\pi R_L} - \frac{U_{om}^2}{2R_L}$$

由于 VT_1 和 VT_2 特性一致，故两管的耗散功率相同，每只晶体管的耗散功率为

$$P_{T1} = P_{T2} = \frac{1}{2}P_T = \frac{V_{CC}U_{om}}{\pi R_L} - \frac{U_{om}^2}{4R_L}$$

晶体管功耗的最大值为上式的极值，获得极值的条件为

$$\frac{dP_{T1}}{dU_{om}} = \frac{V_{CC}}{\pi R_L} - \frac{U_{om}}{2R_L} = 0$$

晶体管功耗达到最大值的条件是

$$U_{om} = \frac{2V_{CC}}{\pi} \approx 0.6V_{CC}$$

将 U_{om} 代入 P_T 的表达式，计算得出每只管子的最大功耗为

$$P_{T1m} = P_{T2m} = \frac{1}{2}P_{Tm} = \frac{2V_{CC}^2}{\pi^2 R_L} - \frac{4V_{CC}^2}{4\pi^2 R_L} = \frac{V_{CC}^2}{\pi^2 R_L} = \frac{2}{\pi^2} \cdot \frac{V_{CC}^2}{2R_L} \approx 0.2P_{om}$$

可见，晶体管集电极最大功耗仅为理想情况时最大输出功率的 0.2 倍。

3.2.4 功率放大电路的调整与检测

无论是新组装的功率放大电路，还是出现故障的功率放大电路，都需要进行调整与检测。调整是保证电路正常工作必不可少的重要步骤，也是检测排除故障的重要手段。

无论是调整还是检测，首先要熟悉功率放大电路的类型，偏置电路是怎样设置的，电路的基本工作过程；其次要了解电路中关键点电压、电路的标准值，以此为依据对电路进行调整，或判断电路是否发生故障，以及推测故障点在何处。现以甲乙类 OTL 互补对称功率放大电路为例，重点介绍功率放大电路静态工作点的调整与检测。

二维码 3.3　甲乙类 OTL 功率放大电路分析与检测

3.3　集成功率放大器

集成功率放大器简称集成功放，通常是一个具有一定电压放大倍数的直接耦合甲乙类功率放大电路，用于驱动各种终端器件。集成功率放大器具有频带宽、功耗低、失真小、电源利用率高及安装调试简单等一系列优点，其中设置了多种自动保护电路，被广泛用于收音机、收录机、电视伴音及其他仪器设备中。

集成功放的种类繁多，按工作频率划分，有集成低频功放（或音频功放）、集成高频功放和集成宽带功放；按用途划分，有通用型功放和专用型功放；按芯片内部结构划分，有单通道功放和双通道功放等。尽管品种繁多，内部电路也不同，但是它们的基本结构和工作原理相似。下面介绍 3 种常用集成功率放大器。

3.3.1 集成功率放大器 LM386

LM386 是一种通用型单通道集成音频功放,具有自身功耗低、电压放大倍数可调整、电源电压范围大、外接元件少、失真小等优点,广泛应用于录音机和收音机之中。

二维码 3.4　LM386 内部
电路、引脚、应用

3.3.2 集成功率放大器 TDA2822

TDA2822 是一种通用型双通道集成音频功放,广泛应用于立体声音响设备中。

二维码 3.5　TDA2822
引脚功能及应用

3.3.3 集成功率放大器 TDA2030A

TDA2030A 是通用型单通道集成功放,与性能类似的其他功放相比,它的引脚和外部元件都较小。其内部电路是 OCL 电路,并且集成了过载保护和过热保护电路,既可以用双电源,又可以用单电源,使用很方便。

二维码 3.6　TDA2030A
引脚功能及应用

本章小结

(1) 功率放大电路的特点是提供足够的输出功率,具有较高的效率,能减小输出波形的非线性失真。功放晶体管在极限状态下工作,其分析方法为用于大信号的图解法。

(2) 常用的功率放大电路有 OTL 互补对称功率放大电路和 OCL 互补对称功率放大电路。它们都是利用一只 NPN 型晶体管和一只 PNP 型晶体管接成对称形式,当输入信号为正弦波时,两管轮流导电,两者互补,使负载上的电压基本为一个正弦波。两种电路的区别是OTL 互补对齐功率放大电路只需一路直流电源,在输出端通过一只大电容与负载连接;OCL 互补对称功率放大电路需要正、负两路直流电源,但输出端省去了大电容。因此,OCL 互补对称功率放大电路更适合实现集成化。

(3) OTL 和 OCL 互补对称功率放大电路均可工作在乙类状态或甲乙类状态。当工作在乙类状态时,其静态电流为 0,因此效率高,但输出波形会出现严重的交越失真。为了消除交越失真,实际应用的 OTL 和 OCL 互补对称功率放大电路都工作在甲乙类状态。

(4) OTL 和 OCL 互补对称功率放大电路的参数有最大输出功率 P_{om},效率 η,功放晶体管的极限参数等。

(5) 为了使一对 NPN 型与 PNP 型晶体管有良好的对称性,通常使用复合管,复合管更有利于集成化。

(6) 集成功率放大电路一般是将 OTL 互补对称功率放大电路或 OCL 互补对称功率放大电路集成化,具有温度稳定性好,电源利用率高,功耗低,非线性失真较小,使用方便安全等优点，得到广泛应用。

综合习题

一、填空题

1. 在乙类互补对称功率放大电路中，晶体管的导通角为_____。
2. 乙类互补对称功率放大电路的效率较高，但这种电路会产生一种被称为_____失真的特有非线性失真现象。
3. 在基本 OCL 互补对称功率放大电路中，电源电压为±15 V，负载电阻 R_L = 8 Ω，在理想情况下，可以得到最大的输出功率 P_{om} 约为_____W。
4. 有一 OTL 互补对称功率放大电路，其电源电压 V_{CC} = 16 V，R_L = 8 Ω。在理想情况下，可得到最大输出功率为_____W。
5. 欲提高功率放大电路的效率，常需要增大交流输出功率，减小_____的功率。
6. 甲乙类 OTL 互补对称功率放大电路中，输出端耦合电容的作用是隔直通交和_____。
7. 电路如下图所示，已知 VT_1、VT_2 的饱和压降 $|U_{CES}|$ = 3 V，V_{CC} = 15 V，R_L = 8 Ω。静态时，发射极电位 U_{EQ} 为_____，流过负载的电流 I_L 为_____。

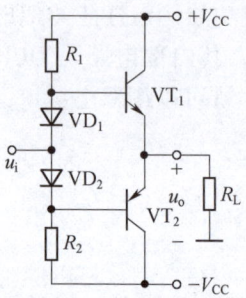

8. 判断如下图所示的复合管类型为_____，复合管的电极 1 为_____极。

二、选择题

1. 乙类互补对称功率放大电路存在着（   ）。
   A. 截止失真　　　B. 交越失真　　　C. 饱和失真　　　D. 频率失真
2. 功率放大电路的输出功率等于（   ）。
   A. 输出电压与输出交流电流幅值的乘积
   B. 输出交流电压与输出交流电流的有效值的乘积
   C. 输出交流电压与输出交流电流幅值的乘积
   D. 以上各项都不是
3. OCL 互补对称功率放大电路如下图所示，当 u_i 为正半周时，则（   ）。
   A. VT_1 导通，VT_2 截止　　　　　B. VT_1 截止，VT_2 导通

C. VT_1 导通，VT_2 导通　　　　　　D. VT_1 截止，VT_2 截止

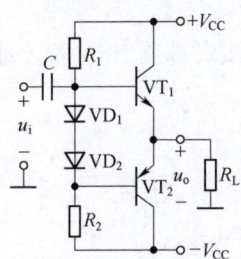

4. 在 OCL 互补对称功率放大电路中，输出电压波形出现交越失真，改善的办法是（　　）。
   A. 进行相位补偿　　　　　　　　　　B. 适当减小功放管的静态 $|U_{BE}|$
   C. 适当增大功放管的静态 $|U_{BE}|$ 　　D. 适当增加负载电阻 R_L 的阻值

5. 乙类 OCL 互补对称功率放大电路中，已知负载电阻 $R_L = 8\ \Omega$，若要求在理想情况下最大输出功率 $P_{om} = 9\ W$，则该电路的电源电压 V_{CC} 和两只功放管的参数应选为（　　）。
   A. $V_{CC} = 24\ V$，$P_{CM} \geqslant 4.5\ W$　　　B. $V_{CC} = 12\ V$，$P_{CM} \geqslant 4.5\ W$
   C. $V_{CC} = 24\ V$，$P_{CM} \geqslant 1.8\ W$　　　D. $V_{CC} = 12\ V$，$P_{CM} \geqslant 1.8\ W$

6. 在第 3 题的电路中，已知 VT_1、VT_2 的饱和压降 $|U_{CES}| = 2\ V$，$V_{CC} = 12\ V$，$R_L = 4\ \Omega$，则最大输出功率 P_{om} 为（　　）。
   A. 18 W　　　　　B. 12.5 W　　　　　C. 2.25 W　　　　　D. 25 W

7. 实际应用中，根据需要可将两只晶体管构成一只复合管，图中能等效为一只 PNP 型复合管的是（　　）。

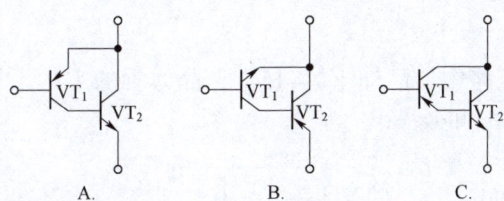

A.　　　　　　　　　B.　　　　　　　　　C.

8. 甲类功率放大电路效率低是因为（　　）。
   A. 静态电流过大　　B. 只有一只功放管　　C. 管压降过大　　D. 管压降过小

9. 在下列 3 种功率放大电路中，效率最高的是（　　）。
   A. 甲类　　　　　B. 乙类　　　　　C. 甲乙类　　　　　D. 丙类

10. 功率放大电路常作为多级放大电路的（　　）使用。
    A. 输入级　　　　B. 输出级　　　　C. 中间级　　　　D. 都可以

11. 功率放大电路、共发射极放大电路、射极输出器的共同点是（　　）。
    A. 能放大电压信号　　　　　　　　B. 具有很强的带负载能力
    C. 效率高　　　　　　　　　　　　D. 是能量转换器

三、判断题

1. 由于功率放大电路中的晶体管处于大信号工作状态，所以微变等效电路法不再适用。
   （　　）

2. 当 OTL 互补对称功率放大电路在理想情况下的最大输出功率为 1 W 时，功放管的 P_{CM} 应大于 1 W。（　　）

3. 在 OCL 互补对称功率放大电路中，选择功放管的参数 $U_{(BR)CEO}$ 要大于电源电压 V_{CC}。
（　　）
4. 只有两只晶体管都是 PNP 管或者都是 NPN 管才能组成复合管。（　　）
5. 下图所示的复合管是 NPN 型。（　　）

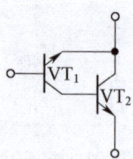

四、改错题

1. 乙类互补对称功率放大电路的效率较高，但这种电路会产生一种被称为截止失真的特有非线性失真现象。
2. 在一个周期内晶体管始终是导通的，这种工作方式通常称为乙类放大。
3. 乙类 OCL 互补对称功率放大电路输出端与负载之间必须加入起隔直作用的耦合电容。
4. 乙类 OTL 互补对称功率放大电路采用双电源供电。
5. 用两只晶体管组成复合管的接法如下图所示，这是一只 PNP 型的复合管。

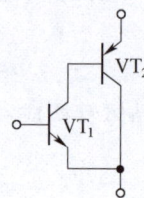

五、计算题

1. 在如下图所示的电路中，已知 $V_{CC}=15$ V，晶体管的 $|U_{CES}|=3$ V，$R_L=4$ Ω，试求负载上可能获得的最大功率和效率。

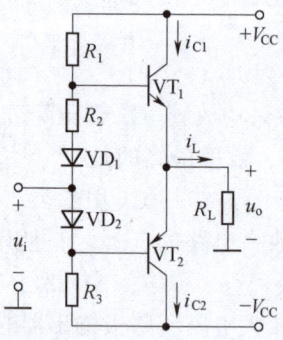

2. 在如下图所示的功率放大电路中。

（1）已知 $V_{CC}=32$ V，晶体管的 $|U_{CES}|=1$ V，电路的最大不失真输出功率为 7.03 W，试求负载电阻 R_L 的值。

（2）已知 $V_{CC}=32$ V，$R_L=16$ Ω。试计算电路的最大不失真输出功率 P_{om}。

（3）已知 $V_{CC}=32$ V，$R_L=16$ Ω，试求晶体管的极限参数 P_{CM}、I_{CM} 和 $U_{(BR)CEO}$。

（4）已知负载最大功率为 16 W，$R_L=8$ Ω，晶体管的 $|U_{CES}|=2$ V，若电源电压取 20 V，则晶体管的集电极最大功耗各为多少？

（5）设 VT_1、VT_2 的特性完全对称，U_i 为正弦电压，$V_{CC}=10$ V，$R_L=16$ Ω，则静态时，

电容 C_2 两端的电压应是多少？

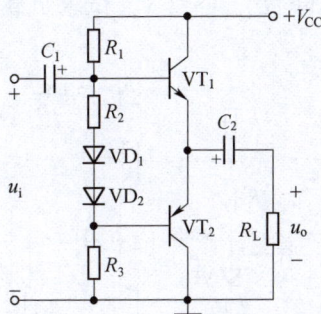

3. 在如下图所示的电路中，已知 $V_{CC}=18$ V，晶体管的 $|U_{CES}|=2$ V，$R_L=8$ Ω，求效率。

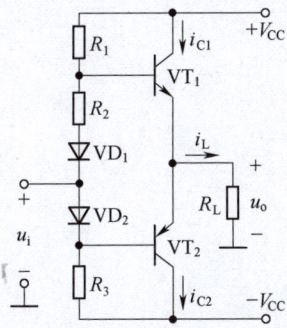

4. 乙类 OCL 互补对称功率放大电路如下图所示，已知 $V_{CC}=12$ V，$R_L=16$ Ω，功放管的饱和压降忽略不计。试求：

（1）负载上可能得到的最大输出功率 P_{om}；（2）电源提供的功率 P_V。

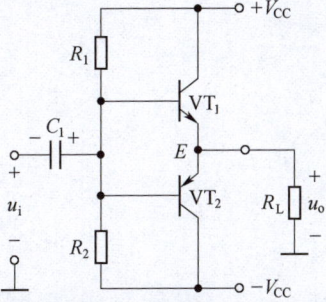

5. 乙类 OTL 互补对称功率放大电路如下图所示，电容 C 的容量足够大，功放管的饱和压降忽略不计。设 $R_L=8$ Ω，若要求最大不失真输出功率为 9 W，则电源电压至少应为多少？

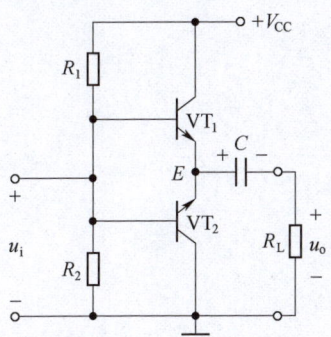

6. 如下图所示的 OTL 互补对称功率放大电路中,已知输入电压 u_i 为正弦波,$V_{CC}=18\text{ V}$,$R_L=8\text{ }\Omega$,晶体管的饱和压降 $|U_{CES}|\approx 2\text{ V}$。试求负载电阻 R_L 上可能得到的最大输出功率 P_{om} 为多少?

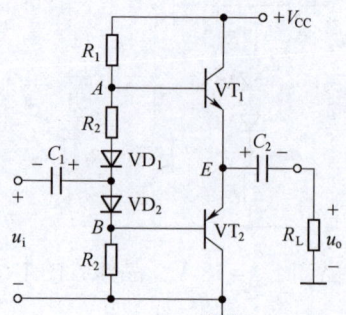

第 4 章 集成运算放大电路

★内容提要

自从 1959 年第一块集成电路问世至今,将近 60 年的时间里,集成电路的应用几乎遍及各个领域。例如,在导弹、卫星、战车、战船、飞机等军事装备中;在数控机床、仪器仪表等工业设备中;在通信技术和计算机中;在音响、电视、录像、洗衣机、电冰箱、空调等家用电器中都有集成电路的身影。集成电路的发展,对各行各业的技术改造与产品更新起到了促进作用。

本章从集成运算放大电路的基本组成入手,介绍集成运算放大电路的各组成部分的结构特点及工作原理,以及集成运算放大电路的主要技术指标;简要介绍几种通用型集成运算放大器件;引入理想运算放大电路的概念,以及理想运算放大电路工作在线性区和非线性区的特点。

★学习目标

要知道:集成运算放大电路的特点、符号、差模信号与共模信号,集成运算放大电路的主要技术指标;集成运算放大电路的基本组成和各部分的功能及作用;集成运算放大电路的使用;理想运算放大电路。

会分析:集成电路的识图、读图方法。了解集成运算放大电路的特点及主要技术指标。

会计算:集成运算放大电路的技术指标参数和各引脚电压。

会画出:集成运算放大电路的电压传输特性。熟练掌握理想运算放大电路工作在线性区及非线性区的特点。

会选用:合适的集成运算放大电路。

会识别:集成运算放大电路的引脚。了解集成运算放大电路的调零电路和保护电路。

二维码 4.1　知识导图

4.1 集成运算放大电路概述

集成电路（Integrated Circuit，IC）是采用一定的生产工艺把一个电路中所需的晶体管、场效应晶体管、二极管、电阻等元件及它们之间的连线集成在一块半导体基片上，然后封装在一个管壳内，成为一个完整的具有所需电路功能的器件。

集成电路按电路功能的不同，可分为模拟集成电路、数字集成电路和数模混合集成电路三大类。模拟电子技术中的集成电路，主要用来产生、放大和处理各种幅度随时间变化的模拟信号，如半导体收音机的音频信号、录放机的磁带信号等。模拟集成电路的输入、输出信号均随时间在数值上连续变化，且成一定的比例关系。数字集成电路主要用来产生、放大和处理各种时间上和幅度上离散取值的数字信号，如手机、数码相机、计算机 CPU、数字电视的逻辑控制等。

1. 集成运算放大电路的特点

集成运算放大电路（简称集成运放）具有高电压增益、高输入电阻、低输出电阻、零点漂移小的特点。

（1）集成运放各级间采用直接耦合方式。由于集成电路中的电容是用 PN 结的结电容构成的，其容量只能为几十皮法以下，因此，集成运放各级之间只能采用直接耦合方式。

（2）采用对称结构改善电路性能。电路中的元器件是在相同的工艺条件下制造的，邻近的器件具有良好的一致性和同向偏差。因此，特别有利于实现对称结构的电路，抑制温度漂移，有效地克服直接耦合带来的零点漂移。

（3）有源器件取代无源器件。用晶体管代替大阻值（几百千欧以上）电阻，因为大阻值电阻占用硅片面积很大，而晶体管占用硅片面积很小，故更能有效地利用硅片资源。

（4）在模拟集成电路中，电流源被广泛应用。一方面，电流源可以作为偏置电路，为各级提供小而稳定的偏置电流；另一方面，电流源可以作为动态电阻很大的有源负载，提高放大电路的放大倍数。

集成电路按其外形封装形式分为单列直插式、双列直插式、圆壳式、扁平式等，如图 4.1 所示。

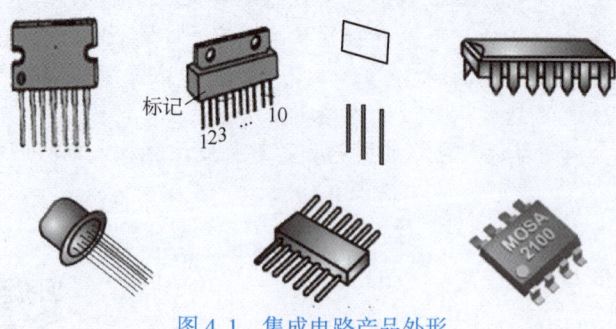

图 4.1　集成电路产品外形

2. 集成运放的符号

集成运放有两个输入端，一个输出端。图 4.2 中标有"＋"的输入端为同相输入端，该输入端信号的相位与输出信号的相位相同；标有"−"的输入端为反相输入端，该输入端信号的相位与输出信号的相位相反。

集成运放的供电方式有双电源供电和单电源供电两种。双电源供电是指正电源+V_{CC}和负电源−V_{CC}同时供电，如图4.2(a)所示；单电源供电是指集成运放电源端一端接电源，另一端接地，如图4.2(b)所示。

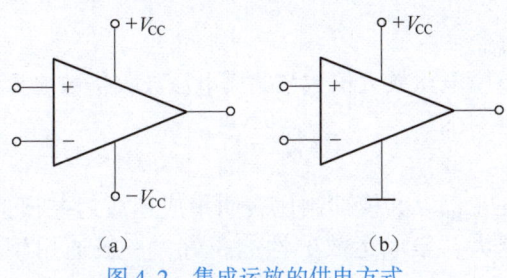

图 4.2　集成运放的供电方式
(a) 双电源供电；(b) 单电源供电

3. 差模信号与共模信号

集成运放有两个输入端，输入信号加到两个输入端上，可以视为在同相输入端和地之间，以及在反相输入端和地之间各接入一个信号，即接入一对输入信号。如果它们是一对电压大小相等、方向相反的信号，则称其为差模信号，如图4.3(a)所示；如果它们是一对电压大小相等、方向相同的信号，则称其为共模信号，如图4.3(b)所示。如果它们是一对电压大小不相等的信号，则可以视为差模信号与共模信号的叠加。例如，加到同相输入端的信号号为+10 mV，加到反相输入端的信号为−4 mV，则差模信号为$u_{id}=\pm[10-(-4)]/2=\pm 7$ mV，共模信号为$u_{ic}=[10+(-4)]/2=3$ mV，如图4.3(c)所示。

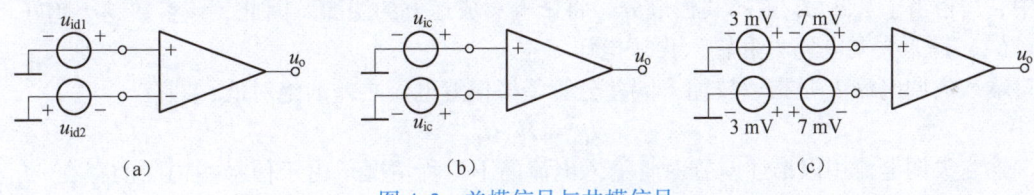

图 4.3　差模信号与共模信号
(a) 差模信号；(b) 共模信号；(c) 差模信号与共模信号的叠加

4. 集成运放的主要技术指标

(1) 开环差模电压增益A_{od}。

开环差模电压增益A_{od}是集成运放在无反馈情况下的差模电压放大倍数。其定义为集成运放工作在线性区时，输出电压与差模输入电压之比，一般用对数表示，单位为dB，即

$$A_{od}=20\lg\left|\frac{\Delta u_o}{\Delta u_+ - \Delta u_-}\right| \tag{4.1}$$

一般集成运放的A_{od}为60~140 dB。

(2) 差模输入电阻r_{id}和输出电阻r_o。

差模输入电阻r_{id}是指输入差模信号时运放的输入电阻。它定义为差模输入电压u_{id}与相应的输入电流i_{id}的变化量之比，即

$$r_{id} = \frac{\Delta u_{id}}{\Delta i_{id}} \tag{4.2}$$

差模输入电阻用以衡量集成运放向信号源索取电流的大小。r_{id}越大，对信号源或前级电路的影响越小。一般集成运放的差模输入电阻为几兆欧。

r_o为集成运放的交流等效输出电阻，r_o越小，表明运放带负载能力越强。一般运放的r_o约为200 Ω。

(3) 共模抑制比K_{CMR}。

共模抑制比K_{CMR}是差模电压放大倍数与共模电压放大倍数之比的绝对值，即

$$K_{CMR} = \left| \frac{A_{ud}}{A_{uc}} \right| \tag{4.3}$$

常用对数表示为$20\lg K_{CMR}$。共模抑制比表明集成运放对差模信号的放大能力和对共模信号的抑制能力，K_{CMR}越大，集成运放的性能越好，一般通用型集成运放的K_{CMR}为80~120 dB。

(4) 最大共模输入电压U_{icm}。

最大共模输入电压是指集成运放在正常放大差模信号的条件下所能加的最大共模输入电压，超过此值时共模抑制比将明显下降。

(5) 最大差模输入电压U_{idm}。

最大差模输入电压是指输入差模电压的极限值，当差模输入电压超过此值时，将导致输入级差分对管中的一只管子的发射结可能被反向击穿。

(6) 输入偏置电流I_{ib}。

I_{ib}是指当输出电压等于0时，运放差分管基极偏置电流的平均值，即

$$I_{ib} = \frac{1}{2}(I_{B1} + I_{B2}) \tag{4.4}$$

式中，I_{ib}相当于I_{B1}和I_{B2}中的共模成分，将影响集成运放的温漂。因此，该参数越小越好。

(7) 输入失调电流I_{io}和输入失调电压U_{io}。

输入失调电流I_{io}是指运放输入端差分管基极偏置电流之差的绝对值，即

$$I_{io} = |I_{B1} - I_{B2}| \tag{4.5}$$

输入失调电流用以描述差分对管输入电流的不对称情况。由于信号源内阻的存在，I_{io}会转换为一个输入电压，使集成运放静态时输出电压不为0。

输入失调电压U_{io}是指为了使输出电压为0，在输入端所需要加的补偿电压。I_{io}和U_{io}越小，表明集成运放输入级对称性越好。

(8) 上限截止频率f_H与单位增益带宽BW_G。

上限截止频率f_H是指当集成运放差模增益下降3 dB时的信号频率。由于集成运放的级数很多，故f_H一般很低，通用型集成运放的f_H只有十几到几百赫兹。

单位增益带宽BW_G是指A_{od}下降到1时，与之对应的信号频率。由于增益带宽之积近似为常数，所以f_H与BW_G的近似关系为

$$BW_G = f_H \cdot A_{od} \tag{4.6}$$

因此，BW_G一般很大。

(9) 转换速率S_R。

转换速率是指放大电路在闭环状态下输入为大信号（如阶跃信号）时，放大电路输出电压的最大变化速率，即

$$S_R = \left.\frac{du_o(t)}{dt}\right|_{max} \tag{4.7}$$

S_R 越大表明集成运放的高频性能越好。

4.2 集成运放的基本组成

集成运放的种类繁多，电路功能也各不相同，但其通常由偏置电路、输入级、中间级和输出级 4 部分组成，如图 4.4 所示。

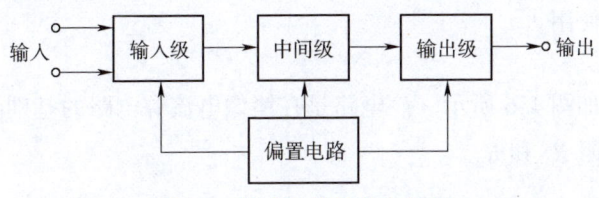

图 4.4　集成运放的基本组成

（1）偏置电路。

偏置电路为各级电路提供直流偏置电流，并使整个运放的静态工作点稳定且功耗较小，一般采用电流源电路。

（2）输入级。

输入级又称前置级，它的作用是提供与输出同相和反相的两个输入端，要求具有一定的电压增益和较高的输入电阻，较强的抑制干扰及零漂的能力。因此，输入级采用差分放大电路。

（3）中间级。

中间级是整个放大电路的主放大器，它的作用是提供较高的电压放大倍数，因而一般采用带有源负载的复合管共射放大电路。

（4）输出级。

输出级要为负载提供足够的功率，故要求输出级输出电阻低、带负载能力强、能够输出足够大的电压和电流、波形失真小，因而一般采用互补对称电路，作用是进行功率放大，以驱动负载工作。

4.2.1　偏置电路

偏置电路的作用是向各级电路提供合适的工作电流。在集成运放中，通常用电流源电路来构成偏置电路，保证各级的静态工作点稳定。常用的电流源电路有以下 3 种。

1. 镜像电流源

镜像电流源电路如图 4.5 所示。设晶体管 VT_1 和 VT_2 的参数完全相同。电源 V_{CC} 通过电阻 R 和 VT_1 产生一个基准电流 I_{REF}，即

$$I_{REF} = \frac{V_{CC} - U_{BE1}}{R}$$

相应在 VT_2 的集电极得到电流 I_{C2}，作为提供给某个放大电路的偏置电流。

由于两管对称，有 $U_{BE1}=U_{BE2}=U_{BE}$，$I_{B1}=I_{B2}=I_B$，$I_{C1}=I_{C2}=I_C$。则

$$I_{REF}=I_{C1}+2I_B=I_{C1}+\frac{2I_{C1}}{\beta}=I_{C1}\left(1+\frac{2}{\beta}\right)=I_{C2}\left(1+\frac{2}{\beta}\right)$$

当满足 $\beta\gg 2$ 时，近似有

$$I_{C2}\approx I_{REF}=\frac{V_{CC}-U_{BE1}}{R}\approx\frac{V_{CC}}{R} \tag{4.8}$$

由于 I_{C2} 和电流 I_{REF} 相等，成镜像关系，所以称这种电路为镜像电流源电路。镜像电流源电路只适用于较大工作电流（毫安数量级）的场合，而且受电源变化的影响大，不适合在电源电压变化的场合使用。

2. 比例电流源

比例电流源电路如图 4.6 所示。该电路是在镜像电流源电路的基础上，在 VT_1 和 VT_2 的发射极增加了两个电阻 R_1 和 R_2。

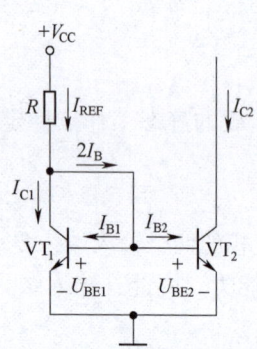

图 4.5　镜像电流源电路

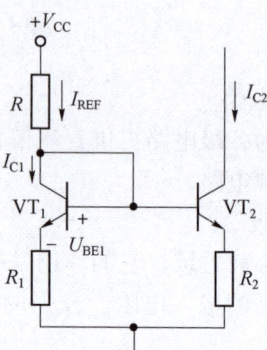

图 4.6　比例电流源电路

由图 4.6 可得

$$U_{BE1}+I_{E1}R_1=U_{BE2}+I_{E2}R_2$$

由于两管对称，$U_{BE1}=U_{BE2}$，则

$$I_{E1}R_1=I_{E2}R_2$$

如果忽略基极电流，上式可换成

$$I_{C1}R_1=I_{C2}R_2$$

于是得到

$$I_{C2}=\frac{R_1}{R_2}I_{C1}\approx\frac{R_1}{R_2}I_{REF} \tag{4.9}$$

由于两只晶体管集电极电流之比近似与它们的发射极电阻成反比，故称该电路为比例电流源电路。

比例电流源电路提供的偏置电流比镜像电流源电路小了，但还无法达到微安数量级。与镜像电流源电路一样，其受电源变化的影响大，不适合在电源电压变化的场合使用。

3. 微电流源

为了得到微安数量级的电流，可以在镜像电流源电路的基础上，在 VT_2 的发射极接入

一个电阻 R_e，使其成为微电流源电路，如图 4.7 所示。

由图 4.7 可得

$$\Delta U_{BE} = U_{BE1} - U_{BE2} = I_{E2}R_e \approx I_{C2}R_e$$

$$I_{C2} \approx \frac{\Delta U_{BE}}{R_e} \quad (4.10)$$

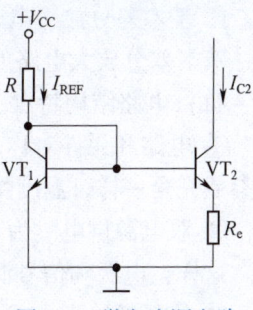

图 4.7 微电流源电路

由于 ΔU_{BE} 的数值非常小，故用阻值不大的 R_e 即可得到微小的偏置电流。

微电流源电路与镜像电流源电路、比例电流源电路相比，具有以下优点：

（1）可以提供微安级的偏置电流；
（2）由于引入了电阻 R_e，故微电流源电路的输出电阻大，使输出电流 I_{C2} 更加稳定；
（3）由于 I_{C2} 基本由 ΔU_{BE} 决定，与电源电压几乎无关，因此电源电压的变化对 I_{C2} 的影响不大。

【例 4.1】 电路如图 4.6 所示，已知 $V_{CC} = 12$ V，$U_{BE1} = 0.7$ V，若测得 $I_{C2} = 16$ μA，$I_{C1} = 0.64$ mA，试估算电阻 R_2 和 R 的值。

解：由晶体管的伏安特性方程可得

$$I_C \approx I_E = I_S (e^{U_{BE}/U_T} - 1) \approx I_S e^{U_{BE}/U_T}$$

于是得到

$$U_{BE} \approx U_T \ln \frac{I_C}{I_S}$$

由电路可得

$$U_{BE1} - U_{BE2} \approx I_{C2}R_e$$

于是

$$I_{C2}R_e = U_{BE1} - U_{BE2} = U_T \left(\ln \frac{I_{C1}}{I_{S1}} - \ln \frac{I_{C2}}{I_{S2}} \right)$$

因为有 $I_{S1} = I_{S2}$，故上式即为

$$I_{C2}R_e = U_T \ln \frac{I_{C1}}{I_{C2}}$$

在 $I_{C2} = 16$ μA，$I_{C1} = 0.64$ mA 的条件下，有

$$R_e = \frac{U_T \ln \frac{I_{C1}}{I_{C2}}}{I_{C2}} = \frac{26 \ln \frac{0.64}{0.016}}{0.016} \ \Omega \approx 6 \ \text{k}\Omega$$

$$R \approx \frac{V_{CC} - U_{BE1}}{I_{C1}} = \frac{12 - 0.7}{0.64} \ \text{k}\Omega \approx 18 \ \text{k}\Omega$$

4.2.2 差分放大输入级

直接耦合放大电路的主要问题是存在零点漂移，放大电路前级对输出的零点漂移影响最大，因此集成运放的输入级采用了对温漂具有很强抑制作用的差分放大电路。

1. 基本差分放大电路

基本差分放大电路如图 4.8 所示。

（1）电路结构特点。

① 电路和元件对称。差分放大电路由两个完全对称的共射放大电路组成。两只晶体管的参数完全一样，温度特性也完全相同，并且发射极接有公共电阻 R_e。

② 双电源供电。为了使差分放大电路的两个输入端的静态电压为 0，采用正、负电源供电。这样，电源和信号源可以"共地"，同时扩大了输出的动态范围。

③ 信号的输入方式与输出方式灵活。如果输入信号同时加到两个输入端，则称为"双端输入"；如果输入信号只加到一个输入端，另一输入端接地，则称为"单端输入"。同样，如果信号从两只管子的集电极输出，则称为"双端输出"；如果信号从一只管子的集电极和地输出，则称为"单端输出"。

（2）抑制零点漂移作用。

由于电路左右对称，当静态时 $U_{CQ1}=U_{CQ2}$，输出电压 $U_o=U_{CQ1}-U_{CQ2}=0$。如果温度升高使 I_{CQ} 增大，U_{CQ} 减小，由于电路对称，两只管子集电极电位的变化相同，有 $\Delta U_{CQ1}=\Delta U_{CQ2}$，继续保持 $U_o=0$，很好地抑制了零漂。可见，正是由于差分放大电路和元件的"对称性"，实现了抑制零点漂移。

（3）静态分析。

基本差分放大电路的直流通路如图 4.9 所示。由于电路的对称性，有 $U_{BEQ1}=U_{BEQ2}=U_{BEQ}$，基极电流很小，$R_b$ 上的压降可以忽略，发射极电位为

$$U_{EQ}=-U_{BEQ} \tag{4.11}$$

流过公共电阻 R_e 的电流为

$$I_{EQ}=\frac{V_{EE}-U_{BEQ}}{R_e} \tag{4.12}$$

由对称性得到

$$I_{CQ}=I_{CQ1}=I_{CQ2}\approx\frac{1}{2}I_{EQ}=\frac{V_{EE}-U_{BEQ}}{2R_e} \tag{4.13}$$

两管的集电极电位为

$$U_{CQ}=U_{CQ1}=U_{CQ2}\approx V_{CC}-I_{CQ}R_c \tag{4.14}$$

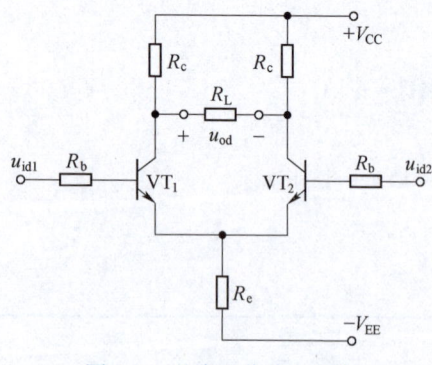

图 4.8 基本差分放大电路

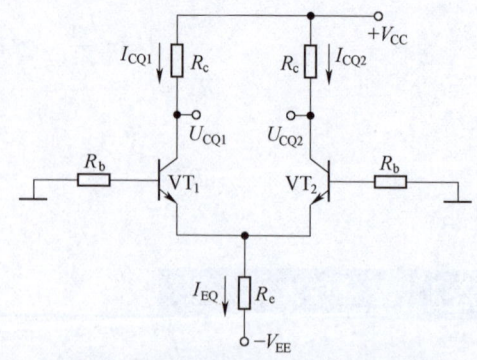

图 4.9 基本差分放大电路的直流通路

(4) 差模信号的放大。

差分放大电路分为双端输出与单端输出两种连接方式。

(5) 对共模信号的抑制。

共模电压放大倍数 A_{uc} 定义为共模输出电压 u_{oc} 与共模输入电压 u_{ic} 之比。由于共模信号是无用的干扰信号，应被抑制，所以 A_{uc} 应尽量小。

二维码4.2 差分放大电路
中两种连接方式分析

由图4.8可见，在双端输出时，对于共模输入信号，两管的集电极电位同时上升或下降，而且上升量和下降量相同，电路的输出为0，共模信号在输出端完全被抑制，双端输出时的共模电压放大倍数 $A_{uc}=0$。

在单端输出时，对于共模输入信号，单端输出有共模输出信号，共模电压放大倍数 A_{uc} 不为0。由于两管的发射极电流同时增大或减小，在电阻 R_e 上有共模信号产生的压降，在共模信号的交流通路中存在电阻 R_e，并且折算到每只管子单独的电路中为 $2R_e$，其共模信号的交流通路如图4.10所示。

由于发射极电阻的存在，根据第2章对发射极有电阻的共射放大电路的分析可知，其共模电压放大倍数为

$$A_{uc}=\frac{u_{oc}}{u_{ic}}=-\frac{\beta(R_c /\!/ R_L)}{R_b+r_{be}+2(1+\beta)R_e} \tag{4.15}$$

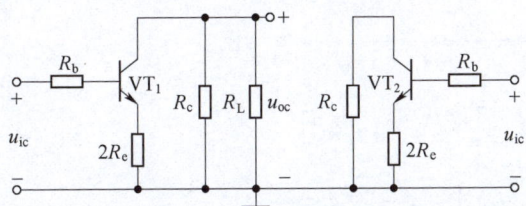

图4.10 单端输出差分放大电路的共模信号交流通路

由于 $2(1+\beta)R_e$ 很大，使共模电压放大倍数很小，往往远小于1，故共模输出电压很小，对共模信号仍然具有很强的抑制作用。实质上是由于发射极电阻的存在，对共模信号产生非常强的负反馈作用，大大削弱了共模信号的影响。

(6) 共模抑制比。

共模抑制比是综合表示差分放大电路对差模信号的放大能力以及对共模信号抑制能力的性能指标，定义为

$$K_{CMR}=\left|\frac{A_{ud}}{A_{uc}}\right|$$

双端输出的差分放大电路的 $A_{uc}=0$，因此，$K_{CMR}=\infty$。

单端输出的差分放大电路的共模抑制比为

$$K_{CMR}=\left|\frac{A_{ud}}{A_{uc}}\right|\approx\frac{\beta R_e}{R_b+r_{be}} \tag{4.16}$$

由于 $\beta R_e \gg (R_b+r_{be})$，单端输出的差分放大电路的共模抑制比也很大。

(7) 差分放大电路输入、输出接法。

差分放大电路输入、输出端有4种连接方式：双端输入双端输出、双端输入单端输出、

单端输入双端输出、单端输入单端输出。4 种接法的比较如表 4.1 所示。由表可见，差分放大电路的技术指标只与输出方式有关，与输入方式无关；4 种连接方式的差模输入电阻都相同；4 种连接方式的差模电压放大倍数和输出电阻不同。

表 4.1　差分放大电路 4 种接法的比较

输入、输出方式	差模电压放大倍数 A_{ud}	差模输入电阻 R_{id}	差模输出电阻 R_{od}	共模抑制比 K_{CMR}
双入双出	$-\dfrac{\beta\left(R_c /\!/ \dfrac{R_L}{2}\right)}{R_b + r_{be}}$	$2(R_b + r_{be})$	$2R_c$	
单入双出				
双入单出	$-\dfrac{\beta(R_c /\!/ R_L)}{2(R_b + r_{be})}$		R_c	很大
单入单出				

2. 恒流源式差分放大电路

在基本差分放大电路中发射极电阻 R_e 越大抑制零漂的作用越好，但在集成电路中制作大电阻很困难，并且增大 R_e 使电路的静态工作点降低，会出现截止失真。用电流源电路代替发射极电阻是解决这个矛盾的理想方案，恒流源式差分放大电路如图 4.11 所示。电路中由晶体管 VT_3、电阻 R_{b1}、R_{b2}、R_e 组成电流源电路，为 VT_1、VT_2 供给合适的发射极电流，使其工作在放大状态。

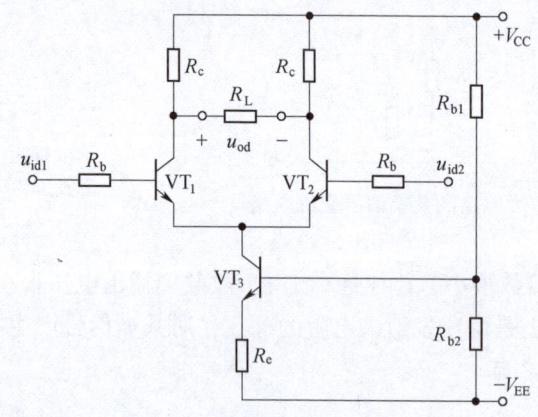

图 4.11　恒流源式差分放大电路

二维码 4.3　恒流源式差分放大电路原理

4.2.3　中间级和输出级

1. 中间级

集成运放对中间级的要求是能提供足够大的电压放大倍数，同时为了减小对前级的影响，还应具有较高的输入电阻。为此，集成运放的中间级经常采用带有源负载，同时放大管为复合管的结构形式。

（1）有源负载。

有源负载就是利用晶体管或场效应晶体管作为负载电阻。中间级的放大电路一般为共射放大电路，集电极负载电阻 R_c 越大，电压放大倍数也越大。当晶体管工作在恒流区时，集电极与发射极之间的等效电阻 r_{ce} 很大，用晶体管代替 R_c，可以大大提高放大电路的电压放大倍数。

（2）复合管。

放大电路的电压放大倍数与晶体管的 β 值成正比，复合管的电压放大倍数近似为组成复合管的所有晶体管电压放大倍数的乘积，复合管具有非常高的 β 值，使中间级的电压放大能力进一步提高。同时复合管具有很高的输入电阻，也满足了使中间级具有较高输入电阻的要求。

图 4.12 为一个采用复合管为放大管，同时采用有源负载的共射放大电路。其中由 VT_1 与 VT_2 组成的 NPN 型复合管作为放大管，VT_3 为有源负载。VT_3 与 VT_4 组成镜像电流源，作为偏置电路，基准电流 I_{REF} 由 V_{CC}、VT_4 和 R 支路产生，为

$$I_{REF} = \frac{V_{CC} - U_{BE4}}{R}$$

放大管的工作电流近似等于基准电流 I_{REF}。

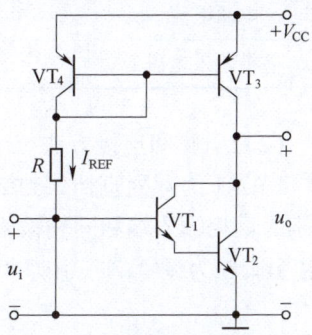

图 4.12　采用带有源负载和复合管的共射放大电路

2. 输出级

集成运放对输出级的要求是能提供足够的输出功率，同时具有较低的输出电阻以增强带负载能力。为此，输出级一般都采用互补对称电路，依据电源的要求使用 OCL 电路或 OTL 电路。互补对称电路的电路组成，以及工作原理在功率放大电路一章已有详细介绍。

4.3　集成运放的使用

4.3.1　几种常用的集成运放

1. 双极型集成运放 LM741

LM741 是一种应用广泛的通用型集成运放，国内同类产品的型号有 F007、5G24 等，国外同类产品的型号有 μA741、AD741、F741 等。

（1）主要技术指标。

LM741 的主要技术指标如表 4.2 所示。

表 4.2　LM741 的主要技术指标

技术指标	测试条件	单位	典型值
电压增益	$U_S = \pm 15$ V，$U_o = \pm 10$ V	V/mV	200 000
输出电压	$U_S = \pm 15$ V，$R_L \geq 2$ kΩ	V	±13
输入电阻	$U_S = \pm 20$ V	MΩ	2.0
共模抑制比	$R_S \leq 10$ kΩ，$U_{cm} = \pm 12$ V	dB	90
输入失调电压	$R_S \leq 10$ kΩ	mV	1.0
输入失调电流		nA	200

续表

技术指标	测试条件	单位	典型值
输入偏置电流		nA	80
转换速率		V/μs	0.5
电源电压		V	±22
电源电流		mA	1.7
差模输入电压		V	±30

（2）引脚和连接方法。

LM741 为双列直插式封装，共有 8 个引脚，如图 4.13（a）所示。其中引脚 2 和引脚 3 分别为反相输入端和同相输入端，引脚 6 为输出端，引脚 7 和引脚 4 为正、负电源端，引脚 1 和引脚 5 为调零端，引脚 8 为空。LM741 的基本连接方法如图 4.13（b）所示。

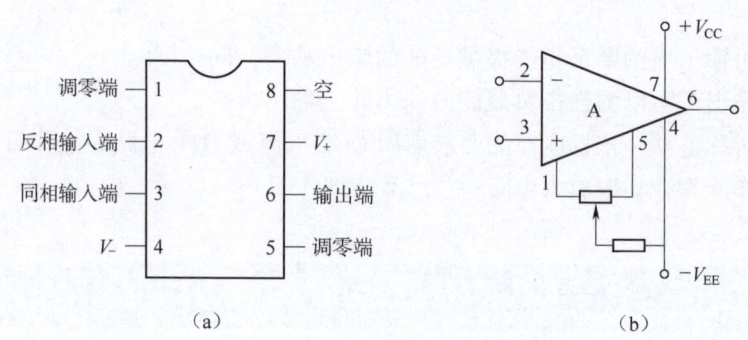

图 4.13　LM741 的引脚和连接示意

（a）引脚；（b）连接示意

2. CMOS 集成四运放 C14573

C14573 是用 CMOS 工艺制作的通用型集成运放，片内有 4 个结构相同的运放。该运放具有输入电阻高；既可以用双电源，也可以用单电源；与 CMOS、TTL 电路兼容等特点。

（1）主要技术指标。

C14573 的主要技术指标如表 4.3 所示。

表 4.3　C14573 的主要技术指标

技术指标	测试条件	单位	典型值
开环差模电压增益	$I_{set} = 50\ \mu A$	dB	90
输出电压峰-峰值	$V_{DD} = +7.5\ V,\ V_{SS} = -7.5\ V,\ I_{set} = 100\ \mu A$	V	12
差模输入电阻		MΩ	10^4
共模抑制比	$I_{set} = 50\ \mu A$	dB	80
输入失调电压	$I_{set} = 50\ \mu A$	mV	10

续表

技术指标	测试条件	单位	典型值
输入失调电流		nA	0.1
输入偏置电流	$I_{set} = 50\ \mu A$	nA	1
单位增益带宽	$V_{DD} = +7.5\ V$,$V_{SS} = -7.5\ V$,$I_{set} = 100\ \mu A$	MHz	2
转换速率	$V_{DD} = +10\ V$,$V_{SS} = 0\ V$,$I_{set} = 50\ \mu A$	V/μs	2.5
电源电压范围		V	5~15
电源电流	$V_{DD} = +10\ V$,$V_{SS} = 0\ V$,$R_{set} = 100\ k\Omega$	mA	1.2
最大共模输入电压	$V_{DD} = +7.5\ V$,$V_{SS} = -7.5\ V$,$I_{set} = 100\ \mu A$	V	12

（2）引脚。

C14573 为双列直插式封装，共有 16 个引脚，其引脚排列如图 4.14 所示。

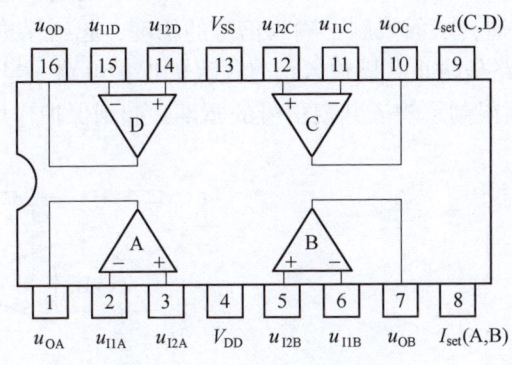

图 4.14　C14573 的引脚排列

4.3.2　集成运放的使用和保护

1. 集成运放的调零

集成运放在实际应用中都存在不同程度的零点漂移现象，在要求运算精度较高时需要调零。

调零的方法是将输入信号置零，调整调零电位器，使输出电压为 0，如图 4.15 所示。调零电压加在同相输入端，输入失调电压的调整范围为

$$\Delta U_{io} = \pm V_{CC} \frac{R_5}{R_3 + R_5}$$

在调零电路中对电阻 R_3、R_5 的阻值要求不严格，只要 $R_3 \gg R_5$，且 R_5 的阻值选在 1 kΩ 以下即可。此种调零电路应用很广泛。

2. 电源反接保护

集成运放的电源极性接反会造成集成运放立即被烧毁。利用二极管的单向导电性防止电

源反接损坏集成运放，电路如图 4.16 所示。当电源接反时，两个二极管都截止，电源断路，起到保护作用。

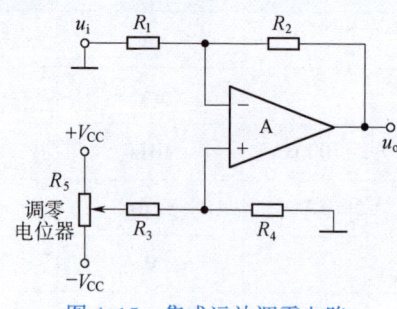

图 4.15 集成运放调零电路

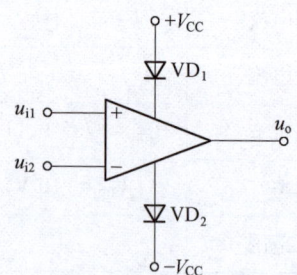

图 4.16 集成运放的电源反接保护电路

3. 集成运放的输入保护

集成运放输入端的共模电压或差模电压过高，可能会使运放的输入级晶体管被反向击穿而损坏。集成运放的输入保护电路如图 4.17 所示。图 4.17(a) 所示电路是防止差模输入信号过高的保护电路，只要输入信号的正向电压或负向电压超过二极管的导通电压，二极管 VD_1、VD_2 必然有一个导通，从而限制了输入信号的幅度，起到保护作用。

图 4.17(b) 所示电路是防止共模输入信号过高的保护电路，当共模信号超过 $\pm U$ 时，其中一个二极管导通，从而限制了输入共模信号的幅度，起到保护作用。

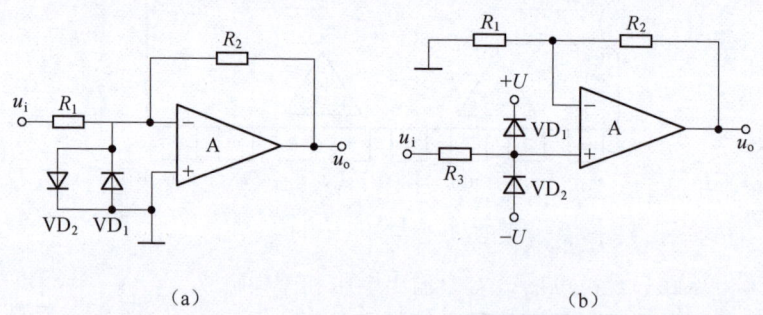

图 4.17 集成运放的输入保护电路
（a）防止差模输入信号过高的保护电路；（b）防止共模输入信号过高的保护电路

4. 集成运放的输出保护

如果集成运放的输出端错接在外部电压上，则可能会使集成运放过压被击穿，或输出端过流被烧毁。集成运放的输出保护电路如图 4.18 所示，在集成运放的输出端并联两只反向串联的稳压管。

当输出电压小于稳压管的稳定电压时，稳压管不导通，保护电路不工作；当输出电压大于稳压管的稳定电压时，稳压管导通，输出电压被限制在 $\pm(U_Z+0.7\text{ V})$，防止了输出电压过高，保护了集成运放。

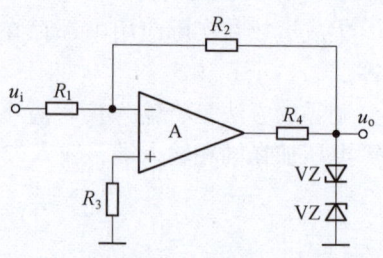

图 4.18 集成运放的输出保护电路

4.4 理想运算放大电路

理想运算放大电路（简称理想运放）可以理解为实际运放的理想化模型，就是将集成运放的各项技术指标理想化，得到一个理想运放。

4.4.1 理想运放的技术指标

理想运放的主要技术指标如下：
（1）开环差模电压放大倍数 $A_{od}=\infty$；
（2）差模输入电阻 $r_{id}=\infty$；
（3）差模输出电阻 $r_{od}=0$；
（4）共模抑制比 $K_{CMR}=\infty$。
理想运放没有失调电压，没有失调温漂，带宽趋于无穷大。

尽管理想运放并不存在，但由于集成运放的技术指标都非常接近理想运放，故在分析集成运放的应用电路时，将集成运放理想化是允许的，带来的误差一般比较小，可以忽略不计。

4.4.2 集成运放的电压传输特性

集成运放在没有反馈时，差模输出电压 u_o 和差模输入电压 (u_+-u_-) 的关系为

$$u_o=f(u_+-u_-) \tag{4.17}$$

将其称为集成运放的电压传输特性，如图 4.19 所示。

当差模输入电压在一定范围内，差模输出电压和差模输入电压之间为线性关系，运放对差模信号进行无失真的放大，该区域为集成运放的线性区。当差模输入电压超过规定范围，运放输出端出现饱和，集成运放进入非线性区，这时输出电压不再随输入电压变化，只能保持正向饱和输出电压 $+U_{om}$ 或负向饱和输出电压 $-U_{om}$。

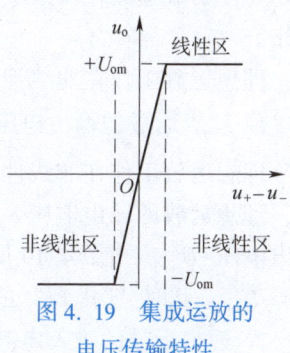

图 4.19　集成运放的电压传输特性

由于集成运放的开环电压放大倍数非常大，只有当差模输入电压非常小时，集成运放才处于线性区，因此，线性区非常窄。

4.4.3 理想运放工作在线性区的特点

1. 理想运放的差模输入电压等于 0

集成运放在开环状态下工作在线性区时，差模输出电压与差模输入电压的关系为

$$u_o=A_{od}(u_+-u_-) \tag{4.18}$$

式中，u_+ 为同相输入端电压；u_- 为反相输入端电压。

当集成运放为理想运放时，有 $A_{od} = \infty$，u_o 为有限值，则

$$u_+ - u_- = \frac{u_o}{A_{od}} = 0$$

即

$$u_+ = u_- \tag{4.19}$$

上式说明理想运放的差模输入电压等于0，同相输入端电压等于反相输入端电压。在电路中理想运放的同相输入端与反相输入端实际上并未真正短路，但如同将两端短路一样。这种现象称为同相输入端和反相输入端"虚短"。

如果理想运放的同相输入端接地，有 $u_+ = 0$，又由于同相输入端和反相输入端"虚短"，有 $u_+ = u_-$，于是得到 $u_- = 0$，称为反相输入端"虚地"。"虚地"是"虚短"的一个特例。

2. 理想运放的输入电流等于0

由于理想运放的差模输入电阻 $r_{id} = \infty$，因此，流入运放两个输入端的电流都为0，即

$$i_+ = i_- = 0 \tag{4.20}$$

式中，i_+ 为同相输入端电流；i_- 为反相输入端电流。

此时，运放的同相输入端和反相输入端电流都等于0，如同断开一样，这种现象称为同相输入端和反相输入端"虚断"。

"虚短"和"虚断"是理想运放工作在线性区时两个重要的特点。在分析集成运放的应用电路时，如果集成运放工作在线性区，可依据这两个特点，解决电路问题。

4.4.4 理想运放工作在非线性区的特点

要使集成运放在输入电压的全部区间都工作在非线性区，集成运放必须处于开环状态下工作。

理想运放工作在非线性区时，也有如下两个重要的特点。

1. 理想运放的输出电压 u_o 只有两个值

理想运放工作在非线性区时，输出电压不再随着输入电压的变化而变化，输出端达到饱和，理想运放的输出电压 u_o 或等于运放的正向饱和输出电压 $+U_{om}$，或等于运放的负向饱和输出电压 $-U_{om}$。由图4.19所示的电压传输特性可知，当 $u_+ > u_-$ 时，$u_o = +U_{om}$；当 $u_+ < u_-$ 时，$u_o = -U_{om}$。此时，"虚短"的现象不复存在。

2. 理想运放的输入电流等于0

在非线性区，虽然运放的两个输入端的电压不等，但因为理想运放的差模输入电阻 $r_{id} = \infty$，故理想运放的两个输入端的电流仍然等于0，即

$$i_+ = i_- = 0$$

此时，"虚断"的现象仍然存在。

由于理想运放工作在线性区或非线性区时，各有不同的特点，因此，在分析各种集成运放的应用电路时，必须首先明确其中的集成运放的工作状态。

二维码4.4　模拟集成电路
发展与应用课程思政

4.5 集成运放发展及检测方法

集成运放是一种集成化的高增益的多级直接耦合放大电路。集成运放作为一种通用器件，在放大、振荡、电压比较、模拟运算、有源滤波等各种电子电路中得到广泛的应用。

在发明晶体管之前，运放是由电子管制成的，体积庞大。20世纪50年代，人们发明了低压电子管使其体积缩小到了砖头大小。到了20世纪60年代，晶体管的发明使其体积进一步缩减到了数立方英寸（1立方英寸＝$1.64×10^{-5}$立方米）。因为早期运放的应用针对性很强，不是通用器件，同时每个厂家都有自己的规格和封装，所以，它们之间很难找到替代品。集成电路是在20世纪50年代末到60年代初发明出来的，世界上第一个商业应用成功的集成运放是快捷公司在20世纪60年代中期推出的μA709，虽然它存在一些问题，但并无大碍，所以还是得到了广泛应用。其主要缺点是：不稳定，需要外部补偿；需要工程师有足够的应用能力；非常敏感，在某些不利条件下容易损坏。μA709的下一代产品是μA741，它有内部补偿，如果工作在手册规定范围内的话，则不需要外部补偿电路，而且它没有μA709那么敏感。从此以后，一系列的运放源源不断地被开发出来，其性能和可靠性不断地得到改善。如今，任何工程师都可以方便地使用运放来设计模拟电路了。

根据运放的"虚短"特点可知，当有负反馈时，运放的两个输入端电压相等。也就是说，只要测得运放两个输入端电压相等，就可知电路的负反馈在发挥作用，说明这一路的运放在正常工作。如果一个芯片有多个相同的放大电路（如TL084有4路放大电路），则可以给电路板通电后，直接测试各放大电路的输入端是否有电压差异，如果没有，就可以确认此路放大电路是好的，然后接着测试下一路放大电路。如果测试到有电压差，则可能此路没有负反馈，而是作为比较器使用的，然后再次测试输出端电压，它应该符合比较器特点，如果不符合则可以判断芯片损坏。这样在电路板通电后，不用拆下芯片测试就可以在板上确定芯片好坏。

本章小结

（1）集成运放的特点是采用了直接耦合方式，器件之间参数的对称性好，输入级采用差分放大电路，很好地抑制了零点漂移，常常用晶体管代替大电阻，组成有源负载等。

（2）集成运放的技术指标定量描述电路的性能，主要说明集成运放的放大能力，抑制零点漂移的能力，从信号源获得信号的能力，带负载的能力等。

（3）集成运放实质上是一个高放大倍数的多级直接耦合放大电路。集成运放通常包括4个组成部分，即输入级、中间级、输出级和偏置电路。

集成运放的输入级一般采用差分放大电路，差分放大电路引入一个共模负反馈，以提高抑制零点漂移的能力。差分放大电路的输入、输出端有4种不同的连接方式。

集成运放的中间级主要提供非常大的电压放大能力，为了获得高增益，中间级采用了有源负载和复合管。

集成运放的输出级主要提供大功率输出，基本采用互补对称电路。

集成运放的偏置电路的任务为各级提供偏置电流，通常采用镜像电流源、比例电流源、微电流源等电流源电路。

（4）集成运放的种类与型号繁多，双极型集成运放 LM741 和 CMOS 集成四运放 C14573 是集成运放常用的典型产品。

集成运放在使用时，为了消除电路和元件的不对称性而产生的零点漂移，通常接入调零电路。常用的集成运放保护电路有输入保护电路、输出保护电路、电源反接保护电路等。

（5）理想运放是集成运放的理想化模型，是将集成运放的各项技术指标理想化，突出集成运放的主要因素，大大简化了分析集成运放应用电路的过程。

理想运放有两个工作区域，即线性工作区和非线性工作区。

理想运放工作在线性区有两个重要的特点，即"虚短"和"虚断"。

理想运放工作在非线性区也有两个重要的特点，即"虚断"和输出电压只有两个值，即正向饱和输出电压和负向饱和输出电压。

理想运放在线性区和非线性区的特点，成为分析各种集成运放应用电路的依据。

综合习题

一、填空题

1. 大小相等、极性或相位一致的两个输入信号称为_____信号。
2. 共模抑制比 K_{CMR} 是放大电路的差模电压放大倍数和共模电压放大倍数之比，电路的 K_{CMR} 越大，表明电路的_____能力越强。
3. 集成运放的差模电压增益 A_{od} 越大，表示对_____信号的放大能力越大。
4. 共模电压增益 A_{oc} 越大，表示对共模信号的抑制能力_____。
5. 集成运放的输出级通常采用_____电路。
6. 理想运放的主要性能指标 r_{id} = _____。
7. 工作在线性区的理想运放有两个重要特点：虚短和_____。
8. 集成运放处于开环状态时，工作在_____区。

二、选择题

1. 通用型集成运放的输入级采用差分放大电路，这是因为它的（　　）。
   A. 输入电阻高　　　　　　　　B. 输出电阻低
   C. 电压放大倍数大　　　　　　D. 共模抑制比大

2. 两个大小相等、极性或相位一致的信号称为（　　）信号；两个大小相等、极性或相位相反的信号称为（　　）信号。
   A. 共模，差模　　B. 对称，非对称　　C. 同相，反相　　D. 一致，非一致

3. 集成运放电路有两个输入端，分别称为（　　）。
   A. 反相输入端和同相输入端　　　B. 电压输入端和电流输入端
   C. 正输入端和负输入端　　　　　D. 单输入端和双输入端

4. 直接耦合放大电路存在零点漂移的原因是（　　）。
   A. 电阻阻值有误差　　　　　　B. 晶体管参数的分散性
   C. 晶体管参数受温度影响　　　D. 电源电压不稳定

5. 差分放大电路的共模抑制比 K_{CMR} 越大表明电路（　　）。
A. 放大倍数越稳定　　　　　　　　B. 抑制温漂能力越强，性能好
C. 交流放大倍数越大　　　　　　　D. 直流放大倍数越大

三、判断题
双端输出的差分放大电路是靠两个晶体管参数的对称性来抑制温漂的。　　　　（　　）

四、改错题
1. 共模抑制比较大的差分放大电路，能够放大差模输入信号和共模输入信号。
2. 当分析集成运放时，可运用其"虚短"和"虚断"的特点。

五、画图题
画出集成运放的电压传输特性曲线。

第 5 章 负反馈放大电路

★内容提要

日常生活中，经常用到空调。空调为什么在夏天、冬天能起到不同的作用呢？这是由于反馈起到的控制作用，空调的温度检测探头将测得的室温信号反馈回空调，与设定温度比较，当高于设定温度时，压缩机继续工作，空调继续放出冷风，室温继续下降；当温度检测探头反馈回的室温信号等于设定温度时，发出控制信号，压缩机停止工作，空调停止放冷风，室温不再下降。人们的生活、工作等都离不开反馈。本章首先引出反馈的概念，接着介绍反馈的分类，反馈分为正反馈和负反馈、交流反馈和直流反馈、电压反馈和电流反馈、串联反馈和并联反馈。由反馈的分类得到负反馈的 4 种基本组态，并归纳出反馈的一般表达式。然后重点讨论负反馈对放大电路性能的影响。对于负反馈放大电路的分析主要介绍深度负反馈放大电路电压放大倍数的估算方法。最后简单介绍负反馈放大电路的自激振荡及消除自激振荡的方法。

★学习目标

要知道：理想集成运放大条件、虚短、虚断、直流/交流反馈、正/负反馈、串联/并联反馈、电压/电流反馈。

会分析：负反馈的 4 种基本组态。

会计算：串联/并联负反馈对输入电阻的影响，电压/电流负反馈对输出电阻的影响，负反馈对放大倍数、稳定性、频带宽、非线性失真的影响，深度负反馈放大电路电压放大倍数的估算方法。

会画图：会连接负反馈的 4 种基本组态。

会识别：负反馈放大电路的自激振荡。

二维码 5.1　知识导图

5.1 反馈的基本概念及其分类

在许多实际的物理系统中，都存在着某种类型的反馈，在电子电路中，反馈现象也是普遍存在的。反馈是为改善放大电路的性能而引入的一项技术措施，同时，也是电子技术和自动控制原理中的一个基本概念。

二维码 5.2　负反馈的
工程应用课程思政

5.1.1 反馈的基本概念

在图 5.1(a) 所示的电路中，信号由输入端输入，经放大电路放大，从输出端输出。图 5.1(b) 所示的电路与图 5.1(a) 所示的电路大不一样，除了有从输入到输出端正常的放大通道外，还多了一条由电阻 R_2 组成的通道，这条通道可以使输出信号反向回输到输入端，这就是反馈。

所谓反馈就是将电路的输出量或输出量的一部分，通过一定的方式，送回电路输入端的过程。

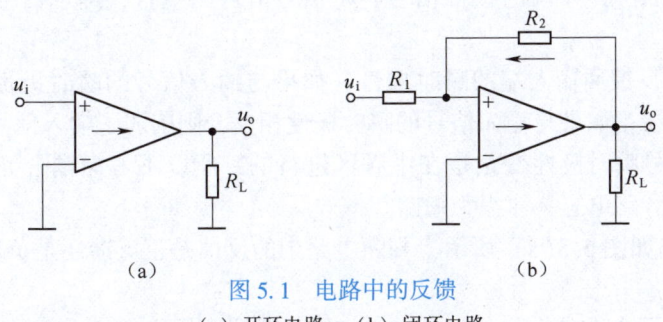

图 5.1　电路中的反馈
(a) 开环电路;;(b) 闭环电路

信号由输出端反向传输到输入端的通道称为反馈通路，或反馈网络。一般反馈网络由电阻，或电阻与电容组成。

我们在分析反馈时，将放大电路视为理想电路，只存在由输入端向输出端传送信号的过程。反馈网络主要存在由输出端向输入端传送信号的过程，通过反馈网络由输入端向输出端传送的信号极其微弱，可忽略不计。

由图 5.1(b) 可见，放大电路和反馈网络正好构成一个环路，因此将其称为闭环。而无反馈的放大电路称为开环。

5.1.2 反馈的分类和判断

电路中的反馈形式有很多，主要的形式有以下 4 种。

1. 正反馈与负反馈

根据反馈极性的不同，反馈可以分为正反馈和负反馈。

如果引入的反馈信号增强了外加输入信号，从而使放大电路的

二维码 5.3　修身立德与
辩证思维课程思政

输出信号增大，这样的反馈称为正反馈；相反，如果反馈信号削弱了外加输入信号，使放大电路的输出信号减小，则称为负反馈。

在图5.2所示的电路中，运放的反相输入端、输出端和电阻 R_2 组成环路，信号在环路中的传输如图中箭头所示。外加一个输入信号，设其瞬时极性为（+），该信号加到了运放反相输入端，由于运放的输出端与反相输入端反相，可知信号传输到输出端的瞬时极性为（-），再通过电阻 R_2 传输回运放反相输入端的瞬时极性仍然为（-），与瞬时极性为（+）的外加的输入信号叠加，必然削弱了外加的输入信号，故其为负反馈。以上的分析方法称为瞬时极性法。

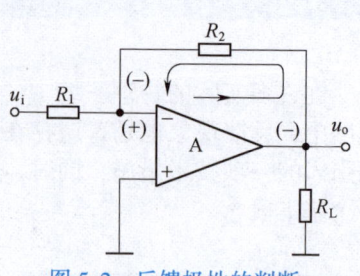

图5.2 反馈极性的判断

瞬时极性法就是先假设输入信号为某一瞬时极性，然后沿着环路传输，依次确定信号瞬时极性的变化情况，最后判断反馈到输入端信号的瞬时极性是增强还是削弱了原来的输入信号。

由上面对图5.2所示电路的分析过程，将瞬时极性法的分析步骤归纳如下。

（1）确定由放大电路与反馈网络组成的环路。

（2）在输入端加入一个瞬时极性信号，将信号沿环路绕行，确定信号瞬时极性的变化情况。

（3）确定信号反馈回输入端的瞬时极性，如果与输入信号的瞬时极性相同，则增强了输入信号，为正反馈；如果与输入信号的瞬时极性相反，则削弱了输入信号，为负反馈。

注意：分析信号瞬时极性变化是在中频区进行的，所以不考虑耦合元件产生的附加效应，即耦合电容和旁路电容一律视为短路。

【例5.1】 电路如图5.3(a)所示，判断电路中的反馈是正反馈还是负反馈？

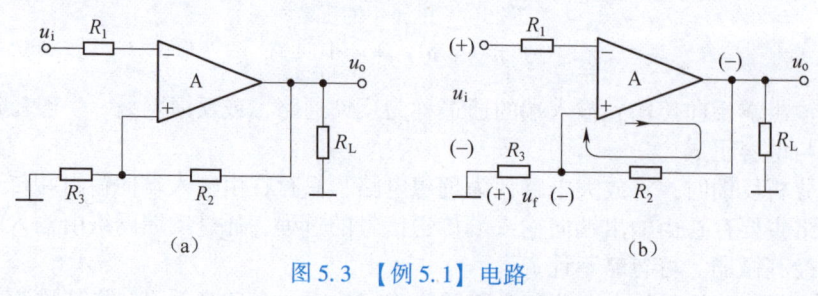

图5.3 【例5.1】电路
(a) 电路；(b) 极性变化情况

解：电路中的反馈网络由电阻 R_2 和 R_3 组成，环路由运放的同相输入端、输出端和电阻 R_2 组成。

在输入端加入一个瞬时极性为（+）的信号，该信号传输到运放的反相输出端，瞬时极性为（-），又经过电阻 R_2 反馈回运放的同相输入端，瞬时极性仍为（-），极性变化情况如图5.3(b)所示。

反馈回运放的同相输入端瞬时极性为（-），实际是电阻 R_3 的电压，左为（+）右为（-），从图5.3(b)中看到，其与输入信号同相叠加，增强输入信号，为正反馈。

在多级放大电路中每级电路自身的反馈称为本级反馈或局部反馈；从多级放大电路输出

端引回到输入端的反馈称为级间反馈。

【例 5.2】 电路如图 5.4(a) 所示，判断电路中的级间反馈是正反馈还是负反馈？

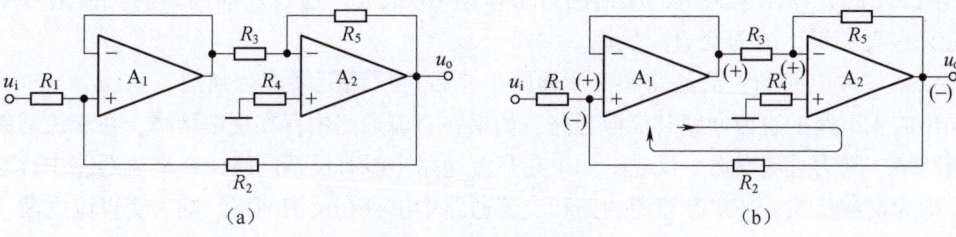

图 5.4 【例 5.2】电路
(a) 电路；；(b) 极性变化情况

解：电路中的级间反馈网络由电阻 R_2 组成，环路由运放 A_1 的同相输入端到输出端，电阻 R_3，运放 A_2 的反相输入端到输出端，电阻 R_2 组成。

从输入端，即运放 A_1 的同相输入端加入一个瞬时极性为（+）的信号，该信号沿环路绕行的瞬时极性变化情况如图 5.4(b) 所示。

信号反馈回输入端的瞬时极性为（-），与输入信号的瞬时极性相反，为负反馈。

2. 直流反馈与交流反馈

根据反馈信号的交、直流性质，反馈可以分为直流反馈和交流反馈。

如果通过反馈网络引回到输入端的反馈信号是直流量，则称为直流反馈。如果通过反馈网络引回到输入端的反馈信号是交流量，则称为交流反馈。如果通过反馈网络引回到输入端的反馈信号中既有交流量又有直流量，则称为交直流反馈。

(1) 直流反馈和交流反馈的作用。

直流反馈只影响放大电路的直流性能，起到稳定静态工作点的作用。交流反馈可以改变放大电路的交流性能，如电压放大倍数、输入电阻、输出电阻等。

(2) 直流反馈和交流反馈的判断方法。

①依据反馈信号的性质判别。

依据直流反馈和交流反馈的定义，可以通过观察反馈信号是直流量还是交流量进行判断。

【例 5.3】 试分析在图 5.5 所示的各电路中的反馈是直流反馈还是交流反馈？设电路中电容的容量足够大，交流信号视为短路。

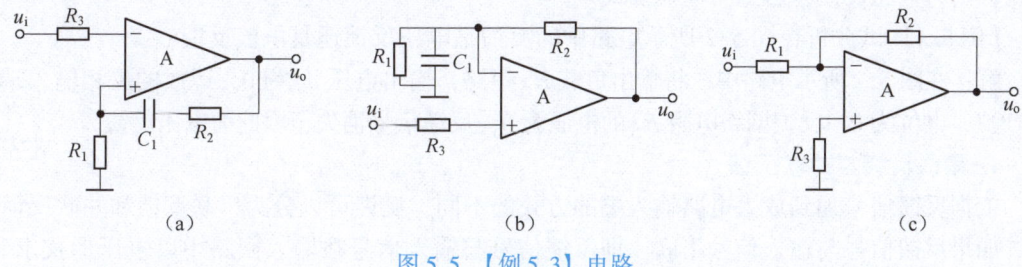

图 5.5 【例 5.3】电路

解：在图 5.5(a) 所示电路中，反馈网络由电阻 R_2 和 C_1 组成，由于电容起隔直通交的作用，通过反馈网络的反馈信号为交流量，故为交流反馈。

在图 5.5(b) 所示电路中，反馈网络由电阻 R_2 组成，由于电容起隔直通交的作用，通过反馈网络的反馈信号中的交流量被电容 C_1 短路,返回到输入端的反馈信号只有直流量,故为直流反馈。

在图 5.5(c) 所示电路中,反馈网络由电阻 R_2 组成,通过反馈网络的反馈信号中既有交流量又有直流量,故为交直流反馈。

②依据放大电路的直流通路和交流通路中是否有反馈网络进行判别。

画出放大电路的直流通路和交流通路,如果在直流通路中存在反馈网络,在交流通路中没有反馈网络,则为直流反馈;反之,如果在直流通路中没有反馈网络,在交流通路中存在反馈网络,则为交流反馈;如果在直流通路和交流通路中都存在反馈网络,则为交直流反馈。

以图 5.5(a) 所示电路为例,其直流通路与交流通路如图 5.6 所示。可见直流通路中没有反馈网络,在交流通路中存在反馈网络 R_2,故为交流反馈。

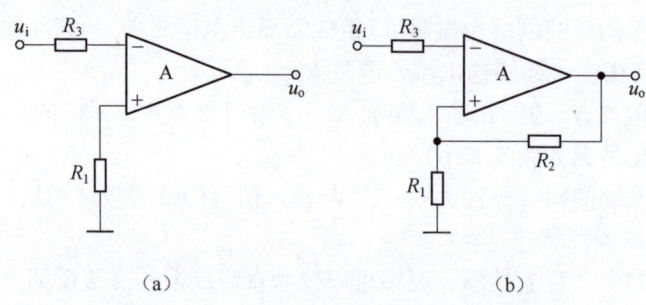

图 5.6　图 5.5(a) 的直流通路与交流通路
(a) 直流通路;(b) 交流通路

3. 电压反馈与电流反馈

依据反馈信号从放大电路输出端采样方式的不同,反馈可以分为电压反馈和电流反馈。反馈信号取自输出电压,称为电压反馈;反馈信号取自输出电流,称为电流反馈。

(1) 电压反馈和电流反馈作用。

放大电路引入电压反馈,将使输出电压稳定,其效果是降低了电路的输出电阻;放大电路引入电流反馈,将使输出电流稳定,其效果是提高了电路的输出电阻。

(2) 电压反馈和电流反馈的判断方法。

电压反馈和电流反馈的判断方法为输出端短路法,即将输出负载短路,如果反馈信号不存在,则为电压反馈;否则为电流反馈。

【例 5.4】试分析在图 5.2 所示电路中的反馈是电压反馈还是电流反馈?

解:在图 5.2 所示电路中,将输出负载 R_L 短路,输出电压 u_o 为 0,运放的反相输入端为"虚地",电位为 0,反馈网络电阻 R_2 的电压为 0,反馈信号消失,因此为电压反馈。

4. 串联反馈与并联反馈

依据反馈信号加到放大电路输入端的方式的不同,反馈可以分为串联反馈和并联反馈。

如果反馈信号与输入信号串联,即反馈信号与输入信号在输入回路中以电压形式求和,则称为串联反馈;如果反馈信号与输入信号并联,即反馈信号与输入信号在输入回路中以电流形式求和,则称为并联反馈。

(1) 串联反馈和并联反馈的作用。

在放大电路中引入串联反馈,将提高输入电阻;引入并联反馈,将降低输入电阻。

（2）串联反馈和并联反馈的判断方法。

①输入端短路法。

将输入端短路，如果反馈信号依然存在，则为串联反馈；否则，为并联反馈。

②结构观察法。

输入信号与反馈信号在放大电路的输入端的连接方式如图 5.7 所示。

如图 5.7（a）所示，并联反馈时，输入信号与反馈信号同时接在放大电路输入端的同一个端钮。如图 5.7（b）所示，串联反馈时，输入信号与反馈信号分别接在放大电路输入端的不同端钮。这样通过观察就可以很容易判断出是串联反馈还是并联反馈。

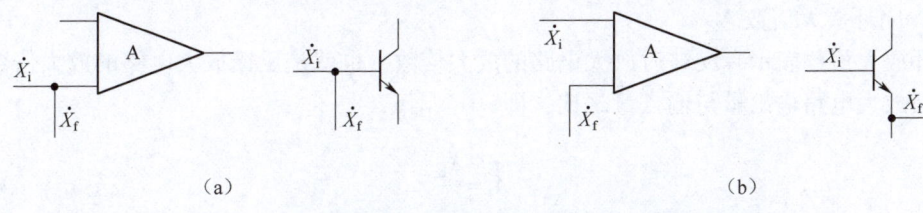

(a)　　　　　　　　　　　　　　　(b)

图 5.7　并联反馈和串联反馈在放大电路输入端的连接方式

(a) 并联反馈；(b) 串联反馈

【例 5.5】试分析图 5.5 所示的各电路中的反馈是串联反馈还是并联反馈？

解： 在图 5.5（a）所示电路中，输入信号接入运放的反相输入端，反馈信号接入运放的同相输入端，故为串联反馈。

在图 5.5（b）所示电路中，输入信号接入运放的同相输入端，反馈信号接入运放的反相输入端，故为串联反馈。

在图 5.5（c）所示电路中，输入信号和反馈信号都接入运放的反相输入端，故为并联反馈。

5.1.3　反馈的一般表达式

1. 反馈放大电路的方框图

由于反馈放大电路中反馈信号在输出端的采样方式及加入输入端的形式不同，因此反馈放大电路的组态不同，但任何组态的反馈放大电路都是由基本放大电路和反馈网络两部分组成的，其方框图如图 5.8 所示。

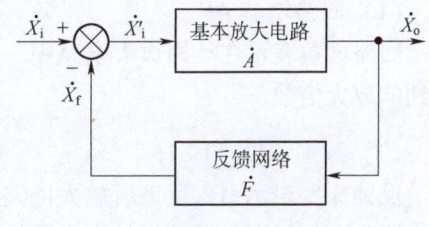

图 5.8　反馈放大电路方框图

图中 $\dot{X}_\mathrm{i}$ 为反馈放大电路的输入信号，$\dot{X}_\mathrm{o}$ 为反馈放大电路的输出信号，$\dot{X}_\mathrm{f}$ 为反馈信号，$\dot{X}_\mathrm{i}'$ 为反馈放大电路的净输入信号，$\dot{F}$ 为反馈系数。图中的"+"和"−"是进行比较时的参考极性。其中输入信号、输出信号、反馈信号和净输入信号可能是电压量，也可能是电流量。

由反馈放大电路的方框图可以得到与反馈放大电路有关的几个重要的概念。

（1）开环放大倍数。

开环放大倍数表示没有反馈时放大电路的放大倍数，也就是基本放大电路的放大倍数。

它等于基本放大电路的输出量与输入量之比，即

$$\dot{A} = \frac{\dot{X}_o}{\dot{X}_i'} \tag{5.1}$$

（2）反馈系数。

反馈系数表示通过反馈网络反馈的强弱，它等于反馈网络输出量与输入量之比，即

$$\dot{F} = \frac{\dot{X}_f}{\dot{X}_o} \tag{5.2}$$

（3）闭环放大倍数。

闭环放大倍数表示有反馈时放大电路的放大倍数，也就是反馈放大电路的放大倍数。它等于反馈放大电路输出量与输入量之比，即

$$\dot{A}_f = \frac{\dot{X}_o}{\dot{X}_i} \tag{5.3}$$

2. 反馈放大电路的一般表达式

由反馈放大电路的方框图可知，反馈放大电路的净输入量为

$$\dot{X}_i' = \dot{X}_i - \dot{X}_f$$

又由式（5.1）和式（5.2）可得

$$\dot{X}_o = \dot{A} \cdot \dot{X}_i' = \dot{A}(\dot{X}_i - \dot{X}_f) = \dot{A}(\dot{X}_i - \dot{F}\dot{X}_o)$$

整理上式可得

$$\dot{A}_f = \frac{\dot{X}_o}{\dot{X}_i} = \frac{\dot{A}}{1 + \dot{A}\dot{F}} \tag{5.4}$$

式（5.4）称为反馈的一般表达式，它表示反馈放大电路中的闭环放大倍数与开环放大倍数之间的关系。由此引出了以下2个重要的参数。

（1）回路增益 $\dot{A}\dot{F}$。

回路增益表示在反馈放大电路中，信号沿着放大电路和反馈网络组成的环路传递一周后得到的放大倍数。

（2）反馈深度 $|1+\dot{A}\dot{F}|$。

反馈深度表示引入反馈后放大电路的放大倍数与无反馈时相比发生变化的倍数。它是一个重要的参数，引入反馈对放大电路性能的改变，都与反馈深度有关。

3. 反馈放大电路的一般规律

由反馈放大电路的一般表达式可以得到反馈放大电路的一般规律如下。

（1）若 $|1+\dot{A}\dot{F}|>1$，$|\dot{A}_f|<|\dot{A}|$，即由于引入反馈，放大电路的放大倍数减小，为负反馈。

（2）若 $|1+\dot{A}\dot{F}|<1$，$|\dot{A}_f|>|\dot{A}|$，即由于引入反馈，放大电路的放大倍数增大，为正反馈。

（3）若 $|1+\dot{A}\dot{F}|=0$，$|\dot{A}_f|=\infty$，即使没有输入信号，也会有输出信号，称为放大电路自激振荡。

(4) 在负反馈的情况下，若 $|1+\dot{A}\dot{F}| \gg 1$，称为深度负反馈，则有

$$\dot{A}_f = \frac{\dot{A}}{1+\dot{A}\dot{F}} \approx \frac{\dot{A}}{\dot{A}\dot{F}} = \frac{1}{\dot{F}} \tag{5.5}$$

上式表明，在深度负反馈条件下，闭环放大倍数基本上等于反馈系数的倒数，几乎与基本放大电路的放大倍数无关。只要反馈系数的值不变，就能保持闭环放大倍数的稳定，这是深度负反馈放大电路的一个突出优点。

本章主要研究负反馈放大电路，下面介绍负反馈的4种组态，负反馈对放大电路性能的影响，以及负反馈对放大电路的分析与计算。

5.1.4 负反馈的4种组态

反馈网络与基本放大电路在输入端的连接方式分为串联反馈和并联反馈，在输出端的连接方式分为电压反馈和电流反馈。因此，负反馈放大电路有4种基本组态，即电压串联负反馈、电压并联负反馈、电流串联负反馈和电流并联负反馈。

1. 电压串联负反馈放大电路

（1）电路组态的判断。

前面学习了用输出端短路法判断电压反馈和电流反馈，用结构观察法判断串联反馈和并联反馈，用瞬时极性法判断正反馈和负反馈。下面换一个角度，用电压/电流反馈、串联/并联反馈、正/负反馈的定义，进行电路组态的判断。

在图5.9(a)所示电路中，反馈网络由电阻 R_f 和 R_1 组成，反馈信号是电阻 R_1 上的电压。

由图5.9(a)所示的电路可知，集成运放在理想情况下，输入电流为0，反馈电压 $\dot{U}_f$ 由输出电压 $\dot{U}_o$ 经电阻 R_f 和 R_1 串联分压获得，有

$$\dot{U}_f = \dot{U}_o \cdot \frac{R_1}{R_1+R_f}$$

即反馈电压取自输出电压，为电压反馈。

在图5.9(a)的输入回路中，输入电压与反馈电压串联求和，为串联反馈。

同时依据输入电压与反馈电压的极性，有

$$\dot{U}_i' = \dot{U}_i - \dot{U}_f$$

即净输入电压等于输入电压与反馈电压数值之差，反馈信号使净输入信号减小，为负反馈。因此图5.9(a)所示的电路为电压串联负反馈电路。

电压串联负反馈的方框图如图5.9(b)所示。方框图有两个方框，上面的方框表示不加反馈时的基本放大电路，下面的方框表示反馈网络。

（2）电压负反馈稳定输出电压。

设外加输入信号为一定值，若反馈环内由于某种原因使输出电压减小，则反馈信号也减小，由于净输入信号等于输入信号与反馈信号之差，必然使净输入信号增大，于是输出电压回升到接近原来值，起到稳定输出电压的作用。

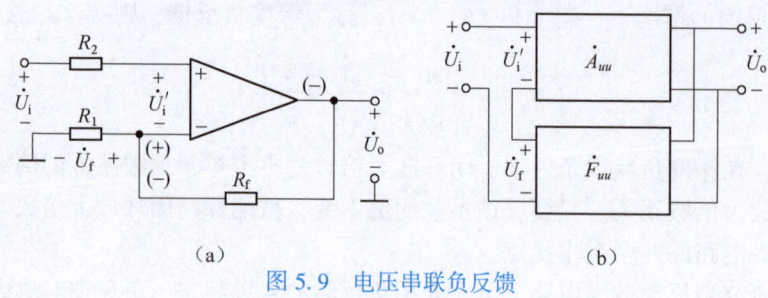

图 5.9 电压串联负反馈

（a）电路；（b）方框图

（3）电压串联负反馈放大电路的主要参数。

①放大倍数。

电压串联负反馈放大电路的输出量为输出电压 $\dot{U}_o$，输入量为净输入电压 $\dot{U}_i'$，其放大倍数为电压放大倍数，用符号 $\dot{A}_{uu}$ 表示，即

$$\dot{A}_{uu} = \frac{\dot{U}_o}{\dot{U}_i'}$$

②反馈系数。

电压串联负反馈放大电路的输出量为输出电压 $\dot{U}_o$，反馈量为反馈电压 $\dot{U}_f$，其反馈系数为反馈电压与输出电压之比，用符号 $\dot{F}_{uu}$ 表示，即

$$\dot{F}_{uu} = \frac{\dot{U}_f}{\dot{U}_o}$$

图 5.9(a) 中有

$$\dot{U}_f = \dot{U}_o \cdot \frac{R_1}{R_1 + R_f}$$

则

$$\dot{F}_{uu} = \frac{\dot{U}_f}{\dot{U}_o} = \frac{R_1}{R_1 + R_f}$$

2. 电压并联负反馈放大电路

（1）电路组态的判断。

在图 5.10(a) 所示电路中，反馈网络由电阻 R_f 组成，反馈信号是流经电阻 R_f 的电流。

由图 5.10(a) 所示的电路可知，由于集成运放在理想情况下，反相输入端"虚地"，流经电阻 R_f 的反馈电流为

$$\dot{I}_f = -\frac{\dot{U}_o}{R_f}$$

即反馈电流取自输出电压，为电压反馈。

在图 5.10(a) 所示电路的输入回路中，输入电流与反馈电流并联求和，为并联反馈。同时依据输入电流与反馈电流的极性，有

$$\dot{I}_i' = \dot{I}_i - \dot{I}_f$$

即净输入电流等于输入电流与反馈电流数值之差,反馈信号使净输入信号减小,为负反馈。因此图 5.10(a) 所示的电路为电压并联负反馈电路。电压并联负反馈的方框图如图 5.10(b) 所示。

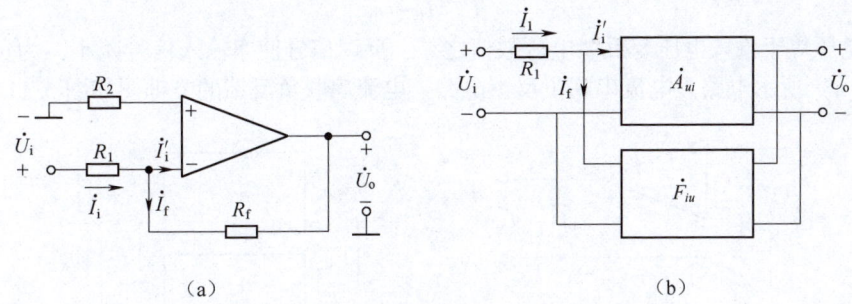

图 5.10　电压并联负反馈
(a) 电路；(b) 方框图

(2) 电压并联负反馈放大电路的主要参数。
①放大倍数。

电压并联负反馈放大电路的输出量为输出电压 $\dot{U}_o$,输入量为净输入电流 $\dot{I}_i'$,其放大倍数为转移电阻放大倍数,用符号 $\dot{A}_{ui}$ 表示,即

$$\dot{A}_{ui} = \frac{\dot{U}_o}{\dot{I}_i'}$$

②反馈系数。

电压并联负反馈放大电路的输出量为输出电压 $\dot{U}_o$,反馈量为反馈电流 $\dot{I}_f$,其反馈系数为反馈电流与输出电压之比,用符号 $\dot{F}_{iu}$ 表示,即

$$\dot{F}_{iu} = \frac{\dot{I}_f}{\dot{U}_o}$$

图 5.10(a) 中有

$$\dot{I}_f = -\frac{\dot{U}_o}{R_f}$$

则

$$\dot{F}_{iu} = \frac{\dot{I}_f}{\dot{U}_o} = -\frac{1}{R_f}$$

3. 电流串联负反馈放大电路

(1) 电路组态的判断。

在图 5.11(a) 所示电路中,反馈网络由电阻 R_f 组成,反馈信号是电阻 R_f 上的电压。

由图 5.11(a) 的电路可知,由于集成运放在理想情况下,输入端电流为 0,输出电流流经电阻 R_f 产生的电压为反馈电压,有

$$\dot{U}_\mathrm{f} = \dot{I}_\mathrm{o} \cdot R_\mathrm{f}$$

即反馈电压取自输出电流，为电流反馈。

在图 5.11(a) 所示电路的输入回路中，输入电压与反馈电压串联求和，为串联反馈。同时依据输入电压与反馈电压的极性，有

$$\dot{U}'_\mathrm{i} = \dot{U}_\mathrm{i} - \dot{U}_\mathrm{f}$$

即净输入电压等于输入电压与反馈电压数值之差，反馈信号使净输入信号减小，为负反馈。因此图 5.11(a) 所示电路为电流串联负反馈电路。电流串联负反馈的方框图如图 5.11(b) 所示。

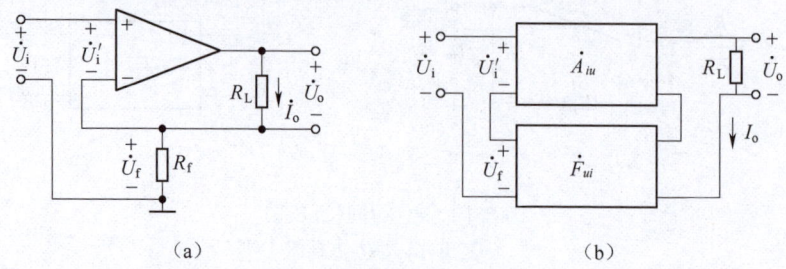

图 5.11　电流串联负反馈
(a) 电路；(b) 方框图

(2) 电流负反馈稳定输出电流。

设外加输入信号为一定值，若反馈环内由于某种原因使输出电流减小，则反馈信号也减小，由于净输入信号等于输入信号与反馈信号之差，必然使净输入信号增大，于是输出电流回升到接近原来值，起到稳定输出电流的作用。

(3) 电流串联负反馈放大电路的主要参数。

① 放大倍数。

电流串联负反馈放大电路的输出量为输出电流 $\dot{I}_\mathrm{o}$，输入量为净输入电压 $\dot{U}'_\mathrm{i}$，其放大倍数为转移电导放大倍数，用符号 $\dot{A}_{iu}$ 表示，即

$$\dot{A}_{iu} = \frac{\dot{I}_\mathrm{o}}{\dot{U}'_\mathrm{i}}$$

② 反馈系数。

电流串联负反馈放大电路的输出量为输出电流 $\dot{I}_\mathrm{o}$，反馈量为反馈电压 $\dot{U}_\mathrm{f}$，其反馈系数为反馈电压与输出电流之比，用符号 $\dot{F}_{ui}$ 表示，即

$$\dot{F}_{ui} = \frac{\dot{U}_\mathrm{f}}{\dot{I}_\mathrm{o}}$$

图 5.11(a) 中有

$$\dot{U}_\mathrm{f} = \dot{I}_\mathrm{o} \cdot R_\mathrm{f}$$

则

$$\dot{F}_{ui} = \frac{\dot{U}_\mathrm{f}}{\dot{I}_\mathrm{o}} = R_\mathrm{f}$$

4. 电流并联负反馈放大电路

（1）电路组态的判断。

在图5.12(a)所示电路中，反馈网络由电阻R_f和R_3组成，反馈信号是流过电阻R_f的电流。

由图5.12(a)所示电路可知，由于集成运放在理想情况下，反相输入端"虚地"，电阻R_f和R_3是并联的关系，反馈电流为输出电流经电阻R_f和R_3并联分流产生，有

$$\dot{I}_f = -\frac{\dot{I}_o \cdot R_3}{R_f + R_3}$$

即反馈电流取自输出电流，为电流反馈。

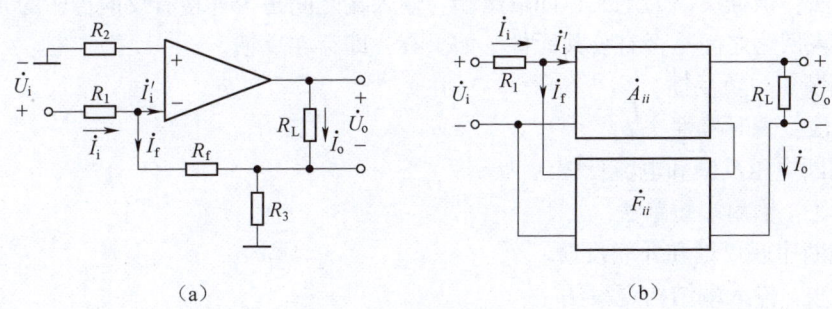

图5.12　电流并联负反馈
(a) 电路；(b) 方框图

在图5.12(a)所示电路的输入回路中，输入电流与反馈电流并联求和，该电路为并联反馈。同时依据输入电流与反馈电流的极性，有

$$\dot{I}'_i = \dot{I}_i - \dot{I}_f$$

即净输入电流等于输入电流与反馈电流数值之差，反馈信号使净输入信号减小，该电路为负反馈。因此图5.12(a)所示电路为电流并联负反馈电路。电流并联负反馈的方框图如图5.12(b)所示。

（2）电流并联负反馈放大电路的主要参数。

① 放大倍数。

电流并联负反馈放大电路的输出量为输出电流$\dot{I}_o$，输入量为净输入电流$\dot{I}'_i$，其放大倍数为电流放大倍数，用符号$\dot{A}_{ii}$表示，即

$$\dot{A}_{ii} = \frac{\dot{I}_o}{\dot{I}'_i}$$

② 反馈系数。

电流并联负反馈放大电路的输出量为输出电流$\dot{I}_o$，反馈量为反馈电流$\dot{I}_f$，其反馈系数为反馈电流与输出电流之比，用符号$\dot{F}_{ii}$表示，即

$$\dot{F}_{ii} = \frac{\dot{I}_f}{\dot{I}_o}$$

图5.12(a)所示电路的反馈系数为

$$\dot{I}_\mathrm{f}=-\frac{\dot{I}_\mathrm{o}\cdot R_3}{R_\mathrm{f}+R_3}$$

$$\dot{F}_{ii}=\frac{\dot{I}_\mathrm{f}}{\dot{I}_\mathrm{o}}=-\frac{R_3}{R_3+R_\mathrm{f}}$$

5. 负反馈放大电路组态的判断步骤

通过以上对负反馈4种组态的讨论，总结出负反馈放大电路组态的判断步骤，具体如下。

（1）判断电路中是否存在反馈。

判断方法：依据反馈的定义，即输出端与输入端之间是否连接有反向传输的元件，或输出回路与输入回路之间是否有公共元件，如果有，即存在反馈。

（2）判断正、负反馈。

判断方法：瞬时极性法。

（3）判断电压反馈和电流反馈。

判断方法：输出端短路法。

（4）判断串联反馈和并联反馈。

判断方法：输入端结构观察法。

【例5.6】 电路如图5.13(a)所示，试分析电路中的级间反馈是何种组态？

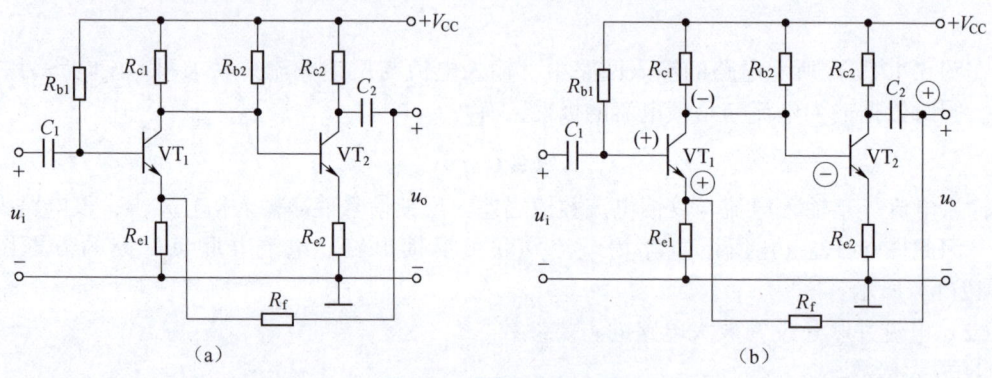

图5.13 【例5.6】电路
(a) 电路；(b) 瞬时极性法分析

解：在图5.13(a)所示电路中，电阻R_f和R_e1为级间反馈网络中的电阻。

首先用瞬时极性法判断正、负反馈：电路中的反馈回路由电阻R_f，晶体管VT_1发射极到集电极，晶体管VT_2基极到集电极，电容C_2组成。

在晶体管VT_1的基极输入一个瞬时极性为（+）的信号，该信号沿着反馈回路绕行，信号的瞬时极性变化情况如图5.13(b)所示。信号返回到晶体管VT_1的发射极，瞬时极性为（+），即反馈信号为电阻R_e1上的电压，极性为上（+）下（−），在输入回路中与输入信号反相叠加，为负反馈。

然后用输出端短路法判断电压、电流反馈：将输出端短路，输出电压u_o为0，反馈网络R_f和R_e1两端电位都为0，反馈信号消失，为电压反馈。

最后判断串联、并联反馈：输入信号接入晶体管VT_1的基极，反馈信号接入晶体管VT_1

的发射极，输入信号和反馈信号接到输入端的两个不同端钮，为串联反馈。

因此，该电路为电压串联负反馈放大电路。

【例 5.7】 电路如图 5.14 所示，试分析电路中的级间反馈是何种组态？

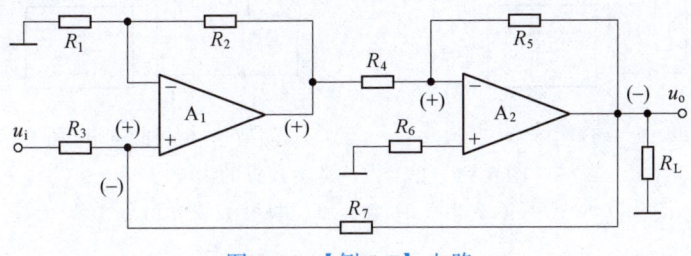

图 5.14 【例 5.7】电路

解：在图 5.14 所示电路中，电阻 R_7 为级间反馈网络中的电阻。

首先用瞬时极性法判断正、负反馈：电路中的反馈回路由电阻 R_7、运放 A_1 的同相输入端到输出端，电阻 R_4、运放 A_2 的反相输入端到输出端组成。

在运放 A_1 的同相输入端输入一个瞬时极性为（+）的信号，该信号沿着反馈回路绕行，信号的瞬时极性变化情况如图 5.14 所示。信号返回到运放 A_1 的同相输入端，瞬时极性为（-），与输入信号的瞬时极性相反，故为负反馈。

然后用输出端短路法判断电压、电流反馈：将输出端短路，输出电压 u_o 为 0，流过反馈网络电阻 R_7 的反馈电流为 0，反馈信号消失，为电压反馈。

最后判断串联、并联反馈：输入信号与反馈信号都接入运放 A_1 的同相输入端，为并联反馈。

因此，该电路为电压并联负反馈放大电路。

【问题分析】 试分析信号源内阻对反馈的影响。

由于反馈信号与输入信号有串联和并联两种连接方式，故分别对其进行分析。

（1）串联负反馈。

串联负反馈时，输入电压与反馈电压串联叠加，信号源为电压源，如图 5.15（a）所示。

由图 5.15（a）可知，当信号源电压为定值时，信号源的内阻越小，反馈电压越大。电路的输入回路有

$$\dot{U}'_i = \dot{U}_i - \dot{U}_f$$

由此得到反馈电压越大对净输入电压影响越大，反馈作用越明显。因此在串联负反馈电路中，信号源的内阻越小，反馈效果越好。

（2）并联负反馈。

并联负反馈时，输入电流与反馈电流并联叠加，信号源为电流源，如图 5.15（b）所示。

由图 5.15（b）可知，当信号源电流为一定值时，信号源的内阻越大，反馈电流越大。电路的输入回路有

$$\dot{I}'_i = \dot{I}_i - \dot{I}_f$$

由此得到反馈电流越大对净输入电流影响越大，反馈作用越明显。因此在并联负反馈电路中，信号源的内阻越大，反馈效果越好。

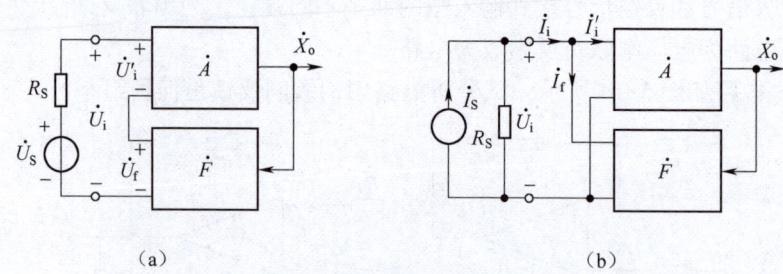

(a)　　　　　　　　　　　　(b)

图 5.15　信号源内阻对反馈的影响

(a) 串联负反馈；(b) 并联负反馈

6. 4 种组态负反馈放大电路的放大倍数和反馈系数

4 种组态负反馈放大电路的放大倍数和反馈系数归纳如表 5.1 所示。

表 5.1　4 种组态负反馈放大电路的比较

反馈组态	$\dot{A}$	$\dot{F}$	$\dot{A}_f$	功能
电压串联	$\dot{A}_{uu} = \dot{U}_o / \dot{U}_i'$ （无量纲）	$\dot{F}_{uu} = \dot{U}_f / \dot{U}_o$ （无量纲）	$\dot{A}_{uuf} = \dot{U}_o / \dot{U}_i$ （无量纲）	$\dot{U}_i$ 控制 $\dot{U}_o$ 电压放大
电压并联	$\dot{A}_{ui} = \dot{U}_o / \dot{I}_i'$ （电阻量纲）	$\dot{F}_{iu} = \dot{I}_f / \dot{U}_o$ （电导量纲）	$\dot{A}_{uif} = \dot{U}_o / \dot{I}_i$ （电阻量纲）	$\dot{I}_i$ 控制 $\dot{U}_o$ 电流转换为电压
电流串联	$\dot{A}_{iu} = \dot{I}_o / \dot{U}_i'$ （电导量纲）	$\dot{F}_{ui} = \dot{U}_f / \dot{I}_o$ （电阻量纲）	$\dot{A}_{iuf} = \dot{I}_o / \dot{U}_i$ （电导量纲）	$\dot{U}_i$ 控制 $\dot{I}_o$ 电压转换为电流
电流并联	$\dot{A}_{ii} = \dot{I}_o / \dot{I}_i'$ （无量纲）	$\dot{F}_{ii} = \dot{I}_f / \dot{I}_o$ （无量纲）	$\dot{A}_{iif} = \dot{I}_o / \dot{I}_i$ （无量纲）	$\dot{I}_i$ 控制 $\dot{I}_o$ 电流放大

通过对 4 种组态负反馈放大电路的分析可知，不同组态的负反馈放大电路的输入量、输出量、反馈量和净输入量各不相同，因此它们的放大倍数和反馈系数表达式的含义也各不相同。不同的负反馈组态电路的放大倍数的物理意义不同，恰恰反映了它们分别实现了不同的控制关系，即电压串联负反馈电路实现了输入电压控制输出电压，电压并联负反馈电路实现了输入电流控制输出电压，电流串联负反馈电路实现了输入电压控制输出电流，电流并联负反馈电路实现了输入电流控制输出电流。

5.2　负反馈对放大电路性能的影响

负反馈是改善放大电路性能的重要技术措施，广泛应用于放大电路和反馈控制系统之中。

反馈类型不同，对放大电路的影响也不同，即有不同的作用。对于直流负反馈，能够稳定静态工作点；对于交流负反馈，会使放大电路的性能得到多方面的改善。负反馈虽然使放大电路的放大倍数降低，却从多方面改善了放大电路的性能，如提高放大电路放大倍数的稳定性，减小非线性失真，展宽频带，改变输入、输出电阻等，下面分别进行讨论。

5.2.1 提高放大倍数的稳定性

只有放大电路的放大倍数有足够的稳定性，才能使之成为实用电路，但当环境温度、电源电压、电路元器件参数发生变化时，都会引起放大倍数的波动。放大电路引入负反馈后，将大大减小各种因素对放大倍数的影响，从而使放大倍数得到稳定。

放大倍数的稳定性通常用放大倍数的相对变化量来衡量。用 dA/A 表示开环放大倍数的稳定性；用 dA_f/A_f 表示闭环放大倍数的稳定性。

在中频段，且反馈网络为纯电阻性，放大电路的参数 A_f、A、F 均为实数，A_f 的表达式可写成

$$A_f = \frac{1}{1+AF}$$

将上式对参数 A 求导数，可得

$$\frac{dA_f}{dA} = \frac{1+AF-AF}{1+AF^2} = \frac{1}{1+AF^2}$$

可得

$$dA_f = \frac{dA}{1+AF^2}$$

将上式的两边同除以 $A_f = \frac{1}{1+AF}$，得到

$$\frac{dA_f}{A_f} = \frac{1}{1+AF} \cdot \frac{dA}{A} \tag{5.6}$$

式(5.6)表明闭环放大倍数相对变化量 dA_f/A_f 只是开环放大倍数相对变化量 dA/A 的 $1/(1+AF)$，也就是说，引入负反馈后，放大倍数的稳定性提高了（$1+AF$）倍。

【例 5.8】 某负反馈放大器，其开环放大倍数 $A=10^4$，反馈系数 $F=0.01$，由于外部条件变化使 A 变化了 $\pm 10\%$，求闭环放大倍数 A_f 的相对变化量。

解：根据式(5.6)，得

$$\frac{dA_f}{A_f} = \frac{1}{1+AF} \cdot \frac{dA}{A} = \frac{1}{1+10^4 \times 0.01} \times (\pm 10\%) \approx \pm 0.1\%$$

当开环放大倍数的相对变化量是 $\pm 10\%$ 时，引入反馈后，闭环放大倍数的相对变化量只有 $\pm 0.1\%$。

需要注意的是，不同组态的负反馈放大电路稳定的闭环增益不同，如电压串联负反馈放大电路只能稳定闭环电压增益 $\dot{A}_{uuf}$，电流并联负反馈放大电路只能稳定闭环电流增益 $\dot{A}_{iif}$。

5.2.2 减小非线性失真

由于组成放大电路的半导体器件具有非线性特性,放大电路在工作中往往会产生非线性失真,引入负反馈可以改善非线性失真,可通过如图 5.16 所示的波形来加以说明。

如果输入信号 $\dot{X}_i$ 为不失真的正弦波,由于器件的非线性,经过放大后在输出端产生正半周大、负半周小的失真波形 $\dot{X}_o$,如图 5.16(a) 所示。加入负反馈后,反馈网络将输出端的失真波形反馈到输入端,由于反馈信号 $\dot{X}_f$ 正比于输出信号 $\dot{X}_o$,因此 $\dot{X}_f$ 的波形也是正半周大、负半周小,但它和输入信号 $\dot{X}_i$ 叠加后得到的净输入信号 $\dot{X}_i'$ 成为正半周小、负半周大的失真波形,经放大后,使输出端正、负半周波形之间的差异减小,从而减小了输出波形的非线性失真,如图 5.16(b) 所示。

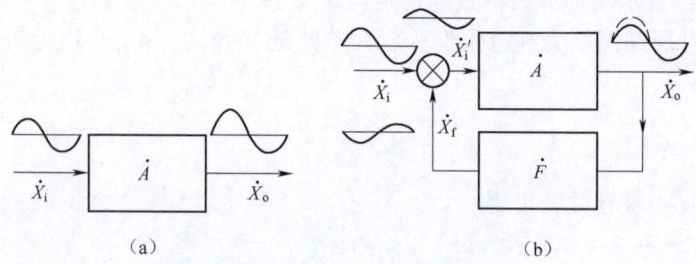

图 5.16 负反馈减小非线性失真
(a) 无反馈;(b) 引入反馈

引入负反馈使放大电路的非线性失真是其开环的 $1/(1+AF)$。

就本质而言,负反馈是利用失真了的输入波形来改善输出波形的失真。为此,负反馈只能改善波形的失真,不能消除波形的失真。

要强调的是,负反馈只能改善放大电路的非线性产生的失真,如果输入信号本身就是失真的波形,那么负反馈不可能使其得到改善。

5.2.3 展宽频带

通频带是放大电路重要的性能指标之一,在某些场合,往往要求有较宽的通频带。开环放大器的通频带是有限的,引入负反馈是扩展通频带的有效措施之一。

1. 无反馈时放大电路的通频带

无反馈时放大电路的幅频特性如图 5.17 中无反馈幅频特性曲线所示。图中 $\dot{A}_m$ 为基本放大电路的中频放大倍数,f_H 为上限频率,f_L 为下限频率。其通频带为

$$BW = f_H - f_L \approx f_H$$

基本放大电路在中频段的放大倍数不变,信号频率增大到上限频率 f_H 附近,放大倍数开始衰减,同样,信号频率降低到下限频率 f_L 附近,放大倍数开始衰减。

2. 引入负反馈展宽通频带

引入负反馈后,放大电路的输入信号、反馈信号和净输入信号之间的关系为 $\dot{X}_i' = \dot{X}_i - \dot{X}_f$。

此时加在基本放大电路输入端的信号为净输入信号 $\dot{X}'_i$。在外加输入信号 $\dot{X}_i$ 为一定值的条件下，净输入信号 $\dot{X}'_i$ 并不是定值，当信号频率增大到无反馈的上限频率 f_H 附近时，输出信号 $\dot{X}_o$ 开始减小，使反馈信号 $\dot{X}_f$ 也随之减小，净输入信号 $\dot{X}'_i$ 开始增大，如图 5.17 中净输入信号 $\dot{X}'_i$ 的变化曲线所示。由于净输入信号 $\dot{X}'_i$ 的增大，必然使输出信号 $\dot{X}_o$ 有所增大，由闭环放大倍数公式 $\dot{A}_f = \dot{X}_o / \dot{X}_i$ 可知，输出信号 $\dot{X}_o$ 有所增大，输入信号为一定值，放大倍数有所回升。这样减缓了放大倍数的衰减，必然使负反馈放大电路的上限频率 f_{Hf} 高于无反馈时的上限频率 f_H。同理，负反馈放大电路的下限频率 f_{Lf} 低于无反馈时的下限频率 f_L，因此展宽了通频带。

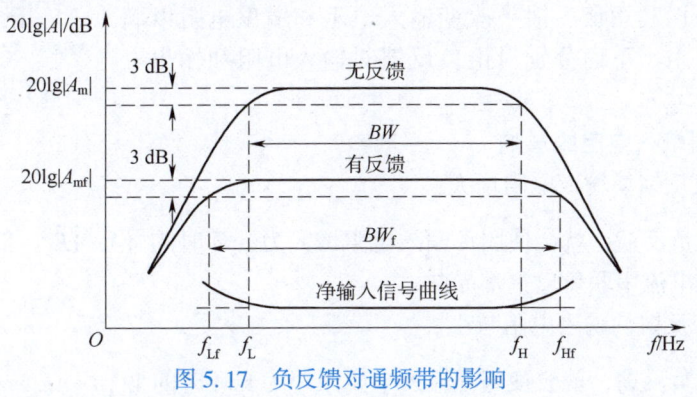

图 5.17　负反馈对通频带的影响

由理论计算得到引入负反馈后的上限频率 f_{Hf}、下限频率 f_{Lf}、通频带 BW_f 为

$$f_{Hf} = 1 + \dot{A}_m \dot{F} f_H \tag{5.7}$$

$$f_{Lf} = \frac{f_L}{1 + \dot{A}_m \dot{F}} \tag{5.8}$$

$$BW_f = (1 + \dot{A}_m \dot{F}) BW \tag{5.9}$$

即引入负反馈后放大电路通频带为无反馈时放大电路通频带的 $(1 + \dot{A}_m \dot{F})$ 倍。

有关引入负反馈后的上限频率 f_{Hf}、下限频率 f_{Lf}、通频带 BW_f 的理论计算可参考二维码 5.5 部分。

【例 5.9】 如图 5.9 所示的电压串联负反馈放大电路中，已知集成运放中频时的开环差模电压放大倍数 $\dot{A}_m = 10^5$，上限频率 $f_H = 2$ kHz，下限频率 $f_L = 0$。引入负反馈后，闭环电压放大倍数 $\dot{A}_{mf} = 10^2$。试问反馈深度为多少？负反馈放大电路的通频带为多少？

解： 根据闭环放大倍数与开环放大倍数的关系为

$$\dot{A}_{mf} = \frac{\dot{A}_m}{1 + \dot{A}_m \dot{F}}$$

得到反馈深度为

$$1 + \dot{A}_m \dot{F} = \frac{\dot{A}_m}{\dot{A}_{mf}} = \frac{10^5}{10^2} = 10^3$$

由于下限频率为0,通频带就等于上限频率的值,则负反馈放大电路的通频带为

$$BW_f = f_{Hf} = (1+\dot{A}_m\dot{F})f_H = 10^3 \times 2 \text{ kHz} = 2\,000 \text{ kHz} = 2 \text{ MHz}$$

5.2.4 改变输入电阻和输出电阻

引入负反馈后,由于反馈信号在输出端采样的方式不同(电压或电流),同时在输入端反馈信号接入方式的不同(串联或并联),将使反馈放大电路的输出电阻和输入电阻有不同的改变。因此,可以利用负反馈来改变输入电阻和输出电阻以满足各种不同的要求。下面分别讨论负反馈对输入电阻和输出电阻的影响。

二维码5.4　负反馈对输入、输出电阻影响的分析

1. 负反馈对输入电阻的影响

(1) 串联负反馈使输入电阻增大。

只要是串联负反馈,就会使闭环输入电阻增大为开环时的 $(1+\dot{A}\dot{F})$ 倍。无论是电压串联负反馈,还是电流串联负反馈都如此。

(2) 并联负反馈使输入电阻减小。

只要是并联负反馈,就会使闭环输入电阻减小为开环时的 $1/(1+\dot{A}\dot{F})$。无论是电压并联负反馈,还是电流并联负反馈都如此。

2. 负反馈对输出电阻的影响

(1) 电压负反馈使输出电阻减小。

只要引入电压负反馈,都会使放大电路的输出电阻减小,为无反馈时的 $1/(1+\dot{A}_o\dot{F})$。无论是电压串联负反馈,还是电压并联负反馈都如此。

(2) 电流负反馈使输出电阻增大。

值得注意的是,电流负反馈只能将反馈环路内的输出电阻增大 $(1+\dot{A}_o\dot{F})$ 倍,输出端在反馈环路外的电阻不受影响,如图5.18所示的晶体管放大电路中的集电极电阻为 R_c,该电路总的输出电阻为

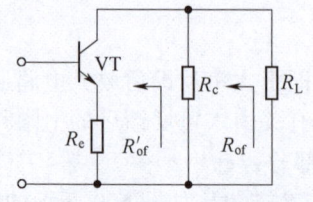

图5.18　电流负反馈总输出电阻

$$R_{of} = (1+\dot{A}_o\dot{F})R_o // R_c = R'_{of} // R_c$$

由于 $(1+\dot{A}_o\dot{F})R_o \gg R_c$,因此,电路总的输出电阻增加不多。

负反馈对输入电阻和输出电阻的影响归纳如表5.2所示。

表5.2　负反馈放大电路的输入电阻和输出电阻

反馈组态	电压串联	电压并联	电流串联	电流并联
输入电阻	增大	减小	增大	减小
输出电阻	减小	减小	增大	增大

5.2.5 引入负反馈的一般原则

在实际应用的放大电路中都要引入负反馈,依据不同的需求,引入不同的反馈。引入负反馈的一般原则如下:

(1) 稳定静态工作点引入直流负反馈;
(2) 改善放大电路的交流性能引入交流负反馈;
(3) 稳定输出电压,减小输出电阻引入电压负反馈;
(4) 稳定输出电流,增大输出电阻引入电流负反馈;
(5) 增大输入电阻引入串联负反馈;
(6) 减小输入电阻引入并联负反馈。

【逆向思维】 你会连接负反馈放大电路吗?

电路如图 5.19 所示,为了增强电路的带负载能力,并减小从信号源索取的电流,试分析应引入何种组态的负反馈,并连接成该组态的电路。

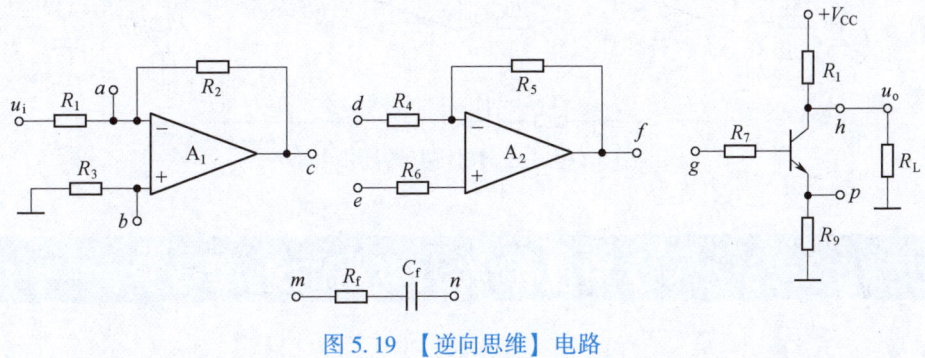

图 5.19 【逆向思维】电路

分析:将问题分解为 3 个关键点:增强带负载能力,确定反馈网络与放大电路输出端的连接方法;减小从信号源索取的电流,确定反馈网络与放大电路输入端的连接方法;确定负反馈放大电路中间各级的连接方法。

(1) 增强电路的带负载能力。

放大电路的输出电阻越小,带负载能力越强。要增强电路的带负载能力,必须减小输出电阻,采用电压反馈。因此,反馈网络的 n 端与输出电压端 h 连接。

(2) 减小从信号源索取的电流。

要减小从信号源索取的电流,必须增大放大电路的输入电阻,采用串联反馈可以增大输入电阻。串联反馈时,输入信号与反馈信号必须连接到输入端不同的端钮。因此,反馈网络的 m 端与输入端 b 连接。

(3) 保证负反馈。

为了保证是负反馈,必须正确连接运放 A_1、运放 A_2 和晶体管电路。运放 A_2 的输出端和晶体管电路输入端只能将 f 和 g 连接,关键是运放 A_1 的输出端与运放 A_2 输入端的连接。

①从输入端分析,为满足负反馈,确定输入信号与反馈信号的极性关系。假设输入信号 u_i 瞬时极性为 (+),反馈信号 u_f 为电阻 R_3 的电压,为保证能满足负反馈,反馈信号 u_f 的 b 端必须为 (+),两者反相串联为负反馈。由此沿着环路递推到运放 A_1 输出端与运放 A_2 输

入端的断开处，将两端瞬时极性相同端钮连接即可。

② 从输入信号端出发，u_i 瞬时极性为（+），经过运放 A_1 反相，传输到输出端 c 瞬时极性为（-）。

③ 从反馈信号 b 端出发向前推，反馈信号在 b 端瞬时极性为（+），经过反馈网络不改变信号极性，在 h 端也为（+），经过晶体管基极与集电极反相，在 g 端为（-），经过运放 A_2 同相传输，在 A_2 同相输入端 e 为（-），刚好与 c 端的瞬时极性相同。因此 c 和 e 端连接，将 d 端接地。连接的电路如图 5.20 所示。从图中验证，确实为负反馈。

二维码 5.5　负反馈展宽通频带的理论计算

结论：为了增强电路的带负载能力，并减小从信号源索取的电流，必须引入电压串联负反馈。

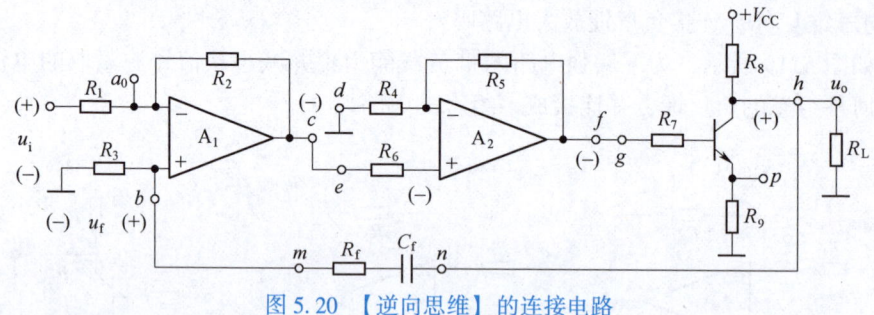

图 5.20　【逆向思维】的连接电路

5.3　深度负反馈放大电路的近似计算

在许多实际的负反馈放大电路中，特别是含有运放的电路中，由于开环增益很大，通常构成深度负反馈放大电路。无论是何种组态的负反馈放大电路，在工程中常常需要确定电路的电压放大倍数。本节重点研究深度负反馈放大电路电压放大倍数的估算方法。

在深度负反馈条件下，闭环电压放大倍数的估算通常采用两种方法，即利用深度负反馈闭环放大倍数的表达式，以及利用深度负反馈的近似关系式进行计算。

5.3.1　利用深度负反馈闭环放大倍数的表达式计算

在深度负反馈条件下，闭环放大倍数的表达式为

$$\dot{A}_f \approx \frac{1}{\dot{F}}$$

即深度负反馈放大电路的放大倍数近似等于反馈系数的倒数。因此只要求出反馈系数，就可以计算出闭环放大倍数。

需要注意的是，不同组态的负反馈放大电路对应不同的放大倍数，并非都是电压放大倍数。只有电压串联负反馈放大电路的放大倍数才是电压放大倍数。因此，只有电压串联负反馈放大电路可以利用计算反馈系数的倒数，直接估算出电压放大倍数。

对于其他 3 种组态的负反馈放大电路，估算出的是电流放大倍数、转移电阻放大倍数、转移电导放大倍数，而不是电压放大倍数。还需要进行适当的转换，才能推导出电压放大倍数。

5.3.2 利用深度负反馈的近似关系式 $\dot{X}_i \approx \dot{X}_f$ 进行计算

1. 深度负反馈的近似关系式 $\dot{X}_i \approx \dot{X}_f$

在深度负反馈条件下，闭环放大倍数的表达式为

$$\dot{A}_f \approx \frac{1}{\dot{F}}$$

根据定义，$\dot{A}_f$ 等于输出信号与输入信号之比，即

$$\dot{A}_f = \frac{\dot{X}_o}{\dot{X}_i}$$

反馈系数 $\dot{F}$ 等于反馈信号与输出信号之比，即

$$\dot{F} = \frac{\dot{X}_f}{\dot{X}_o}$$

将 $\dot{A}_f$ 的定义式和 $\dot{F}$ 的定义式代入闭环放大倍数的表达式，有

$$\frac{\dot{X}_o}{\dot{X}_i} \approx \frac{\dot{X}_o}{\dot{X}_f}$$

于是得到

$$\dot{X}_i \approx \dot{X}_f \tag{5.10}$$

式（5.10）说明，在深度负反馈时，输入信号 $\dot{X}_i$ 与反馈信号 $\dot{X}_f$ 近似相等，净输入信号等于 0。只要满足深度负反馈的条件，该关系式对于任何组态的负反馈放大电路都是成立的，都可以直接估算出电压放大倍数。

2. 反馈量与输入量的确定

对于不同组态的负反馈放大电路，$\dot{X}_i$ 和 $\dot{X}_f$ 各自代表不同的量，可能是电压量，也可能是电流量。由于两个量同时在放大电路的输入端出现，故依据它们在输入端叠加的方式，即可确定在某种组态的负反馈放大电路中，$\dot{X}_i$ 和 $\dot{X}_f$ 具体为何种量。

（1）串联负反馈。

对于串联负反馈，$\dot{X}_i$ 和 $\dot{X}_f$ 以电压形式串联求和，因此为电压量，有

$$\dot{U}_i \approx \dot{U}_f$$

（2）并联负反馈。

对于并联负反馈，$\dot{X}_i$ 和 $\dot{X}_f$ 以电流形式并联求和，因此为电流量，有

$$\dot{I}_i \approx \dot{I}_f$$

3. 求解步骤

估算电压放大倍数的一般步骤如下：

(1) 首先判断放大电路的反馈组态；

(2) 依据串联负反馈或并联负反馈确定输入量与反馈量；

(3) 依据关系式 $\dot{X}_i \approx \dot{X}_f$，找出输入电压与输出电压的关系，即可估算出电压放大倍数。

5.3.3 深度负反馈放大电路计算举例

【例 5.10】深度负反馈放大电路如图 5.21 所示，试求其电压放大倍数。

解：该电路为电压并联负反馈放大电路。

由于该电路为并联负反馈，故有

$$\dot{I}_i \approx \dot{I}_f$$

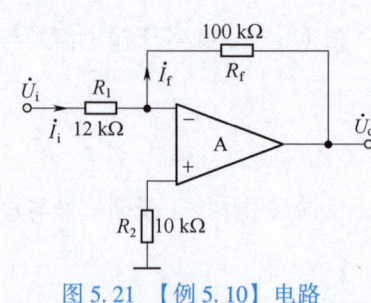

图 5.21 【例 5.10】电路

运放 A 的反相输入端"虚地"，电位为 0，输入电流 $\dot{I}_i$ 等于输入电压 $\dot{U}_i$ 除以电阻 R_1，反馈电流 $\dot{I}_f$ 等于输出电压 $-\dot{U}_o$ 除以电阻 R_F，于是有

$$\frac{\dot{U}_i}{R_1} \approx -\frac{\dot{U}_o}{R_f}$$

则电压并联负反馈电路的电压放大倍数为

$$\dot{A}_{uf} = \frac{\dot{U}_o}{\dot{U}_i} \approx -\frac{R_f}{R_1} = -\frac{100}{12} \approx -8.33$$

【例 5.11】深度负反馈放大电路如图 5.22 所示，试求其电压放大倍数。

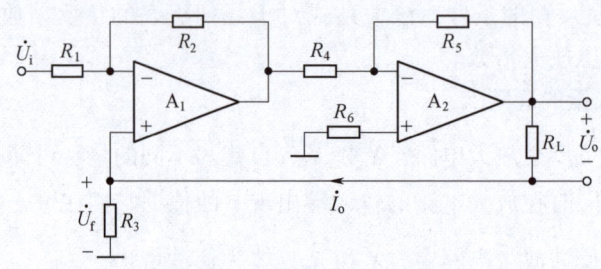

图 5.22 【例 5.11】电路

解：该电路为电流串联负反馈放大电路。

由于该电路为串联负反馈，故有

$$\dot{U}_i \approx \dot{U}_f$$

运放的输入端"虚断"，输入到运放 A_1 同相输入端的电流为 0，输出电流 $\dot{I}_o$ 全部流过电

阻 R_3，在 R_3 上的电压降就是反馈电压 $\dot{U}_\mathrm{f}$。输出电流 $\dot{I}_\mathrm{o}$ 等于输出电压 $\dot{U}_\mathrm{o}$ 除以负载电阻 R_L。于是有

$$\dot{U}_\mathrm{i} \approx \dot{U}_\mathrm{f} = \dot{I}_\mathrm{o} R_3 = \frac{\dot{U}_\mathrm{o}}{R_\mathrm{L}} \cdot R_3$$

则电流串联负反馈电路的电压放大倍数为

$$\dot{A}_{uf} = \frac{\dot{U}_\mathrm{o}}{\dot{U}_\mathrm{i}} \approx \frac{R_\mathrm{L}}{R_3}$$

【例 5.12】深度负反馈放大电路如图 5.23 所示，试求其电压放大倍数。

解：该电路为电流并联负反馈放大电路。
由于该电路为并联负反馈，故有

$$\dot{I}_\mathrm{i} \approx \dot{I}_\mathrm{f}$$

运放的反相输入端"虚地"，电位为 0，输入电流 $\dot{I}_\mathrm{i}$ 等于输入电压 $\dot{U}_\mathrm{i}$ 除以电阻 R_1，即

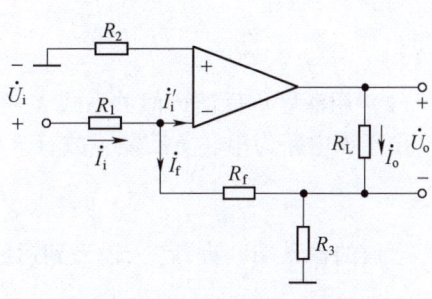

图 5.23 【例 5.12】电路

$$\dot{I}_\mathrm{i} = \frac{\dot{U}_\mathrm{i}}{R_1}$$

由于运放的反相输入端"虚地"，电阻 R_f 和 R_3 是并联关系，反馈电流 $\dot{I}_\mathrm{f}$ 等于输出电流 $\dot{I}_\mathrm{o}$ 被电阻 R_f 和 R_3 并联分流，流过电阻 R_f 的电流。输出电流 $\dot{I}_\mathrm{o}$ 等于输出电压 $\dot{U}_\mathrm{o}$ 除以负载电阻 R_L，有

$$\dot{I}_\mathrm{f} = -\dot{I}_\mathrm{o} \cdot \frac{R_3}{R_\mathrm{f}+R_3} = -\frac{\dot{U}_\mathrm{o}}{R_\mathrm{L}} \cdot \frac{R_3}{R_\mathrm{f}+R_3}$$

于是得到

$$\frac{\dot{U}_\mathrm{i}}{R_1} \approx -\frac{\dot{U}_\mathrm{o}}{R_\mathrm{L}} \cdot \frac{R_3}{R_\mathrm{f}+R_3}$$

则电流并联负反馈电路的电压放大倍数为

$$\dot{A}_{uf} = \frac{\dot{U}_\mathrm{o}}{\dot{U}_\mathrm{i}} \approx -\frac{R_\mathrm{L}}{R_1}\left(1+\frac{R_\mathrm{f}}{R_3}\right)$$

【例 5.13】深度负反馈放大电路如图 5.24 所示，试求其电压放大倍数。

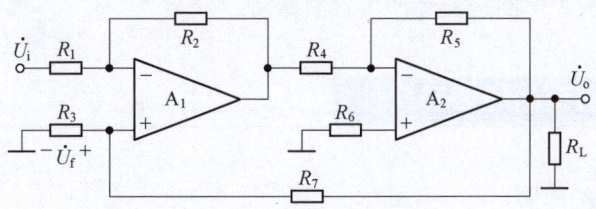

图 5.24 【例 5.13】电路

解：该电路为电压串联负反馈放大电路。估算电压放大倍数有以下两种方法。

（1）用深度负反馈放大倍数表达式 $\dot{A}_\mathrm{f} \approx \dfrac{1}{\dot{F}}$ 估算。

电压串联负反馈放大电路的反馈系数为

$$\dot{F}_{uu} = \dfrac{\dot{U}_\mathrm{f}}{\dot{U}_\mathrm{o}} = \dfrac{R_3}{R_3 + R_7}$$

其电压放大倍数为

$$\dot{A}_{uf} \approx \dfrac{1}{\dot{F}} = 1 + \dfrac{R_7}{R_3}$$

（2）用深度负反馈近似关系式 $\dot{X}_\mathrm{i} \approx \dot{X}_\mathrm{f}$ 估算。

由于该电路为串联负反馈，故有

$$\dot{U}_\mathrm{i} \approx \dot{U}_\mathrm{f}$$

运放的输入端"虚断"，输入到运放 A_1 同相输入端的电流为 0，反馈电压 $\dot{U}_\mathrm{f}$ 等于输出电压 $\dot{U}_\mathrm{o}$ 被电阻 R_7 和 R_3 串联分压，分在 R_3 上的电压。于是有

$$\dot{U}_\mathrm{i} \approx \dot{U}_\mathrm{f} = \dfrac{\dot{U}_\mathrm{o} R_3}{R_7 + R_3}$$

则电压串联负反馈电路的电压放大倍数为

$$\dot{A}_{uf} = \dfrac{\dot{U}_\mathrm{o}}{\dot{U}_\mathrm{i}} \approx 1 + \dfrac{R_7}{R_3}$$

显然，对于电压串联负反馈放大电路，利用深度负反馈放大倍数表达式估算电压放大倍数更为简单方便。

5.4 负反馈放大电路的自激振荡

前面已经提到，负反馈可以改善放大电路的多项性能指标，而且其改善程度与反馈深度 $|1+\dot{A}\dot{F}|$ 有关。一般来说，反馈越深，改善的程度越明显。但事物总是一分为二的，当反馈深度大到一定程度时，将可能使放大电路产生自激振荡。即使没有外加任何输入信号，放大电路仍有一定频率和幅度的输出信号，这就破坏了正常的放大作用，使放大电路不能正常工作。因此，负反馈放大电路应避免产生自激振荡。

5.4.1 产生自激振荡的原因和条件

1. 产生自激振荡的原因

在中频范围内，电路中各电抗性元件的影响可以忽略，引入负反馈后，反馈信号 $\dot{X}_\mathrm{f}$ 与

放大电路的输入信号 $\dot{X}_i$ 为同相，由 $\dot{X}'_i = \dot{X}_i - \dot{X}_f$ 得到净输入信号 $\dot{X}'_i$ 的幅值小于输入信号 $\dot{X}_i$ 的幅值，放大电路的输出信号 $\dot{X}_o$ 减小，电路正常工作。

可是，在高频段或低频段时，电路中各种电抗性元件的影响不能再被忽略，$\dot{A}$、$\dot{F}$ 是频率的函数，它们的幅值和相位都会随频率而变化，也就会产生附加相移，若在某一频率下，$\dot{A}$、$\dot{F}$ 的附加相移达到 180°，这时，$\dot{X}_f$ 和 $\dot{X}_i$ 同相变为反相，放大电路就由负反馈变成了正反馈。在这种情况下，即使没有输入信号 $\dot{X}_i$，由于电路中的内部噪声中含有各种频率信号，满足正反馈的某一频率的信号，经过放大，反馈，再放大，再反馈，多次循环，当正反馈量足够大时就会产生自激振荡。自激振荡使电路失去正常的放大作用而处于一种不稳定的状态。

2. 产生自激振荡的相位条件和幅度条件

负反馈放大电路的净输入信号为

$$\dot{X}'_i = \dot{X}_i - \dot{X}_f$$

当产生自激振荡时，$\dot{X}_i = 0$，则有

$$\dot{X}'_i = -\dot{X}_f$$

输出信号为

$$\dot{X}_o = \dot{A}\dot{X}'_i = -\dot{A}\dot{X}_f = -\dot{A}\dot{F}\dot{X}_o$$

负反馈放大电路产生自激振荡的条件为

$$\dot{A}\dot{F} = -1 \tag{5.11}$$

式(5.11)可以分别用模和相位角表示，即

$$|\dot{A}\dot{F}| = 1 \tag{5.12}$$

$$\varphi_A + \varphi_F = \pm(2n+1)\pi \tag{5.13}$$

式(5.12)表示幅度平衡条件，简称幅度条件；式(5.13)表示相位平衡条件，简称相位条件（n 为整数）。只有同时满足相位条件和幅度条件，负反馈放大电路才会产生自激振荡。

5.4.2 自激振荡的消除方法

1. 高频自激振荡的消除方法

负反馈放大电路只有在深度负反馈情况下才有可能产生自激振荡，消除自激振荡最简单的方法是减小反馈深度，但这又不利于改善放大电路的性能。为了解决这个矛盾，在实际电路中常采用接入相位补偿网络，以改变放大电路高频段的频率特性，从而破坏自激振荡条件，使其不能振荡。

常用的相位补偿方法有电容滞后补偿、RC 滞后补偿、密勒补偿等，分别如图 5.25(a)、(b)、(c) 所示。

电容滞后补偿是在级间接入电容 C，RC 滞后补偿是在级间接入电阻 R 和电容 C，密勒补偿是在放大电路的输入端和输出端之间接入一个较小的电容 C（或 RC 串联网络），利用密勒效应可以达到增大电容的目的。如果第二级电路的电压放大倍数为 $\dot{A}_2$，根据密勒定理，

电容的作用将增大 $|1+\dot{A}_2|$ 倍，电阻的作用将减小 $1/|1+\dot{A}_2|$，这样用较小的电容（几皮法至几十皮法）同样可以获得满意的补偿效果。密勒补偿经常在集成电路中使用。

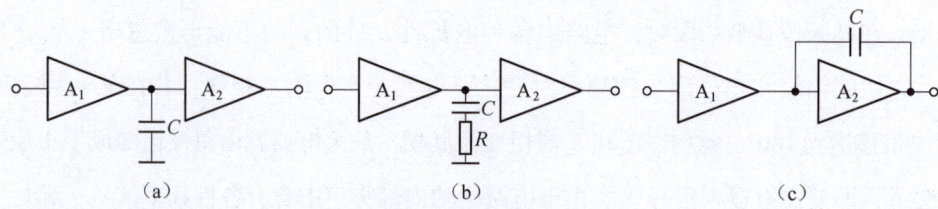

图 5.25　常用的相位补偿方法

(a) 电容滞后补偿；(b) RC 滞后补偿；(c) 密勒补偿

2. 低频自激振荡的消除方法

放大电路也有可能产生低频自激振荡，其主要由直流电源耦合引起。由于直流电源对各级供电，各级的交流电流在电源内阻上产生的压降就会随电源供电而相互影响，使级间形成正反馈而产生自激振荡。

消除这种自激振荡的方法有两种：一种是采用低内阻（零点几欧）的稳压电源；另一种是在电路的电源进线端加去耦电路，如图 5.26 所示。电路中一般选用几百到几千欧的电阻，C 选用容量为几十到几百微法的电解电容，用以滤掉低频干扰，C' 选用小容量的无感电容，用以滤掉低频干扰。

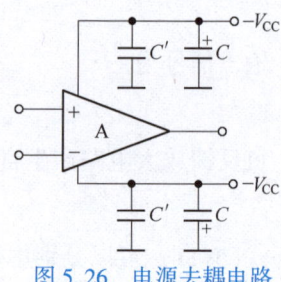

图 5.26　电源去耦电路

本章小结

（1）所谓反馈就是将电路的输出量通过一定方式引回到输入端，控制该输出量的变化，达到自动调节的作用。

（2）反馈分为正反馈和负反馈，交流反馈和直流反馈，电压反馈和电流反馈，串联反馈和并联反馈。

正反馈和负反馈的判断方法是瞬时极性法，交流反馈和直流反馈依据反馈量的交流、直流类型判断；电压反馈和电流反馈的判断方法是输出端短路法；串联反馈和并联反馈依据输入信号与反馈信号在输入端连接结构进行判别。

反馈的不同类型组合成负反馈放大电路的 4 种组态：电压串联负反馈，电压并联负反馈，电流串联负反馈，电流并联负反馈。不同组态的负反馈放大电路反映了不同的控制关系。

（3）无论何种组态的反馈放大电路，其放大倍数都具有一般形式：

$$\dot{A}_f = \frac{\dot{A}}{1+\dot{A}\dot{F}}$$

称其为反馈的一般表达式。

（4）引入负反馈后，可以大大改善放大电路的性能，如提高放大倍数的稳定性，减小非线性失真，展宽频带，改变放大电路的输入电阻和输出电阻等。改善的程度取决于反馈深度 $|1+\dot{A}\dot{F}|$。反馈深度越深，各项性能的改善越明显。负反馈对放大电路的性能的改善是以

降低放大倍数为代价换取来的。

（5）深度负反馈放大电路放大倍数的特点：

$$\dot{A}_\mathrm{f} \approx \frac{1}{\dot{F}}$$

以及由此得出的近似关系式 $\dot{X}_\mathrm{i} \approx \dot{X}_\mathrm{f}$。因此，得到了估算深度负反馈放大电路电压放大倍数的两种方法，一种是利用其放大倍数的特点，闭环放大倍数近似等于反馈系数的倒数进行计算；另一种是利用近似关系式 $\dot{X}_\mathrm{i} \approx \dot{X}_\mathrm{f}$ 计算。后种方法可以简单、方便地估算各种组态的深度负反馈放大电路的电压放大倍数。

（6）负反馈放大电路在一定条件下可能转化为正反馈，产生自激振荡。负反馈放大电路产生自激振荡的条件：

$$\dot{A}\dot{F} = -1$$

常用的相位补偿方法有电容滞后补偿和 RC 滞后补偿等。

综合习题

一、填空题

1. 在反馈电路中，按反馈网络与输出回路的连接方式的不同，反馈分为电压反馈和_____。
2. 将反馈引入放大电路后，使净输入减小的反馈是_____反馈。
3. 反馈放大电路中，若要稳定输出电压，应引入_____负反馈。
4. 负反馈虽然使放大电路的放大倍数下降，但能使其放大倍数的稳定性_____，通频带展宽，放大电路的非线性失真得以改善。
5. 在输入端，若反馈信号与原输入信号以电压方式进行比较，说明是_____反馈。
6. 引入负反馈后，其放大倍数下降，但却使放大倍数的稳定性提高了_____倍。
7. 对于放大电路，若无反馈网络，则称为_____。
8. 为了提高稳定性和减小非线性失真，放大电路应引入_____负反馈。
9. 如果希望减小放大电路从信号源获取的电流，同时维持负载中的电流稳定，则应引入_____负反馈。
10. 放大电路引入负反馈后，其输入、输出电阻无论是增大还是减小，都变化了_____倍。
11. 放大电路引入负反馈后降低了输入电阻，这是_____负反馈。
12. 负反馈可使放大电路的放大倍数稳定性提高，减少_____，展宽频带，改变输入、输出电阻等。
13. 当电路的闭环增益为 40 dB 时，基本放大电路的 A 变化 10%，A_f 相应变化 1%，则此时电路的开环增益为_____dB。
14. 当反馈深度 $|1+AF|>1$ 时，说明该电路引入的是_____。

二、选择题

1. 电压反馈是指（　　　）。
A. 反馈信号是电压　　　　　　　　B. 反馈信号与输出信号串联

C. 反馈信号与输入信号串联　　　　D. 反馈信号取自输出电压
2. 电流反馈是指（　　）。
　　A. 反馈信号取自输出电流　　　　　B. 反馈信号与输出信号并联
　　C. 反馈信号与输入信号并联　　　　D. 反馈信号是电流
3. 直流负反馈是指（　　）。
　　A. 直接耦合电路中的负反馈　　　　B. 放大直流信号时的负反馈
　　C. 存在于直流通路中的负反馈　　　D. 含有直流电源的负反馈
4. 对于串联负反馈放大电路，为了使反馈作用增强，应使信号源内阻（　　）。
　　A. 尽可能小　　　　　　　　　　　B. 尽可能大
　　C. 与输入电阻接近　　　　　　　　D. 与输出电阻接近
5. 为了将输入电流转变成与之成比例的输出电压，应引入深度（　　）负反馈。
　　A. 电压并联　　　　　　　　　　　B. 电压串联
　　C. 电流并联　　　　　　　　　　　D. 电流串联
6. 电流并联负反馈对放大器的输入、输出电阻的影响是（　　）。
　　A. 减小输入电阻及输出电阻　　　　B. 减小输入电阻、增大输出电阻
　　C. 增大输入电阻、减小输出电阻　　D. 增大输入电阻及输出电阻
7. 在下列关于负反馈的说法中，不正确的是（　　）。
　　A. 负反馈一定使放大电路的放大倍数降低
　　B. 负反馈一定使放大电路的输出电阻减小
　　C. 负反馈可减小放大电路的非线性失真
　　D. 负反馈可对放大电路的输入、输出电阻产生影响
8. 如果希望减小放大电路从信号源索取的电流，则可采用（　　）。
　　A. 串联负反馈　　　　　　　　　　B. 并联负反馈
　　C. 电压负反馈　　　　　　　　　　D. 电流负反馈
9. 电压串联负反馈对放大电路的输入、输出电阻的影响是（　　）。
　　A. 减小输入电阻及输出电阻　　　　B. 减小输入电阻、增大输出电阻
　　C. 增大输入电阻、减小输出电阻　　D. 增大输入电阻及输出电阻
10. 对于放大电路，所谓开环是指（　　）。
　　A. 无信号源　　　　　　　　　　　B. 无反馈通路
　　C. 无电源　　　　　　　　　　　　D. 无负载
11. 如下图所示负反馈放大电路的类型是（　　）。

　　A. 电压并联负反馈电路　　　　　　B. 电压串联负反馈电路
　　C. 电流并联正反馈电路　　　　　　D. 电流串联负反馈电路
12. 如下图所示负反馈放大电路的类型是（　　）。
　　A. 电压并联负反馈电路　　　　　　B. 电压串联负反馈电路

C. 电流并联负反馈电路　　　　　　　D. 电流串联负反馈电路

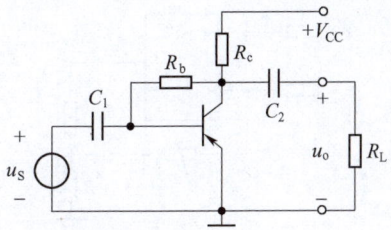

13. 如下图所示负反馈放大电路的类型是（　　）
A. 电压并联负反馈电路　　　　　　　B. 电压串联负反馈电路
C. 电流并联负反馈电路　　　　　　　D. 电流串联负反馈电路

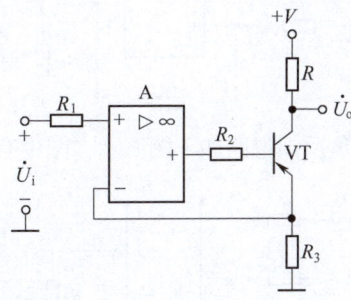

三、判断题

1. 射极输出器为电流串联负反馈。　　　　　　　　　　　　　　　　　　（　　）
2. 若放大电路引入负反馈，则当负载电阻变化时，输出电压基本不变。　（　　）
3. 当输入信号是一个失真的正弦波时，加入负反馈后能使失真改善。　　（　　）
4. 若放大电路的放大倍数为负，则引入的反馈一定是负反馈。　　　　　（　　）
5. 只要在放大电路中引入反馈，就一定能使其性能得到改善。　　　　　（　　）
6. 只要引入电流反馈就可以稳定输出电流。　　　　　　　　　　　　　（　　）
7. 欲从信号源获得更大的电流，并稳定输出电流，应在放大电路中引入电流并联负反馈。
　　　　　　　　　　　　　　　　　　　　　　　　　　　　　　　　　（　　）
8. 某电压串联负反馈放大电路的开环放大倍数 $A = 10^4$，反馈系数 $F = 0.001$，则闭环放大倍数 $A_f \approx 909$。　　　　　　　　　　　　　　　　　　　　　　　　　　（　　）

四、改错题

1. 某人设计的一个电压并联负反馈电路如下图所示，图中有何错误？请画出正确的电路图。

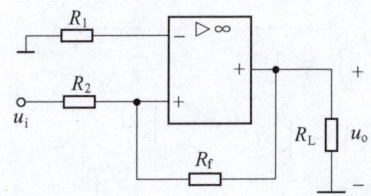

2. 某人设计的一个电流并联负反馈电路如下图所示，图中有何错误？请画出正确的电路图。

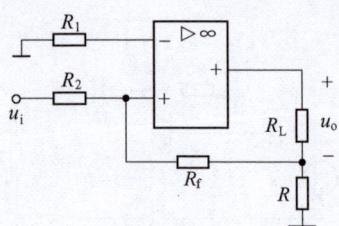

3. 某人设计的一个电压串联负反馈电路如下图所示，图中有何错误？请画出正确的电路图。

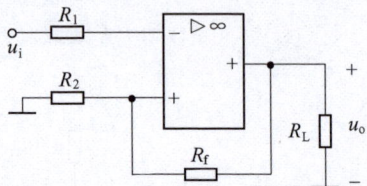

4. 某人设计的一个电流串联负反馈电路如下图所示，图中有何错误？请画出正确的电路图。

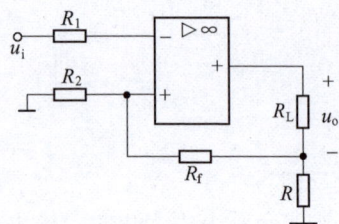

五、画图题

1. 电路如下图所示，为了稳定电流表中的电流，请将反馈电阻 R_4 正确接入电路中，使之成为电流串联负反馈形式。

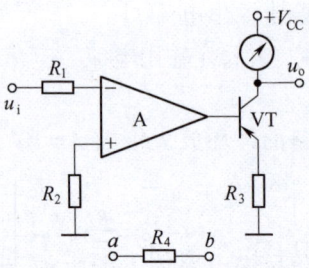

2. 电路如下图所示，请将图右侧元件正确接入电路中，使电路两级之间的反馈为电压串联负反馈。

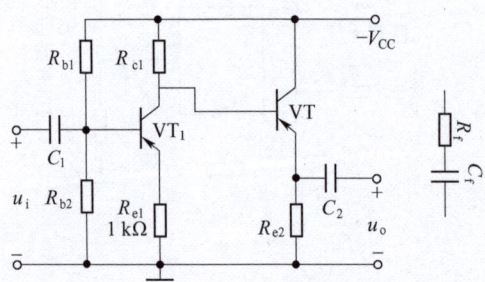

3. 电路如下图所示，请将图下方的元件接入电路中，使电路变为电压并联负反馈电路。

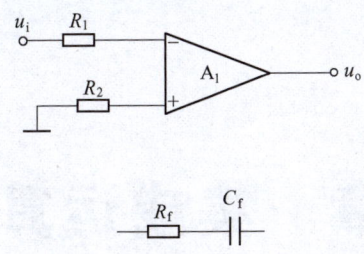

六、计算题

1. 一个负反馈放大电路的开环放大倍数 $A = 10^6$，反馈系数 $F = 10^{-2}$。

试求：（1）反馈深度的值；（2）闭环放大倍数 A_f。

2. 一个放大电路的输入电压为 1 mV，输出电压为 1 V；加入负反馈后，为了达到同样大小的输出电压，需要加的输入信号为 10 mV。试求负反馈电路的反馈系数和反馈深度。

3. 一个放大电路的开环电压放大倍数为 10^4，接成负反馈放大电路后，其闭环电压放大倍数为 100，若开环电压放大倍数变化 10%，试求闭环电压放大倍数变化量是多少？

4. 当基本放大电路开环电压放大倍数变化 25% 时，反馈放大电路的 A_{uf} 变化不超过 1%，设闭环电压放大倍数 $A_{uf} = 100$，求此时基本放大电路开环电压放大倍数和反馈系数应为多少？

5. 判断下图中各电路的反馈类型，并说明判断依据。

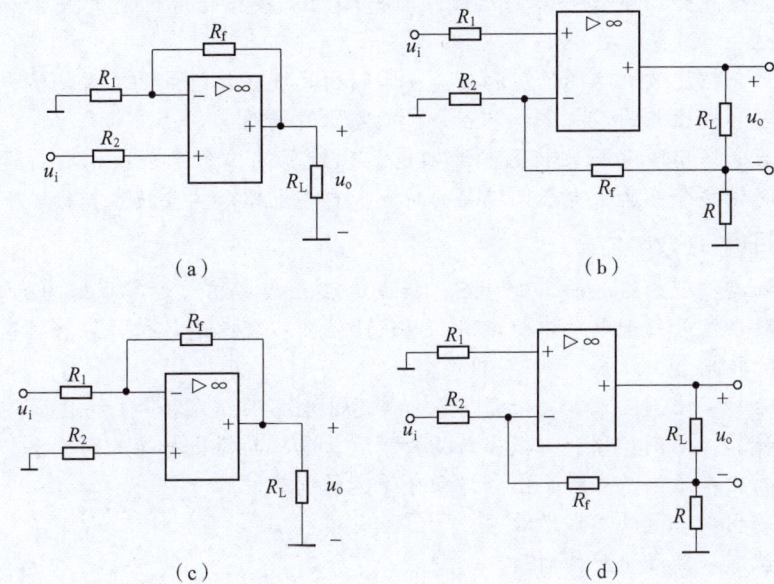

第6章 集成运算放大电路的应用

★ 内容提要

集成运放广泛应用于小信号放大、模拟信号的运算、有源滤波、电压比较、正弦波的产生、非正弦波的产生、波形变换、直流稳压电源及频谱变换等方面。本章主要介绍集成运放应用于模拟信号运算电路、有源滤波器和电压比较器。

由集成运放组成的运算电路主要有比例运算电路、求和运算电路、积分和微分运算电路、对数和指数运算电路、乘法和除法运算电路等。

首先重点介绍运算电路的组成、输出和输入模拟信号的运算关系和分析方法。

然后介绍滤波电路的作用和分类,阐明由集成运放组成的有源滤波电路的工作原理和输出与输入关系,重点分析低通滤波电路。

最后介绍单限电压比较器和滞回电压比较器的工作原理、传输特性和用途,同时简要介绍集成电压比较器的特点、典型电路和主要技术指标。

★ 学习目标

要知道:理想运放的工作特点,集成运放在模拟信号运算电路中的应用;集成运放在信号处理电路中的应用;电压比较器;理想运放工作在线性区与非线性区的特点。

会分析:比例、求和、微分与积分等运算电路的组成和分析方法。

会计算:比例、求和、微分与积分等运算电路的输出与输入的关系。

会画出:比例、求和、微分与积分等运算电路。

会选用:合适的集成运放。

会识别:集成运放的引脚。

二维码 6.1 知识导图

6.1 理想运放的工作特点

理想运放的工作特点可以从其工作在线性区和非线性区来进行分析。

6.1.1 理想运放工作在线性区的特点

1. 理想运放工作在线性区时的两个重要特点

理想运放工作在线性区时，电压和电流关系具有两个重要特点。

（1）理想运放的差模输入电压等于0，即同相输入端和反相输入端为"虚短"连接，则有

$$u_+ = u_-$$

（2）理想运放的输入电流等于0，即同相输入端和反相输入端与输入信号之间为"虚断"连接，则有

$$i_+ = i_- = 0$$

2. 集成运放线性电路的组成结构

集成运放在开环状态工作在线性区的输出电压与其两个输入端的电压之间存在着放大关系，即

$$u_o = A_{od}(u_+ - u_-)$$

由于有 $A_{od} = \infty$，只要输入电压（$u_+ - u_-$）很小，输出电压就达到最大值，其线性区非常窄。集成运放线性电路要求输入电压（$u_+ - u_-$）在一个较大范围内，输出电压随输入电压的变化成线性变化，必须使集成运放的放大倍数大大降低，才能满足要求。因此，集成运放线性电路必须处于闭环状态，即在电路中引入深度负反馈，也就是在集成运放的输出端与反相输入端之间有反馈通路。因此，集成运放线性电路的组成结构特点是集成运放组成具有深度负反馈的放大电路。

3. 集成运放线性电路的分析方法

在分析集成运放线性电路时，将实际集成运放视为理想运放，利用理想运放的两个重要特点"虚短"和"虚断"，列出电路电压方程与电流方程，求出输出电压与输入电压的关系。

6.1.2 理想运放工作在非线性区的特点

理想运放工作在非线性区时，也有两个重要的特点。

（1）理想运放的输出电压 u_o 只有两个值，其或等于运放的正向饱和输出电压 $+U_{om}$，或等于运放的负向饱和输出电压 $-U_{om}$。此时，"虚短"的现象不存在。

（2）理想运放的输入电流等于0，即同相输入端和反相输入端与输入信号之间为"虚断"连接，则有

$$i_+ = i_- = 0$$

此时，"虚断"的现象仍然存在。

由于理想运放工作在线性区或非线性区时，各有不同的特点，因此，在分析各种应用电路时，必须首先明确其中的集成运放的工作状态。

6.2 集成运放应用在模拟信号运算电路

利用集成运放可以非常方便地组成各种运算电路。运算电路要求输出和输入的模拟信号之间实现一定的数学运算关系，因此，运算电路中的集成运放要求工作在线性区。

6.2.1 比例运算电路

比例运算电路是最基本的运算电路，它是其他各种运算电路的基础。根据输入信号的接法不同，比例运算电路有 3 种基本形式：反相比例运算电路、同相比例运算电路和差分比例运算电路。

1. 反相比例运算电路

（1）电路组成。

反相比例运算电路如图 6.1 所示。电路的输出端与集成运放的反相输入端之间连接反馈电阻 R_f，输入信号经电阻 R_1 接到反相输入端，同相输入端经电阻 R_2 接地。由于输入信号接到集成运放的反相输入端，输出信号与输入信号相位相反，故电路称为反相比例运算电路。

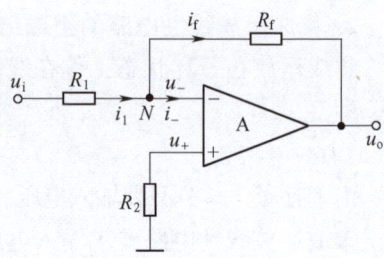

图 6.1 反相比例运算电路

在实际应用中，为保证集成运放的同相输入端与反相输入端电路的对称性，以减小运算误差，接到同相输入端的电阻 R_2 称为平衡电阻，其阻值为 $R_2 = R_1 // R_f$。

（2）电路的运算关系。

显然电路为负反馈电路，集成运放工作在线性区，可以利用理想运放工作在线性区时"虚短"和"虚断"的特点分析电路。

依据"虚断"的特点，有 $i_+ = i_- = 0$，得到电路中节点 N 的电流方程为

$$i_1 = i_f$$

又依据"虚短"的特点，有 $u_- = u_+ = 0$，得到电路中电流 i_1 和 i_f 为

$$i_1 = \frac{u_i - u_-}{R_1} = \frac{u_i}{R_1}$$

$$i_f = \frac{u_- - u_o}{R_f} = -\frac{u_o}{R_f}$$

于是有

$$\frac{u_i}{R_1} = -\frac{u_o}{R_f}$$

得出

$$u_o = -\frac{R_f}{R_1} \cdot u_i \tag{6.1}$$

式(6.1)为反相比例运算电路的运算关系式,显然 u_o 与 u_i 相位相反,故电路为反相比例运算电路。

(3) 电路的输入电阻。

由于反相输入端为"虚地",从电路输入端到地的电阻就是电阻 R_1,因此反相比例运算电路的输入电阻为

$$R_i = R_1 \tag{6.2}$$

(4) 电路的特点。

①比例系数可以为任意值。反相比例运算电路的比例系数为 $k = -R_f/R_1$,其中的负号表示 u_o 与 u_i 反相,比例系数的数值可为大于1、等于1和小于1的任意数。

②在反相比例运算电路中,当比例系数的数值等于1时,即 $R_f = R_1$,有 $u_o = -u_i$,此时的反相比例运算电路称为反相器。可以把反相器视为反相比例运算电路的一个特例。

③反相比例运算电路的输入电阻较小,为电阻 R_1。

(5) 电路的仿真。

反相比例运算电路的仿真如图6.2所示。

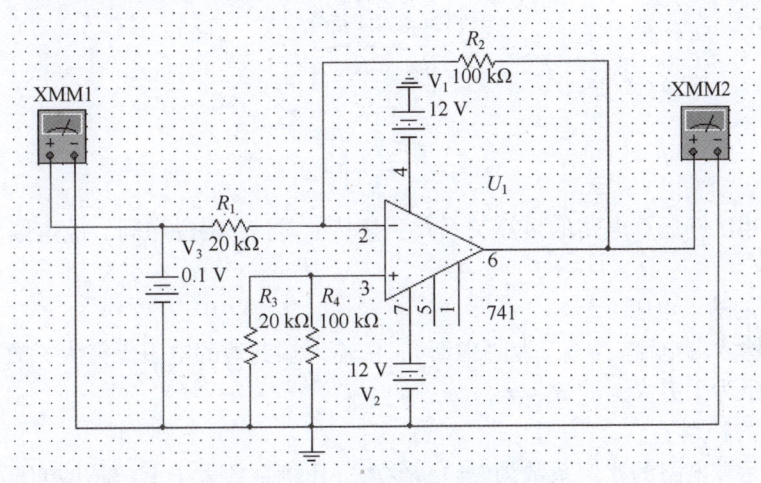

图6.2 反相比例运算电路的仿真

【例6.1】 在图6.1所示电路中,已知 $R_1 = 10$ kΩ, $R_f = 100$ kΩ,输入电压 $u_i = 0.5$ V。求输出电压 u_o,输入电阻 R_i 和平衡电阻 R_2。

解: 电路为反相比例运算电路,输出电压为

$$u_o = -\frac{R_f}{R_1} \cdot u_i = -\frac{100 \times 0.5}{10} \text{ V} = -5 \text{ V}$$

输入电阻为

$$R_i = R_1 = 10 \text{ kΩ}$$

平衡电阻为

$$R_2 = R_1 /\!/ R_f = \frac{10 \times 100}{10+100} \text{ k}\Omega \approx 9.1 \text{ k}\Omega$$

2. 同相比例运算电路

（1）电路组成。

如果将反相比例运算电路的输入端与地互换，就得到了同相比例运算电路，如图6.3所示。由于输入信号接到集成运放的同相输入端，输出信号与输入信号相位相同，故电路称为同相比例运算电路。同样，接到同相输入端的平衡电阻 R_2 的阻值为 $R_2 = R_1 /\!/ R_f$。

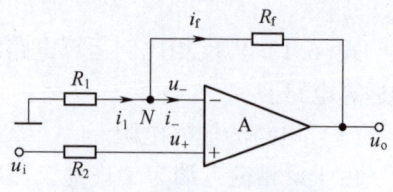

图 6.3 同相比例运算电路

（2）电路的运算关系。

依据"虚断"的特点，有 $i_+ = i_- = 0$，得到电路中节点 N 的电流方程为

$$i_1 = i_f$$

又依据"虚短"的特点，有 $u_- = u_+ = u_i$，得到电路中电流 i_1 和 i_f 为

$$i_1 = \frac{u_i}{R_1}$$

$$i_f = \frac{u_o - u_i}{R_f}$$

于是有

$$\frac{u_i}{R_1} = \frac{u_o - u_i}{R_f}$$

得出

$$u_o = \left(1 + \frac{R_f}{R_1}\right) \cdot u_i \tag{6.3}$$

上式为同相比例运算电路的运算关系式，显然 u_o 与 u_i 相位相同，故电路为同相比例运算电路。

（3）电路的输入电阻。

由于同相输入端电流 $i_+ = 0$，为"虚断"，由输入端到地的电阻无穷大，故同相比例运算电路的输入电阻为无穷大，即 $R_i = \infty$。

（4）电路的特点。

同相比例运算电路的比例系数为 $k = 1 + R_f/R_1$，比例系数大于1，输出电压 u_o 与输入电压 u_i 同相。

在同相比例运算电路中，当比例系数等于1时，即 $R_f = 0$ 或 $R_1 = \infty$，有 $u_o = u_i$，此时的同相比例运算电路称为电压跟随器，如图6.4所示。

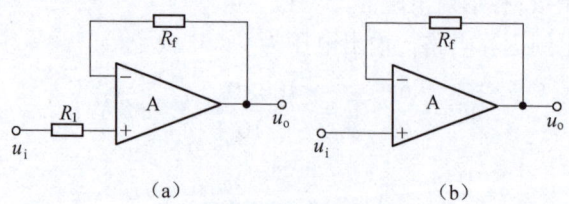

图 6.4 电压跟随器

（a）$R_f = \infty$ 时的电压跟随器；（b）$R_1 = 0$ 时的电压跟随器

同相比例运算电路的输入电阻非常大。

（5）电路的仿真。

同相比例运算电路的仿真如图 6.5 所示。

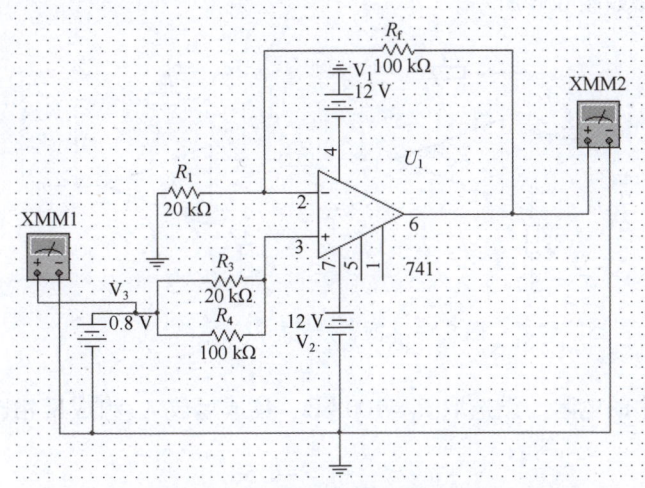

图 6.5　同相比例运算电路的仿真

【例 6.2】在图 6.3 所示电路中，已知 $R_1 = 5\ \text{k}\Omega$，当 $u_i = 1\ \text{V}$ 时 $u_o = 11\ \text{V}$，集成运放最大输出电压幅值为 ±15 V。试求：

（1）电路的比例系数；

（2）电阻 R_f 和平衡电阻 R_2 的阻值；

（3）若 $u_i = -3\ \text{V}$ 时，$u_o =$ 的值。

解：（1）比例系数为

$$k = \frac{u_o}{u_i} = \frac{11}{1} = 11$$

（2）由比例系数公式

$$k = 1 + \frac{R_f}{R_1} = 1 + \frac{R_f}{5}\ \text{k}\Omega = 11$$

得到 $R_f = 50\ \text{k}\Omega$。

平衡电阻为

$$R_2 = R_1 \mathbin{/\mkern-6mu/} R_f = \frac{5 \times 50}{5 + 50}\ \text{k}\Omega \approx 4.5\ \text{k}\Omega$$

（3）输出电压 u_o 为

$$u_o = \left(1 + \frac{R_f}{R_1}\right) \cdot u_i = 11 \times (-3)\ \text{V} = -33\ \text{V}$$

由于集成运放最大输出电压为 −15 V，说明集成运放已经进入非线性区，因而 $u_o = -15\ \text{V}$。

【问题分析】同相比例运算电路的比例系数永远大于 1，如何实现比例系数小于 1 的同相比例运算？比如要实现 $u_o = 0.5 u_i$，如何设计？

分析：显然无法用同相比例运算电路实现，可以尝试用反相比例运算电路。将运算关系

式变换为

$$u_o = 0.5u_i = -(-0.5u_i)$$

式中，括号内为反相比例运算，可以用反相比例运算电路实现，括号外的负号可以用反相器实现，设计出的电路如图 6.6 所示。

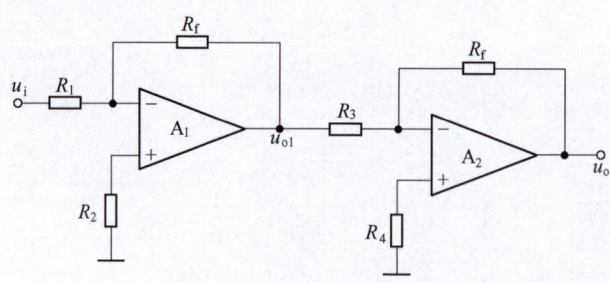

图 6.6 【问题分析】设计电路

确定设计电路中的电阻。设选取 $R_f = 100$ kΩ，集成运放 A_1 组成反相比例运算电路，有

$$u_{o1} = -\frac{R_f}{R_1}u_i = -0.5u_i$$

得到 $R_f/R_1 = 0.5$，计算出

$$R_1 = R_f/0.5 = 200 \text{ kΩ}$$

平衡电阻为

$$R_2 = R_1 /\!/ R_f = (100/\!/200) \text{ kΩ} \approx 66.7 \text{ kΩ}$$

集成运放 A_2 组成反相器，有

$$R_3 = R_f = 100 \text{ kΩ}$$

平衡电阻为

$$R_4 = R_3 /\!/ R_f = (100/\!/100) \text{ kΩ} = 50 \text{ kΩ}$$

通过以上分析，反相比例运算电路不但可以实现任意比例系数的反相比例运算，而且可以实现任意比例系数的同相比例运算。反相比例运算电路在比例运算中得到普遍应用，比同相比例运算电路应用更为广泛。

通过以上的分析，总结出运算电路的设计步骤如下：
（1）首先依据要实现的运算关系，选择合适的运算电路类型；
（2）然后设计出实现运算关系的电路；
（3）最后确定出电路中元件的参数。

3. 差分比例运算电路

（1）电路组成。

差分比例运算电路如图 6.7 所示。输入电压 u_{i1} 与 u_{i2} 分别经电阻 R_1、R_2，加在集成运放的反相输入端和同相输入端，从输出端通过反馈电阻 R_f 接回到反相输入端。同相输入端经电阻 R_3 接地。由于输入信号分别输入运放的反相输入端和同相输入端，故电路称为差分比例运算电路。

为了保证集成运放两个输入端的对称性，通常要求

$$R_1 = R_2，\ R_f = R_3$$

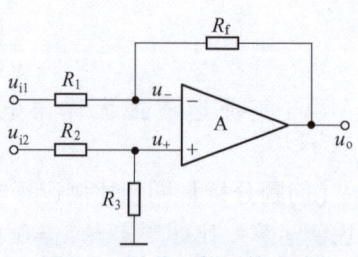

图 6.7 差分比例运算电路

（2）电路的运算关系。

前面已经学习了反相比例运算电路和同相比例运算电路，可以用已了解的电路关系，分析未知新电路，这是一种很有效的分析方法。反相比例运算电路与同相比例运算电路都只有一个输入信号，若需要把差分比例运算电路变换成只有一个输入信号，则用叠加定理即可实现。

① 假设只有 u_{i1} 输入，将 u_{i2} 置零，输出为 u_{o1}，其等效电路如图6.8(a)所示。显然，等效电路是反相比例运算电路，有

$$u_{o1} = -\frac{R_f}{R_1} \cdot u_{i1}$$

② 再假设只有 u_{i2} 输入，将 u_{i1} 置零，输出为 u_{o2}，其等效电路如图6.8(b)所示。显然，等效电路是同相比例运算电路，有

$$u_{o2} = \left(1 + \frac{R_f}{R_1}\right) u_+ = \left(1 + \frac{R_f}{R_1}\right) \cdot \frac{R_3 \cdot u_{i2}}{R_2 + R_3}$$

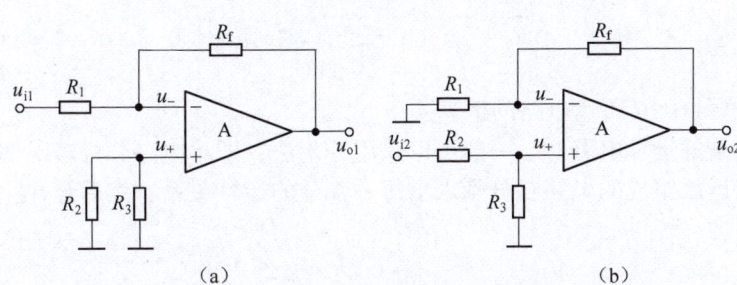

图6.8　输入信号单独作用时差分比例运算电路的等效电路
(a) 反相比例运算电路；(b) 同相比例运算电路

由于有 $R_1 = R_2$，$R_f = R_3$，得到

$$u_{o2} = \frac{R_1 + R_f}{R_1} \cdot \frac{R_f \cdot u_{i2}}{R_1 + R_f} = \frac{R_f}{R_1} \cdot u_{i2}$$

③ 当 u_{i1} 与 u_{i2} 同时输入时，利用叠加定理，输出电压等于 u_{i1} 与 u_{i2} 单独作用时的输出电压 u_{o1} 与 u_{o2} 的代数和，即

$$u_o = u_{o1} + u_{o2} = \frac{R_f}{R_1} \cdot (u_{i2} - u_{i1}) \tag{6.4}$$

式(6.4)为差分比例运算电路的运算关系式。可见，差分比例运算电路实现了减法比例运算。

如果电路中的电阻选取 $R_1 = R_2 = R_3 = R_f$，则有

$$u_o = u_{i2} - u_{i1} \tag{6.5}$$

此种情况下，差分比例运算电路实现了减法运算。

（3）电路的输入电阻。

在电路元件参数对称的条件下，差分比例运算电路的差模输入电阻为

$$R_i = R_1 + R_2 = 2R_1 \tag{6.6}$$

（4）电路的特点。

① 差分比例运算电路实现了减法运算。

② 差分比例运算电路的输入电阻较低。

③ 差分比例运算电路要求电路元件参数必须对称。

(5) 电路的仿真。

差分比例运算电路的仿真如图 6.9 所示。

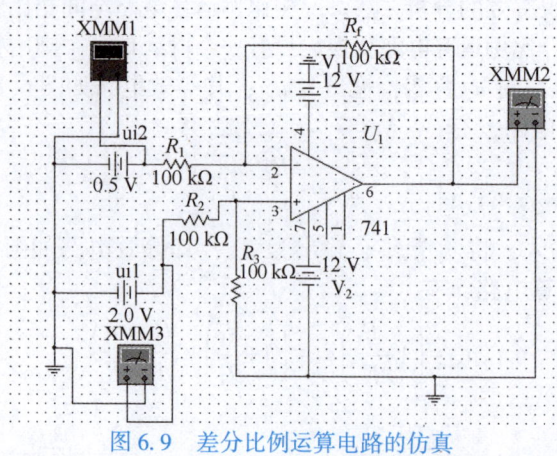

图 6.9　差分比例运算电路的仿真

【例 6.3】求图 6.10 所示电路的运算关系。

解：分析复杂的运算电路时，一般可以采用分割法，即将电路分成若干部分，每一部分只有由一个集成运放组成的电路，分别求出每一部分的运算关系，然后合并，即可得到整个电路的运算关系。

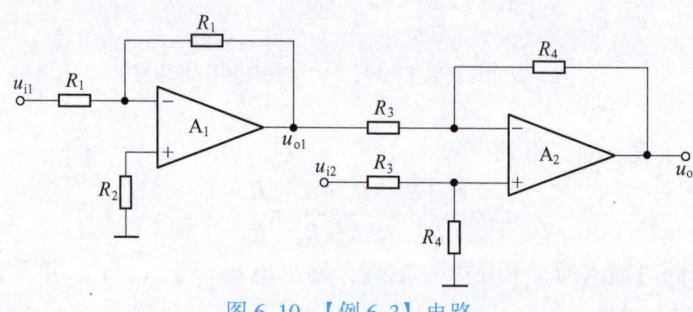

图 6.10　【例 6.3】电路

由集成运放 A_1 组成的电路为反相比例运算电路，有

$$u_{o1} = -\frac{R_1}{R_1} \cdot u_{i1} = -u_{i1}$$

由集成运放 A_2 组成的电路为差分比例运算电路，由于电路参数是对称的，故有

$$u_o = \frac{R_4}{R_3} \cdot (u_{i2} - u_{o1}) = \frac{R_4}{R_3} \cdot (u_{i2} + u_{i1})$$

该电路实现加法比例运算。由此可见，差分比例运算电路不仅可以实现减法运算，而且可以实现加法运算。

6.2.2　求和运算电路

求和运算电路实现输出量为多个输入量相加。求和运算电路有两种形式：反相求和运算电路、同相求和运算电路。

1. 反相求和运算电路

（1）电路组成。

反相求和运算电路如图 6.11 所示。运放的输出端经过反馈电阻 R_f 与反相输入端连接，输入信号 u_{i1}、u_{i2}、u_{i3} 分别经电阻 R_1、R_2、R_3 接入反相输入端，同相输入端经平衡电阻 R_4 接地。平衡电阻 R_4 为

$$R_4 = R_1 /\!/ R_2 /\!/ R_3 /\!/ R_f$$

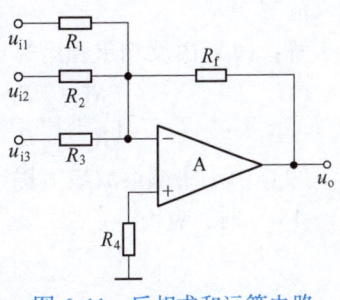

图 6.11　反相求和运算电路

（2）电路的运算关系。

下面利用叠加定理分析输出与输入的运算关系。

设 u_{i1} 单独作用，将 u_{i2} 与 u_{i3} 置零，即 u_{i2} 与 u_{i3} 短路接地，输出电压为 u_{o1}，其等效电路如图 6.12(a) 所示。

由电路可知，集成运放的反相输入端"虚地"，$u_- = 0$，电阻 R_2 与 R_3 两端电位都为 0，流过电阻的电流为 0，相当于断路，图 6.12(a) 所示的电路化简为图 6.12(b) 所示的等效电路。显然，化简后的等效电路是反相比例运算电路，有

$$u_{o1} = -\frac{R_f}{R_1} \cdot u_{i1}$$

同理，当 u_{i2}、u_{i3} 单独作用时，输出电压分别为 u_{o2}、u_{o3}，有

$$u_{o2} = -\frac{R_f}{R_2} \cdot u_{i2} \quad u_{o3} = -\frac{R_f}{R_3} \cdot u_{i3}$$

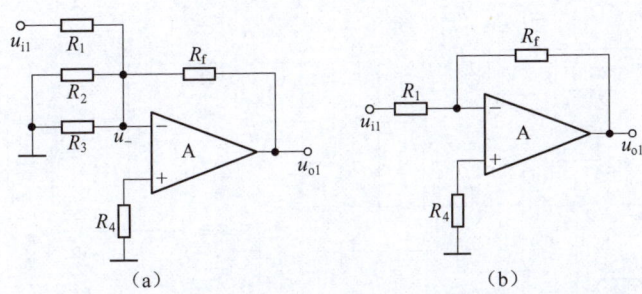

图 6.12　利用叠加定理分析反相求和运算电路的等效电路
（a）等效电路；（b）化简后的等效电路

依据叠加定理，当 u_{i1}、u_{i2} 与 u_{i3} 共同作用时，输出电压为

$$u_o = u_{o1} + u_{o2} + u_{o3} = -\left(\frac{R_f}{R_1}u_{i1} + \frac{R_f}{R_2}u_{i2} + \frac{R_f}{R_3}u_{i3}\right) \tag{6.7}$$

式（6.7）为反相求和运算电路的运算关系式，式中的负号表示输出与输入反相，输出为各输入的比例之和，故电路称为反相求和运算电路。

如果式（6.7）中的电阻有 $R_1 = R_2 = R_3 = R_f$ 的关系，则 $u_o = -(u_{i1} + u_{i2} + u_{i3})$，实现了真正的反相求和运算。

当然，也可以用传统方法，即利用理想运放"虚短"与"虚断"的特点，列出电流、电压方程分析反相求和运算电路的运算关系，这里不再赘述。

【例 6.4】反相求和运算电路如图 6.11 所示，已知 $R_f = 50\ \text{k}\Omega$，$R_1 = 5\ \text{k}\Omega$，$R_2 = 25\ \text{k}\Omega$，

$R_3 = 100\ \text{k}\Omega$，如果 $u_{i1} = 0.2\ \text{V}$，$u_{i2} = 1\ \text{V}$，$u_{i3} = 4\ \text{V}$，试求：

（1）输出电压 u_o；

（2）集成运放最大输出电压幅值为 $\pm 15\ \text{V}$，输入电压 u_{i2}、u_{i3} 不变的情况下，u_{i1} 电压的输入范围。

解：（1）由反相求和运算电路的运算关系可得

$$u_o = -\left(\frac{R_f}{R_1}u_{i1} + \frac{R_f}{R_2}u_{i2} + \frac{R_F}{R_3}u_{i3}\right) = -\left(\frac{50}{5}\times 0.2 + \frac{50}{25}\times 1 + \frac{50}{100}\times 4\right)\ \text{V} = -6\ \text{V}$$

（2）由于集成运放最大输出电压幅值为 $\pm 15\ \text{V}$，故输出电压的最大值为 $u_o = \pm 15\ \text{V}$。当 $u_o = -15\ \text{V}$ 时，有

$$-15 = -\left(\frac{50}{5}\times u_{i1} + \frac{50}{25}\times 1 + \frac{50}{100}\times 4\right)$$

得到 $u_{i1} = 1.1\ \text{V}$。当 $u_o = 15\ \text{V}$ 时，有

$$15 = -\left(\frac{50}{5}\times u_{i1} + \frac{50}{25}\times 1 + \frac{50}{100}\times 4\right)$$

得到 $u_{i1} = -1.9\ \text{V}$。因此，u_{i1} 电压的输入范围是 $-1.9 \sim 1.1\ \text{V}$。

反相求和运算电路的特点是若改变某一输入回路的电阻，则只改变了输出电压与该回路输入电压的比例关系，对其他各回路没有任何影响，因此使电路的设计与调节都很方便。在实际工程中，反相求和运算电路应用非常广泛。

（3）电路的仿真。

反相求和运算电路的仿真如图 6.13 所示。

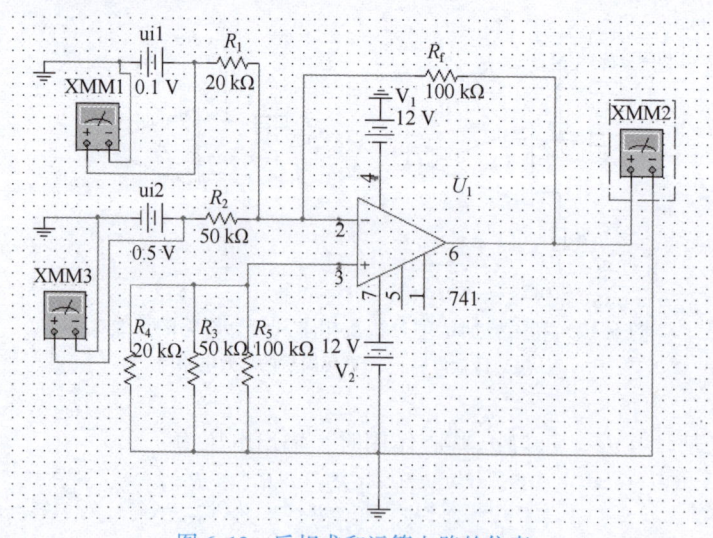

图 6.13　反相求和运算电路的仿真

（4）电路的应用。

①同相求和运算。

反相求和运算电路与反相器组成两级运算电路，实现了同相求和运算，其电路如图 6.14 所示。

集成运放 A_1 组成反相求和运算电路，有

$$u_{o1} = -\left(\frac{R_f}{R_1}u_{i1} + \frac{R_f}{R_2}u_{i2} + \frac{R_f}{R_3}u_{i3}\right)$$

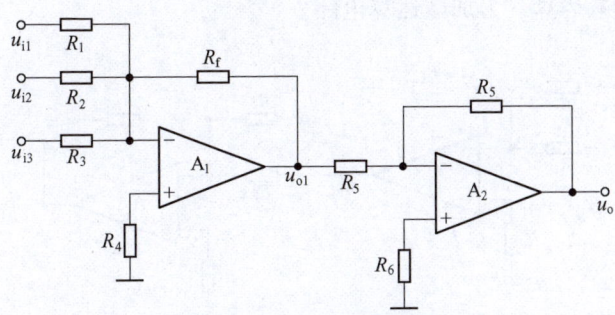

图 6.14 同相求和运算电路

集成运放 A_2 组成反相器，有

$$u_o = -u_{o1} = \frac{R_f}{R_1}u_{i1} + \frac{R_f}{R_2}u_{i2} + \frac{R_f}{R_3}u_{i3}$$

因此，该电路实现了同相求和运算，为同相求和运算电路。

② 减法运算。

前面用差分比例运算电路实现了减法运算，用反相求和运算电路和反相器组成二级运算电路，可以更方便地实现减法运算，如图 6.15 所示。

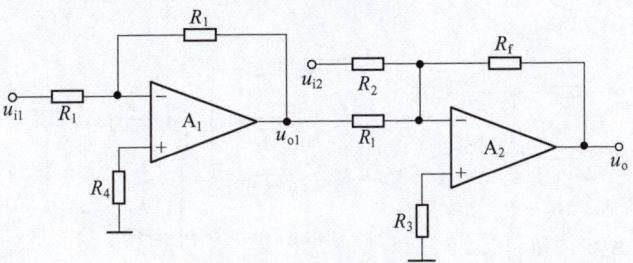

图 6.15 减法运算电路

集成运放 A_1 组成反相器，有

$$u_{o1} = -u_{i1}$$

集成运放 A_2 组成反相求和运算电路，有

$$u_o = -\left(\frac{R_f}{R_1}u_{o1} + \frac{R_f}{R_2}u_{i2}\right) = \frac{R_f}{R_1}u_{i1} - \frac{R_f}{R_2}u_{i2}$$

因此，该电路实现了减法运算，为减法运算电路。

③ 加减运算。

用多级反相求和运算电路可以实现加减运算，如图 6.16 所示。

集成运放 A_1 组成反相求和运算电路，实现输入电压 u_{i1}、u_{i2} 的求和运算，有

$$u_{o1} = -\left(\frac{R_f}{R_1}u_{i1} + \frac{R_f}{R_2}u_{i2}\right)$$

集成运放 A_2 组成反相求和运算电路，实现输入电压 u_{i3}、u_{o1} 的求和运算，有

$$u_o = -\left(\frac{R_f}{R_3}u_{i3} + \frac{R_f}{R_f}u_{o1}\right) = \frac{R_f}{R_1}u_{i1} + \frac{R_f}{R_2}u_{i2} - \frac{R_f}{R_3}u_{i3}$$

因此，实现了加减运算，为加减运算电路。

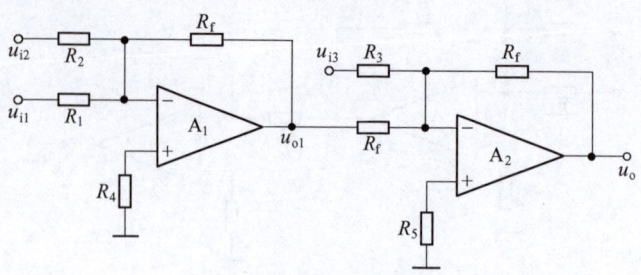

图 6.16 加减运算电路

由此可见，应用反相求和运算电路和反相器，可以很方便地组成同相求和运算电路、减法运算电路和加减运算电路。

【例 6.5】设计实现 $u_o = 5u_{i1} - 0.4u_{i2} - 2u_{i3} + u_{i4}$ 的运算电路，假设 $R_f = 100\ \text{k}\Omega$。

解：【方案 1】 用反相求和运算电路实现加减运算。

首先将运算关系式按反相求和运算关系的形式进行变换，有

$$u_o = 5u_{i1} - 0.4u_{i2} - 2u_{i3} + u_{i4} = -\{0.4u_{i2} + 2u_{i3} + [-(5u_{i1} + u_{i4})]\}$$

显然，方括号内为第一级反相求和运算，整个算式为第二级反相求和运算，电路如图 6.17 所示。

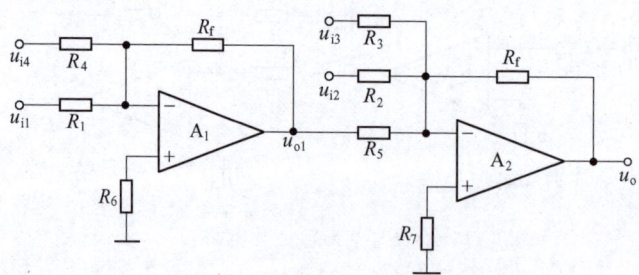

图 6.17 【例 6.5】设计电路 1

集成运放 A_1 组成反相求和运算电路，有

$$u_{o1} = -\left(\frac{R_f}{R_1}u_{i1} + \frac{R_f}{R_4}u_{i4}\right) = -(5u_{i1} + u_{i4})$$

有 $R_f/R_1 = 5$，得到 $R_1 = R_f/5 = 20\ \text{k}\Omega$；$R_f/R_4 = 1$，得到 $R_4 = R_f = 100\ \text{k}\Omega$。

集成运放 A_2 组成反相求和运算电路，有

$$u_o = -\left(\frac{R_f}{R_2}u_{i2} + \frac{R_f}{R_3}u_{i3} + \frac{R_f}{R_5}u_{o1}\right) = -(0.4u_{i2} + 2u_{i3} + u_{o1})$$

有 $R_f/R_2 = 0.4$，得到 $R_2 = R_f/0.4 = 250\ \text{k}\Omega$；$R_f/R_3 = 2$，得到 $R_3 = R_f/2 = 50\ \text{k}\Omega$；$R_f/R_5 = 1$，得到 $R_5 = R_f = 100\ \text{k}\Omega$。

平衡电阻 $R_6 = R_f // R_1 // R_4 = (100 // 20 // 100)\ \text{k}\Omega \approx 14.3\ \text{k}\Omega$。

平衡电阻 $R_7 = R_f // R_2 // R_3 // R_5 = (100 // 250 // 50 // 100)\ \text{k}\Omega \approx 22.7\ \text{k}\Omega$。

【方案2】用反相求和运算电路与反相器实现加减运算。
首先将运算关系式变换为

$$u_o = 5u_{i1} - 0.4u_{i2} - 2u_{i3} + u_{i4} = -[5(-u_{i1}) + 0.4u_{i2} + 2u_{i3} + (-u_{i4})]$$

显然，$(-u_{i1})$ 和 $(-u_{i4})$ 为反相运算，整个算式为反相求和运算，电路如图6.18所示。

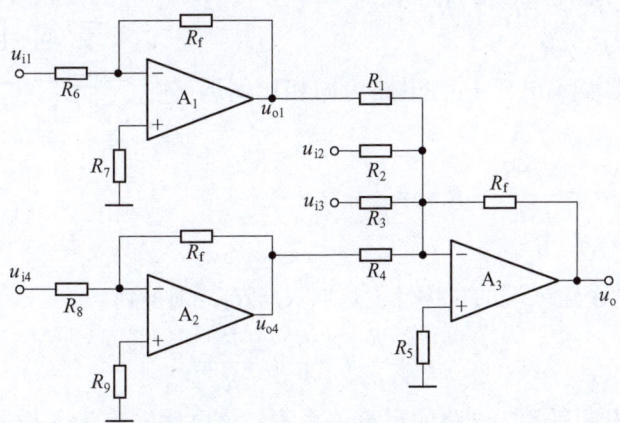

图 6.18 【例6.5】设计电路2

集成运放 A_1 组成反相器，有

$$u_{o1} = -\frac{R_f}{R_6} = -u_{i1}$$

有 $R_f/R_6 = 1$，得到 $R_6 = R_f = 100 \text{ k}\Omega$。
平衡电阻 $R_7 = R_f // R_6 = (100 // 100) \text{ k}\Omega = 50 \text{ k}\Omega$。
集成运放 A_2 组成反相器，有

$$u_{o4} = -\frac{R_f}{R_8} = -u_{i4}$$

有 $R_f/R_8 = 1$，得到 $R_8 = R_f = 100 \text{ k}\Omega$。
平衡电阻 $R_9 = R_f // R_8 = (100 // 100) \text{ k}\Omega = 50 \text{ k}\Omega$。
集成运放 A_3 组成反相求和运算电路，有

$$u_o = -\left(\frac{R_f}{R_1}u_{o1} + \frac{R_f}{R_2}u_{i2} + \frac{R_f}{R_3}u_{i3} + \frac{R_f}{R_4}u_{o4}\right) = -(5u_{o1} + 0.4u_{i2} + 2u_{i3} + u_{o4})$$

有 $R_f/R_1 = 5$，得到 $R_1 = R_f/5 = 20 \text{ k}\Omega$；$R_f/R_2 = 0.4$，得到 $R_2 = R_f/0.4 = 250 \text{ k}\Omega$；$R_f/R_3 = 2$，得到 $R_3 = R_f/2 = 50 \text{ k}\Omega$；$R_f/R_4 = 1$，得到 $R_4 = R_f = 100 \text{ k}\Omega$。
平衡电阻 $R_5 = R_f // R_1 // R_2 // R_3 // R_4 = (100 // 20 // 250 // 50 // 100) \text{ k}\Omega \approx 10.6 \text{ k}\Omega$。

2. 同相求和运算电路

（1）电路组成。
如同反相求和运算电路一样，将所有输入信号接到集成运放的同相输入端，可以组成同相求和运算电路，如图6.19所示。
（2）电路的运算关系。
由于"虚断"，$i_+ = 0$，集成运放同相输入端的节点电流方程为

$$i_1 + i_2 + i_3 = i_4$$

$$\frac{u_{i1}-u_+}{R_1}+\frac{u_{i2}-u_+}{R_2}+\frac{u_{i3}-u_+}{R_3}=\frac{u_+}{R_4}$$

得到

$$u_+=\frac{R_+}{R_1}u_{i1}+\frac{R_+}{R_2}u_{i2}+\frac{R_+}{R_3}u_{i3}$$

式中，$R_+ = R_1 /\!/ R_2 /\!/ R_3 /\!/ R_4$。

对于同相输入端输入电压 u_+，电路为同相比例运算电路，有

$$u_o=\left(1+\frac{R_f}{R_5}\right)u_+=\frac{R_f+R_5}{R_fR_5}\cdot R_fu_+=\frac{R_f}{R_-}\cdot u_+$$

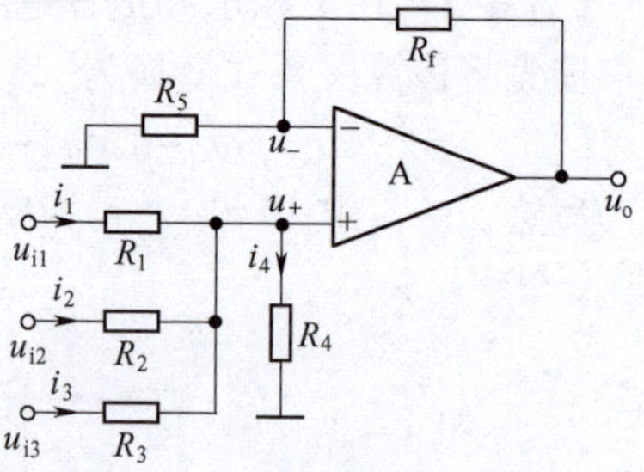

式中，$R_- = R_f /\!/ R_5$。

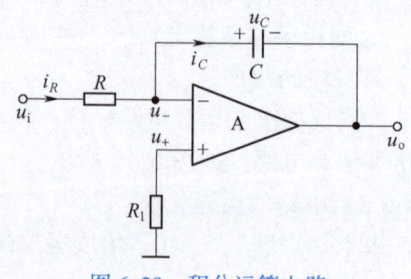

图 6.19　同相求和运算电路

为了保证电路两个输入端的对称性，选取 $R_-=R_+$，则得到

$$u_o=\frac{R_f}{R_1}u_{i1}+\frac{R_f}{R_2}u_{i2}+\frac{R_f}{R_3}u_{i3} \tag{6.8}$$

式(6.8)为同相求和运算电路的运算关系式。该电路输出为各输入的比例之和，故称为同相求和运算电路。

虽然图 6.19 用一个集成运放组成了同相求和运算电路，由于该电路必须保证两个输入端的对称性，即 $R_-=R_+$，当改变输入端的电阻时，必然改变同相输入端的等效电阻 R_+，要使 $R_-=R_+$，必须同时改变反相输入端的电阻，使电路调节非常麻烦，因此实际应用很少。要实现同相求和运算，通常还是使用前面所介绍的由反相求和运算电路与反相器组成的同相求和运算电路。

6.2.3　积分和微分运算电路

积分和微分运算是利用电容元件的电流与电压具有微分关系来实现的。

1. 积分运算电路

积分运算电路是应用比较广泛的模拟信号运算电路，它是组成模拟计算机的基本单元，用以实现对微分方程的模拟。同时它也是控制与测量系统中的重要单元，用以实现延时、定时以及波形变换等。

（1）电路组成。

将反相比例运算电路中的反馈电阻 R_f 换为电容 C，就组成了积分运算电路，如图 6.20 所示。

（2）电路的运算关系。

由于"虚短"，有 $u_-=u_+=0$，又由于"虚断"，有 $i_-=0$，集成运放反相输入端的节点电流方程为

$$i_R=i_C$$

$$\frac{u_i}{R}=C\frac{du_C}{dt}=-C\frac{du_o}{dt}$$

得到

$$u_o=-\frac{1}{RC}\int u_i dt \tag{6.9}$$

上式表明电路的输出电压是输入电压的线性积

图 6.20　积分运算电路

分,为积分运算电路。

若求某一段时间（$t_1 \sim t_2$）的积分值,积分前电容上的电压为初始值 $u_o(t_1)$,则输出电压为

$$u_o = -\frac{1}{RC}\int_{t_1}^{t_2} u_i \mathrm{d}t + u_o(t_1) \tag{6.10}$$

积分运算电路一个重要的应用就是进行波形变换。如果输入矩形波,则输出为三角波或梯形波;如果输入正弦波,则输出波形移位 90°,如图 6.21 所示。

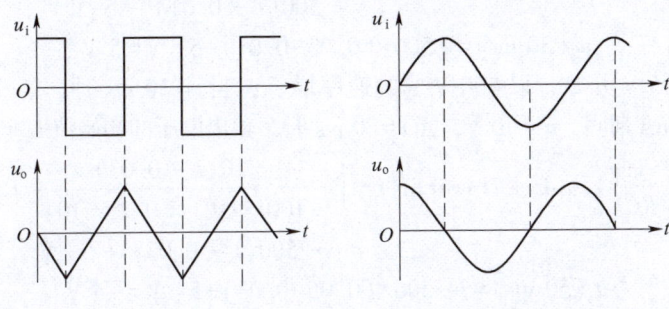

图 6.21 利用积分运算电路进行波形变换

(a)输入矩形波;(b)输入正弦波

（3）电路的仿真。

积分运算电路的仿真如图 6.22 所示。

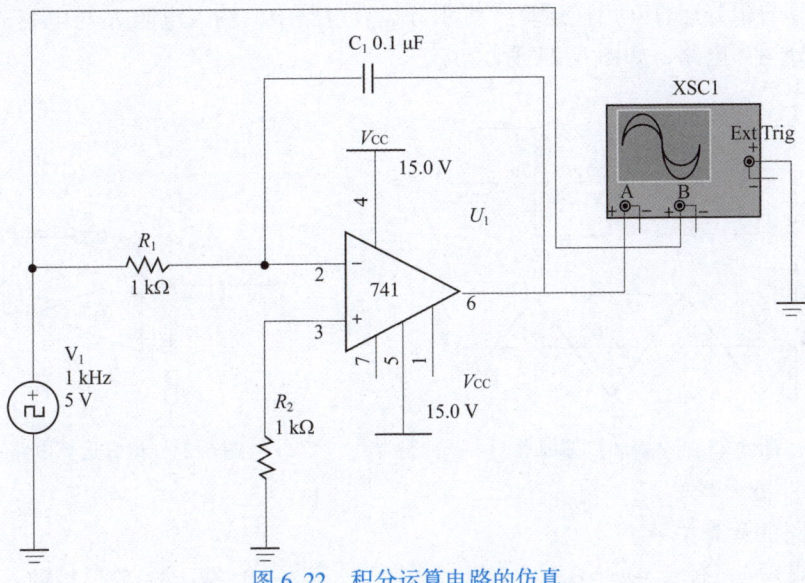

图 6.22 积分运算电路的仿真

【例 6.6】 如图 6.20 所示积分运算电路,已知 $R = 100 \text{ k}\Omega$,$C = 0.2 \text{ μF}$,输入电压 u_i 的波形如图 6.22 所示。试画出输出电压的波形。

解:按时间分段计算。

在 $t = 0 \sim 10$ ms 期间,$u_i = 10$ V,当 $t = 0$ 时,输出电压的初始值 $U_o(0) = 0$,由式(6.10) 可得

$$u_o = -\frac{1}{RC}\int_0^t u_i \mathrm{d}t + U_o(0) = -\frac{10t}{100 \times 10^3 \times 0.2 \times 10^{-6}} \text{ V} = -500t \text{ V}$$

$$u_o(10\text{ ms}) = -500 \times 0.01 \text{ V} = -5 \text{ V}$$

即输出电压 u_o 从 0 开始，以 500 V/s 的速率递减；当 $t=10$ ms 时，减少到 -5 V。

在 $t=10 \sim 30$ ms 期间，$u_i = -10$ V，当 $t=10$ ms 时，输出电压的初始值 $U_o(10\text{ ms}) = -5$ V，可得

$$u_o = -\frac{1}{RC}\int_{0.01}^{t} u_i \mathrm{d}t + U_o(10\text{ ms}) = \left(-\frac{-10(t-0.01)}{100 \times 10^3 \times 0.2 \times 10^{-6}} - 5\right)\text{V}$$

$$= [500(t-0.01)-5]\text{V}$$

$$u_o(30\text{ ms}) = [500 \times (0.03-0.01)-5]\text{ V} = 5\text{ V}$$

即输出电压 u_o 从 -5 V 开始，以 500 V/s 的速率增长；当 $t=30$ ms 时，增长到 5 V。

在 $t=30 \sim 50$ ms 期间，$u_i=10$ V，当 $t=30$ ms 时，输出电压的初始值 $U_o(30\text{ ms})=5$ V，可得

$$u_o = -\frac{1}{RC}\int_{0.03}^{t} u_i \mathrm{d}t + U_o(30\text{ ms}) = \left(-\frac{10(t-0.03)}{100 \times 10^3 \times 0.2 \times 10^{-6}} + 4\right)\text{V}$$

$$= [-500(t-0.03)+5]\text{V}$$

$$u_o(50\text{ ms}) = [-500 \times (0.05-0.03)+5]\text{ V} = -5\text{ V}$$

即输出电压 u_o 从 5 V 开始，以 500 V/s 的速率递减；当 $t=50$ ms 时，减少到 -5 V。

以后重复，输出电压从 -5 V 增长到 $+5$ V，又从 $+5$ V 减少到 -5 V，……，其波形如图 6.23 所示。

2. 微分运算电路

（1）电路组成。

微分运算与积分运算互为逆运算，将积分运算电路中的输入电阻 R 与电容 C 交换位置，就组成了微分运算电路，如图 6.24 所示。

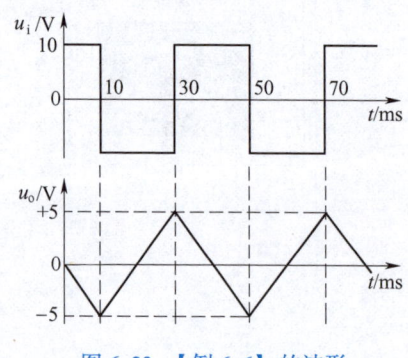

图 6.23 【例 6.6】的波形　　　图 6.24 微分运算电路

（2）电路的运算关系。

由于"虚短"，有 $u_- = u_+ = 0$，又由于"虚断"，有 $i_- = 0$，集成运放反相输入端的节点电流方程为

$$i_R = i_C$$

$$\frac{-u_o}{R} = C\frac{\mathrm{d}u_C}{\mathrm{d}t} = C\frac{\mathrm{d}u_i}{\mathrm{d}t}$$

得到

$$u_o = -RC\frac{\mathrm{d}u_i}{\mathrm{d}t} \tag{6.11}$$

上式表明电路的输出电压是输入电压的微分，为微分运算电路。

微分运算电路可以进行波形变换。如果输入矩形波，则输出为尖脉冲波；如果输入正弦波，则输出为负余弦波；如果输入三角波或梯形波，则输出为矩形波，如图 6.25 所示。

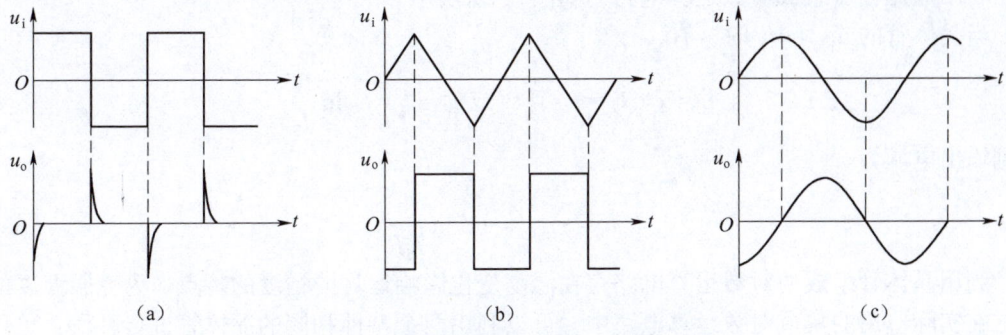

图 6.25　利用微分运算电路进行波形变换

(a) 输入矩形波；(b) 输入三角波；(c) 输入正弦波

（3）电路的仿真。

微分运算电路的仿真如图 6.26 所示。

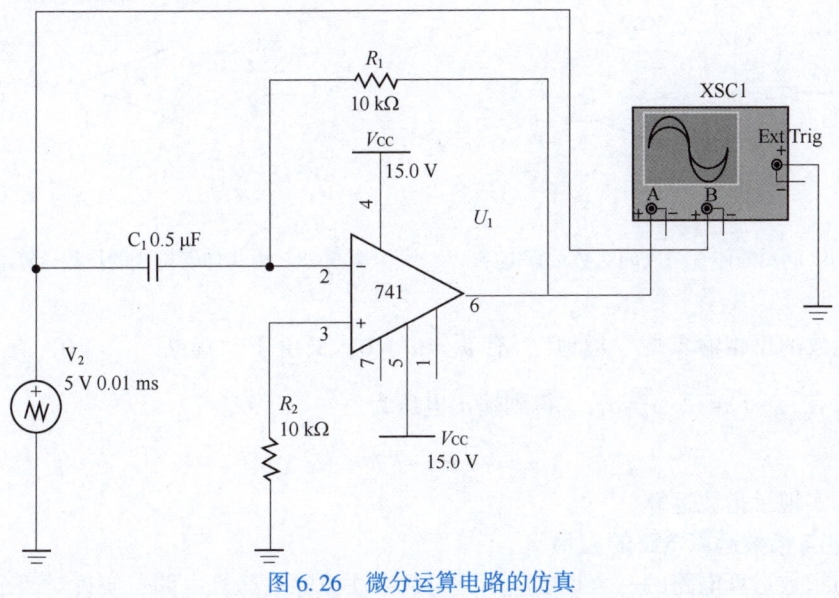

图 6.26　微分运算电路的仿真

【例 6.7】在图 6.26 所示的微分运算电路中，已知输入电压 $u_i(t) = 8\sin 100t$ V。试求输出电压 u_o。

解：由式（6.11）可得

$$u_o = -RC\frac{\mathrm{d}u_i}{\mathrm{d}t} = (-50\times10^3\times0.1\times10^{-6}\times100\times8\cos 100t)\text{ V} = -4\cos100t \text{ V}$$

6.2.4　对数和指数运算电路

对数和指数运算是利用 PN 结的伏安特性具有指数关系实现的。本节简要介绍对数运算电路和指数运算电路。

1. 对数运算电路

利用晶体管可组成对数运算电路,如图 6.27 所示。

当晶体管的 $u_{BE} \gg U_T$ 时,有

$$i_C = \alpha \cdot i_E \approx I_S e^{\frac{u_{BE}}{U_T}}, \text{ 或为 } u_{BE} = U_T \ln \frac{i_C}{I_S}$$

得到输出电压为

$$u_o = -u_{BE} = -U_T \ln \frac{u_i}{I_S R} \tag{6.12}$$

利用晶体管组成的对数运算电路存在温度变化影响运算的精度的特点。为克服温度的影响,在实际应用的集成对数运算电路中,可以利用两个特性相同的晶体管进行补偿;也可以采用热敏电阻补偿温度的影响。

2. 指数运算电路

由晶体管构成的指数运算电路如图 6.28 所示。

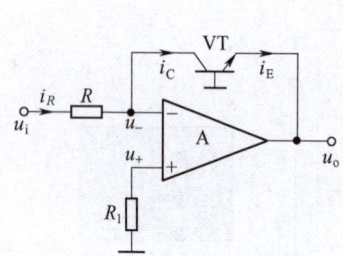

图 6.27 利用晶体管组成的对数运算电路

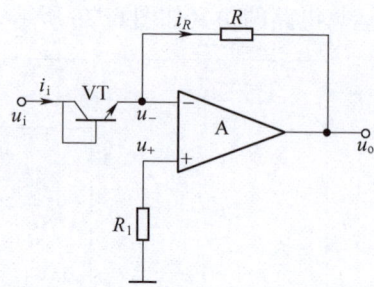

图 6.28 由晶体管构成的指数运算电路

由于运放的反相输入端"虚地",有 $u_- = u_+ = 0$;又由于"虚断",$i_- = 0$,有 $i_i = i_R = i_E$,对于晶体管有 $i_E \approx I_S e^{\frac{u_{BE}}{U_T}}$,$u_i = u_{BE}$。得到输出电压为

$$u_o = -i_R R = -I_S R \cdot e^{\frac{u_i}{U_T}} \tag{6.13}$$

因此,实现了指数运算。

3. 对数与指数运算电路的应用

对数与指数运算电路的一个重要应用是组成乘法或除法运算电路,实现对两个模拟信号相乘或相除的运算。

(1)乘法运算电路。

由对数及指数运算电路组成的乘法运算电路的结构框图如图 6.29(a)所示,由对数及指数运算电路组成的乘法运算电路的原理图如图 6.29(b)所示。

由图 6.29(b)中输入端的对数运算电路可得

$$u_{o1} = -U_T \ln \frac{u_{i1}}{I_S R} \qquad u_{o2} = -U_T \ln \frac{u_{i2}}{I_S R}$$

经过反相求和运算电路相加后,有

$$u_{o3} = U_T \left(\ln \frac{u_{i1}}{I_S R} + \ln \frac{u_{i2}}{I_S R} \right)$$

再经过指数运算电路得到

$$u_o = -I_S R \cdot e^{\frac{u_{o3}}{U_T}} = -\frac{1}{I_S R} u_{i1} \cdot u_{i2} \tag{6.14}$$

由上式可见，图 6.29(b) 实现了乘法运算。

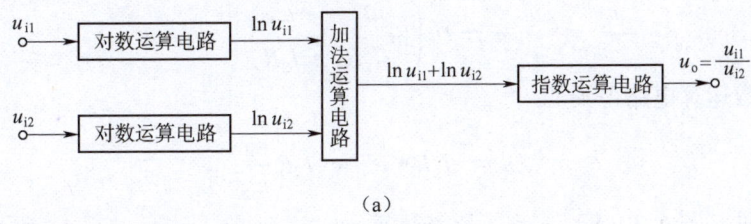

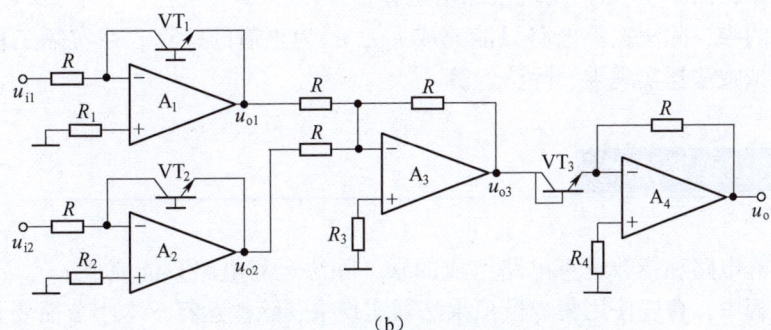

图 6.29 乘法运算电路

(a) 由对数及指数运算电路组成的乘法运算电路的结构框图；
(b) 由对数及指数运算电路组成的乘法运算电路的原理图

（2）除法运算电路。

由对数及指数运算电路组成的除法运算电路的结构框图如图 6.30(a) 所示，由对数及指数运算电路组成的除法运算电路的原理图如图 6.30(b) 所示。

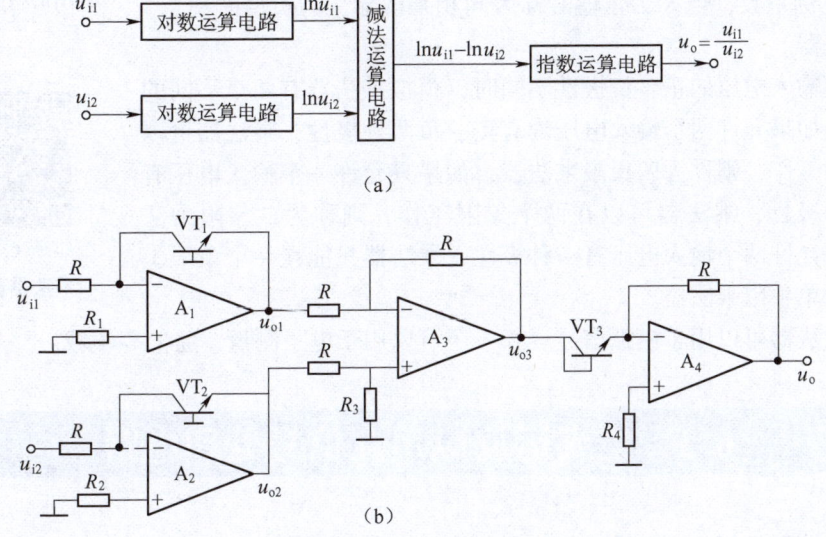

图 6.30 除法运算电路

(a) 由对数及指数运算电路组成的除法运算电路的结构框图；(b) 由对数及指数运算电路组成的除法运算电路的原理图

由图 6.30(b) 中输入端的对数运算电路可得

$$u_{o1} = -U_T \ln \frac{u_{i1}}{I_S R} \qquad u_{o2} = -U_T \ln \frac{u_{i2}}{I_S R}$$

经过减法运算电路相加后,有

$$u_{o3} = U_T \left(\ln \frac{u_{i1}}{I_S R} - \ln \frac{u_{i2}}{I_S R} \right)$$

再经过指数运算电路得到

$$u_o = -I_S R \cdot e^{\frac{u_{o3}}{U_T}} = -I_S R \frac{u_{i1}}{u_{i2}} \tag{6.15}$$

由上式可见,图 6.30(b) 实现了除法运算。

以上介绍的乘、除法运算电路只能完成 u_{i1}、u_{i2} 为正值的运算。在实际工程中,目前广泛使用集成模拟乘法器实现乘、除法运算。

6.2.5 集成模拟乘法器

由对数运算电路和指数运算电路组成的乘、除法运算电路只能完成 u_{i1}、u_{i2} 为正值的运算。在实际工程中,普遍使用集成模拟乘法器实现乘、除法运算。本小节简要介绍集成模拟乘法器。

集成模拟乘法器是实现两个模拟信号相乘运算的电子器件。由于其具有价格低廉、使用方便等特点,故应用非常广泛。

模拟乘法器的图形符号如图 6.31 所示。它有两个输入端和一个输出端,输出电压正比于两个输入电压的乘积,输出与输入关系为

$$u_o = K u_{i1} \cdot u_{i2} \tag{6.16}$$

图 6.31 模拟乘法器的图形符号

式中 K 为比例系数,当 K 为正值时称为同相乘法器,为负值时称为反相乘法器。

当两个输入电压的正、负极性不同时,模拟乘法器有 4 个不同的工作象限。如果允许两个输入电压均有正、负两种极性,乘法器可以在 4 个象限工作,则称为四象限乘法器;如果只允许一个输入电压有正、负两种极性,乘法器可以在两个象限工作,则称为二象限乘法器;如果只允许两个输入电压有一种极性,乘法器只能在一个象限工作,则称为单象限乘法器。

二维码 6.2 模拟乘法器的应用

模拟乘法器可以用于模拟信号运算,还可以用于电子测量、通信等领域。

6.3 集成运放应用在信号处理电路

有源滤波器是用集成运放进行信号处理的重要应用。

6.3.1 滤波器的基本概念

在实际的电子系统中，输入信号往往包含一些不需要的信号成分，必须设法将其衰减到足够小的程度，可以用滤波器来实现。

1. 滤波器

滤波器是一种选频电路，它能使有用频率信号通过，同时抑制无用频率信号。

无源滤波器：由无源元件 R、L 和 C 组成的滤波器。

有源滤波器：由集成运放与 R、C 组成的滤波器。

通常用幅频特性表征滤波器的特性，将能够通过的信号频率范围称为通带；将受阻或衰减的信号频率范围称为阻带；通带和阻带的界限频率称为截止频率。

2. 滤波器的分类

按照工作频率范围，滤波器主要分为四大类，即低通滤波器（LPF）、高通滤波器（HPF）、带通滤波器（BPF）和带阻滤波器（BEF）。

（1）低通滤波器。

设滤波器的截止频率为 f_0，频率低于 f_0 的信号都能通过，频率高于 f_0 的信号被衰减的电路称为低通滤波器，其理想的幅频特性如图 6.32(a) 中实线所示。

（2）高通滤波器。

设滤波器的截止频率为 f_0，频率高于 f_0 的信号都能通过，频率低于 f_0 的信号被衰减的电路称为高通滤波器，其理想的幅频特性如图 6.32(b) 中实线所示。

（3）带通滤波器。

设滤波器的下限截止频率为 f_1，上限截止频率为 f_2，频率高于 f_1 而低于 f_2 的信号都能通过，频率低于 f_1 或高于 f_2 的信号被衰减的电路称为带通滤波器，其理想的幅频特性如图 6.32(c) 中实线所示。

（4）带阻滤波器。

设滤波器的下限截止频率为 f_1，上限截止频率为 f_2，频率低于 f_1 或高于 f_2 的信号都能通过，频率在 $f_1 \sim f_2$ 之间的信号被衰减的电路称为带阻滤波器，其理想的幅频特性如图 6.32(d) 中实线所示。

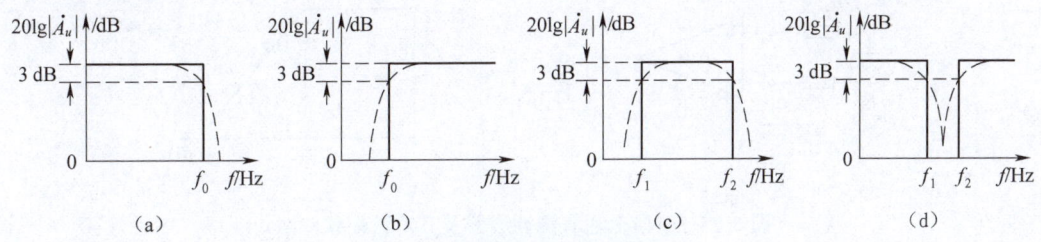

图 6.32 理想滤波器的幅频特性

(a) 低通滤波器；(b) 高通滤波器；(c) 带通滤波器；(d) 带阻滤波器

图中虚线为各滤波器的实际幅频特性，由通带到阻带有过渡过程。

6.3.2 有源滤波器

1. 有源滤波器的特点

由电阻、电容和电感组成的滤波电路称为无源滤波器，如图 6.33 所示电路是 RC 无源高通滤波器。当其空载时，截止频率由时间常数 RC 决定；带负载时，截止频率则由时间常数 $(R/\!/R_L)C$ 决定。由此可见，无源滤波器的缺点是带负载能力差，负载对截止频率产生严重的影响。

有源滤波器由集成运放和电阻、电容构成的无源滤波器组成。一阶高通有源滤波器如图 6.34 所示。有源滤波器克服了无源滤波器的缺陷，由于集成运放组成同相放大电路，具有很高的输入电阻，对截止频率几乎没有影响；并且集成运放具有很低的输出电阻，带负载能力非常强。故有源滤波器具有以下特点：

(1) 采用集成运放，避免了负载对滤波器参数的影响，简化设计，易于调试；
(2) 只用 RC 元件，体积小、质量轻、失真小、成本低；
(3) 满足滤波性能的同时，具有一定的增益。

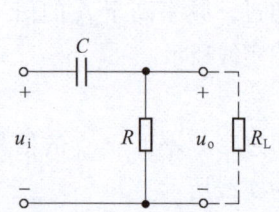

图 6.33 RC 无源高通滤波器

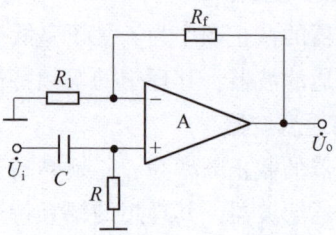

图 6.34 一阶高通有源滤波器

2. 有源低通滤波器

(1) 一阶低通有源滤波器。

一阶低通有源滤波器如图 6.35(a) 所示。由于集成运放组成同相放大电路，大大提高了滤波器的放大能力；同时由于集成运放输入电阻很大，输出电阻很小，使滤波器具有很强的带负载能力，故使带通截止频率稳定不变。

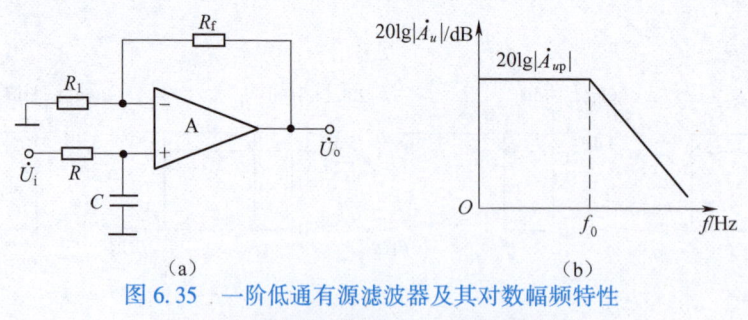

(a)　　　　　　　　　　(b)

图 6.35 一阶低通有源滤波器及其对数幅频特性
(a) 一阶低通有源滤波器；(b) 对数幅频特性

由图 6.35(a) 可见，集成运放 A 与电阻 R_1、R_f 组成同相放大电路，同相输入端电压为电容电压 $\dot{U}_C$，则一阶低通有源滤波器的电压放大倍数为

$$\dot{A}_u = \frac{\dot{U}_o}{\dot{U}_i} = \frac{\dot{U}_C}{\dot{U}_i} \cdot \frac{\dot{U}_o}{\dot{U}_C} = \frac{1+\dfrac{R_f}{R_1}}{1+\mathrm{j}\dfrac{f}{f_0}} = \frac{A_{up}}{1+\mathrm{j}\dfrac{f}{f_0}} \tag{6.16}$$

式中

$$f_0 = \frac{1}{2\pi RC} \tag{6.17}$$

$$A_{up} = 1 + \frac{R_f}{R_1} \tag{6.18}$$

式中，f_0 称为通带截止频率；A_{up} 称为通带电压放大倍数。一阶低通有源滤波器的对数幅频特性如图 6.35(b) 所示。

一阶低通滤波器的幅频特性与理想低通滤波器的幅频特性相比，当频率大于截止频率时，电压放大倍数衰减速度慢，只有 -20 dB/十倍频。要想加快衰减速度，可采用二阶低通滤波器或更高阶低通滤波器。当二阶低通滤波器的频率大于截止频率时，电压放大倍数衰减速度为 -40 dB/十倍频；三阶低通滤波器的衰减速度可达到 -60 dB/十倍频。

(2) 二阶低通有源滤波器。

二阶低通有源滤波器如图 6.36(a) 所示。

图 6.36(a) 所示电路中运放与电阻 R_1、R_f 组成电压串联负反馈电路，该电路可以视为压控电压源，因此这种滤波器称为压控电压源有源滤波器。

电路中由 RC 组成两级低通滤波器，第一级的电容 C 从输出端引回一个正反馈，作用是使输出电压在高频段迅速下降，但在通带截止频率附近又不会下降太多，从而有利于改善滤波特性。

由图 6.36(a) 可见，集成运放 A 与电阻 R_1、R_f 组成同相放大电路。设两级 RC 电路的电阻值、电容值相同，由理论推导得到二阶低通有源滤波器的电压放大倍数为

$$\dot{A}_u = \frac{\dot{U}_o}{\dot{U}_i} = \frac{1+\dfrac{R_f}{R_1}}{1-\left(\dfrac{f}{f_0}\right)^2 + \mathrm{j}\dfrac{1}{Q}\cdot\dfrac{f}{f_0}} = \frac{A_{up}}{1-\left(\dfrac{f}{f_0}\right)^2 + \mathrm{j}\dfrac{1}{Q}\cdot\dfrac{f}{f_0}} \tag{6.19}$$

式中

$$A_{up} = 1 + \frac{R_f}{R_1} \tag{6.20}$$

$$f_0 = \frac{1}{2\pi RC} \tag{6.21}$$

$$Q = \frac{1}{3 - A_{up}} \tag{6.22}$$

式中，Q 称为等效品质因数。

不同 Q 值的二阶低通有源滤波器的对数幅频特性如图 6.36(b) 所示。由图可见，Q 值越大，在 $f=f_0$ 处的 $|\dot{A}_u|$ 也越大。通常将 $1/Q$ 称为阻尼系数，当 $Q=1$ 时，在 $f=f_0$ 处有 $|\dot{A}_u| = A_{up}$，此时既可保持通带的增益，又使高于 f_0 的频率以 -40 dB/十倍频的速度快速衰减，同时避免了幅频特性在 $f=f_0$ 处产生一个较大凸峰，因此选择 $Q=1$ 时的滤波效果最好。

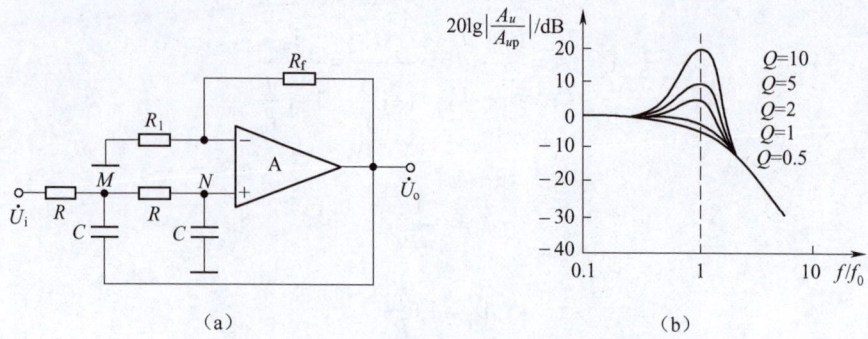

图 6.36 二阶低通有源滤波器及其对数幅频特性

(a) 二阶低通有源滤波器；(b) 对数幅频特性

【例 6.8】 图 6.36(a) 所示的二阶低通有源滤波器，已知 $R=1.6$ kΩ，$C=510$ pF，选择等效品质因数 $Q=1$，试求通带截止频率和电路中的电阻 R_1、R_f 的值。

解：二阶低通有源滤波器通带截止频率为

$$f_0 = \frac{1}{2\pi RC} = \frac{1}{2\pi \times 1\,600 \times 510 \times 10^{-12}} \text{ Hz} \approx 195 \text{ kHz}$$

由 $Q = \dfrac{1}{3-A_{up}}$ 得到

$$A_{up} = 3 - \frac{1}{Q} = 3 - 1 = 2$$

即

$$A_{up} = 1 + \frac{R_f}{R_1} = 2$$

则

$$R_f = R_1$$

为保持集成运放两个输入端的对称性，应使

$$R_f // R_1 = 2R = 2 \times 1.6 \text{ kΩ} = 3.2 \text{ kΩ}$$

故 $R_f = R_1 = 2 \times 3.2$ kΩ $= 6.4$ kΩ。

3. 二阶高通有源滤波器

高通滤波器与低通滤波器具有对偶性，将低通滤波器中的电阻与电容的位置互换，即组成高通滤波器。二阶高通有源滤波器如图 6.37(a) 所示，其对数幅频特性如图 6.37(b) 所示。

二阶高通有源滤波器与二阶低通有源滤波器的对数幅频特性具有"镜像"关系，将二阶低通有源滤波器电压放大倍数表达式中的 f 与 f_0 互换，得到二阶高通有源滤波器的电压放大倍数为

$$\dot{A}_u = \frac{\dot{U}_o}{\dot{U}_i} = \frac{A_{up}}{1-\left(\dfrac{f_0}{f}\right)^2 - j\dfrac{1}{Q}\cdot\dfrac{f_0}{f}} \tag{6.23}$$

式中的 A_{up}、f_0 和 Q 分别是二阶高通有源滤波器的通带电压放大倍数、通带截止频率和等效品质因数。它们的表达式与低通有源滤波器相同，分别为

$$A_{up} = 1 + \frac{R_f}{R_1} \qquad f_0 = \frac{1}{2\pi RC} \qquad Q = \frac{1}{3 - A_{up}}$$

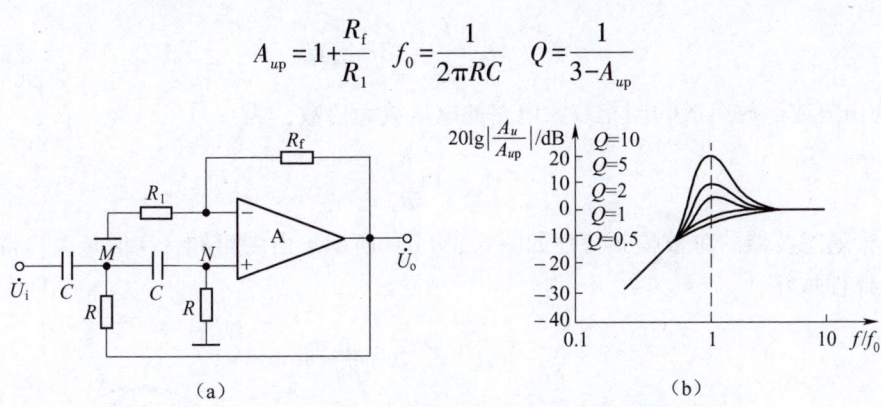

图 6.37 二阶高通有源滤波器及其对数幅频特性

(a) 二阶高通有源滤波器；(b) 对数幅频特性

4. 带通滤波器

（1）无源带通滤波器。

带通滤波器由一个低通滤波器和一个高通滤波器串联组成，其原理示意如图 6.38(a) 所示，无源带通滤波器如图 6.38(b) 所示。理想带通滤波器的幅频特性如图 6.38(c) 所示。

由图 6.38(c) 可见，低通滤波器的通带截止频率为 f_2，只允许小于 f_2 的信号通过；高通滤波器的通带截止频率为 f_1，只允许大于 f_1 的信号通过。两者串联，且 $f_2 > f_1$，则其通带是两者通带的公共部分，即 $f_1 \sim f_2$ 频段，成为带通滤波器。

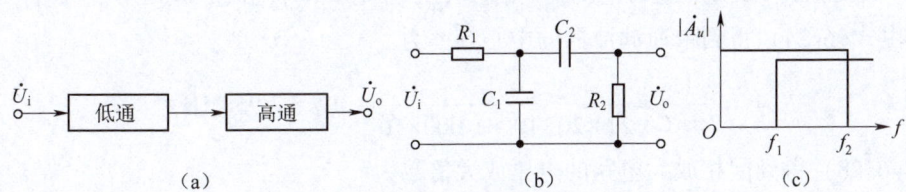

图 6.38 带通滤波器

(a) 带通滤波器原理示意；(b) 无源带通滤波器；(c) 理想带通滤波器的幅频特性

（2）有源带通滤波器。

将由集成运放和电阻、电容构成的无源带通滤波器组成的滤波器称为有源带通滤波器，如图 6.39(a) 所示。

一般取 $R_2 = 2R$，$R_3 = R$，可得到带通滤波器的中心频率 f_0，通带电压放大倍数 A_{up}，等效品质因数 Q 和通带宽度 BW 分别为

$$f_0 = \frac{1}{2\pi RC} \tag{6.24}$$

$$A_{up} = \frac{A_{uf}}{3 - A_{uf}} \tag{6.25}$$

$$Q = \frac{1}{3 - A_{uf}} \tag{6.26}$$

$$BW = f_2 - f_1 = \frac{f_0}{Q} = (3 - A_{uf})f_0 \qquad (6.27)$$

式中 A_{uf} 为由集成运放组成的同相放大电路的电压放大倍数，为

$$A_{uf} = 1 + \frac{R_f}{R_1} \qquad (6.28)$$

有源带通滤波器的对数幅频特性如图 6.39(b) 所示。由图可知，Q 值越大，带宽越窄，其通带选择性越好。

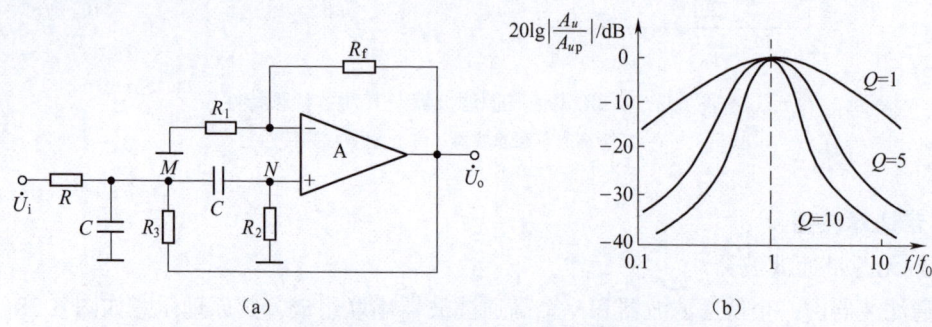

图 6.39 有源带通滤波器及其对数幅频特性

(a) 有源带通滤波器；(b) 对数幅频特性

【例 6.9】 图 6.39(a) 的带通滤波器，已知 $R = R_3 = 20\ \text{k}\Omega$，$R_2 = 40\ \text{k}\Omega$，$R_1 = 30\ \text{k}\Omega$，$R_f = 50\ \text{k}\Omega$，$C = 1\ 000\ \text{pF}$，试计算通带电压放大倍数 A_{up}，中心频率 f_0 和通频带 BW。

解： 由式(6.24) 得到带通滤波器的中心频率为

$$f_0 = \frac{1}{2\pi RC} = \frac{1}{2\pi \times 20 \times 10^3 \times 1\ 000 \times 10^{-12}}\ \text{Hz} \approx 7\ 958\ \text{Hz}$$

由式(6.28) 得到同相放大电路的电压放大倍数为

$$A_{uf} = 1 + \frac{R_f}{R_1} = 1 + \frac{50}{30} \approx 2.67$$

由式(6.25) 得到通带电压放大倍数为

$$A_{up} = \frac{A_{uf}}{3 - A_{uf}} = \frac{2.67}{3 - 2.67} \approx 8$$

由式(6.26) 得到带通滤波器的等效品质因数为

$$Q = \frac{1}{3 - A_{uf}} = \frac{1}{3 - 2.67} \approx 3$$

由式(6.27) 得到通频带为

$$BW = \frac{f_0}{Q} = \frac{7\ 958}{3}\ \text{Hz} \approx 2\ 653\ \text{Hz}$$

5. 带阻滤波器

(1) 无源带阻滤波器。

带阻滤波器由一个低通滤波器和一个高通滤波器并联组成，其原理示意如图 6.40(a) 所

示。无源带阻滤波器如图 6.40(b) 所示，是由 RC 组成的双 T 型网络，R_1 和 C_1 组成 T 型低通电路，R_2 和 C_2 组成 T 型高通电路。

由图 6.40(c) 看到，低通滤波器的通带截止频率为 f_1，只允许小于 f_1 的信号通过；高通滤波器的通带截止频率为 f_2，只允许大于 f_2 的信号通过。两者并联，且 $f_2 > f_1$，则 $f_1 < f < f_2$ 的信号被阻断，成为带阻滤波器。

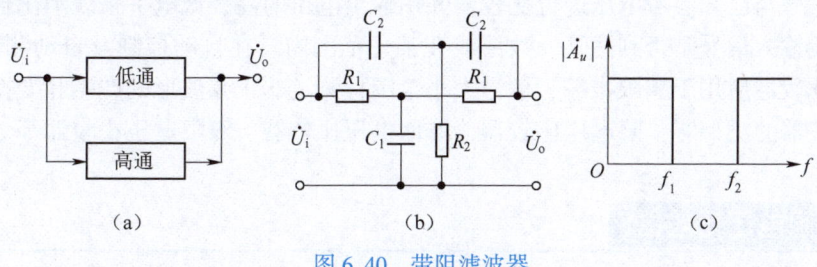

图 6.40 带阻滤波器

(a) 带阻滤波器原理示意；(b) 无源带阻滤波器；(c) 理想带阻滤波器的幅频特性

(2) 有源带阻滤波器。

将由集成运放和电阻、电容组成的无源带阻滤波器构成有源带阻滤波器，如图 6.41(a) 所示。

当选取 T 型低通电路的两个电阻都为 R，两者中间的电容为 $2C$，T 型高通电路的两个电容都为 C，两者中间的电阻为 $R/2$ 时，可得到此带阻滤波器的阻带的中心频率 f_0，通带电压放大倍数 A_{up}，等效品质因数 Q 和阻带宽度 BW 分别为

$$f_0 = \frac{1}{2\pi RC} \qquad (6.29)$$

$$A_{up} = 1 + \frac{R_f}{R_1} \qquad (6.30)$$

$$Q = \frac{1}{2(2 - A_{up})} \qquad (6.31)$$

$$BW = f_2 - f_1 = 2(2 - A_{up})f_0 \qquad (6.32)$$

有源带阻滤波器的对数幅频特性如图 6.41(b) 所示。由图可知，Q 值越大，阻带越窄，其选择性越好。

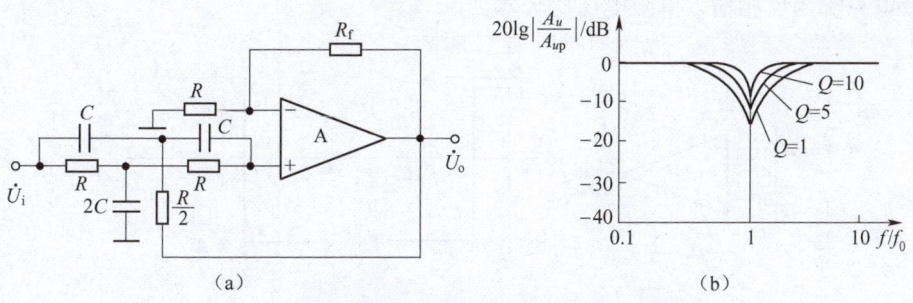

图 6.41 有源带阻滤波器及其对数幅频特性

(a) 有源带阻滤波器；(b) 对数幅频特性

6.4 电压比较器

由集成运放组成的电压比较器是一种常用的模拟信号处理电路。电压比较器的功能是将输入的模拟信号与已知参考电压进行比较，并用输出电压的高、低电平来表示比较结果，其主要用于检测输入信号是否到达某一数值或在某一范围内。在自动控制及自动测量系统中，通常将电压比较器应用于越限报警、信号大小范围检测及非正弦波形的产生和变换等场合。

电压比较器的类型有单限电压比较器、滞回电压比较器、双限电压比较器等。

6.4.1 单限电压比较器

1. 电路组成

图 6.42（a）为最简单的单限电压比较器，参考电压 U_{REF} 加在集成运放的同相输入端，U_{REF} 可以是正值也可以是负值，图中为正值，输入信号加在集成运放的反相输入端。

2. 工作原理

图中集成运放处于开环状态，工作在非线性区。由于集成运放的开环电压放大倍数很大，当输入信号 u_i 大于参考电压 U_{REF} 时，集成运放输出达到负饱和值，即 $u_o = -U_{om}$；当输入信号 u_i 小于参考电压 U_{REF} 时，集成运放输出达到正饱和值，即 $u_o = +U_{om}$。

3. 传输特性

由以上分析可知，电压比较器输出电压 u_o 的临界转换条件是 $u_i = U_{REF}$，由此可得到电压比较器的电压传输特性，如图 6.42（b）所示。由传输特性可见，当 u_i 由低变高经过 U_{REF} 时，u_o 由 $+U_{om}$ 变为 $-U_{om}$；反之，当 u_i 由高变低经过 U_{REF} 时，u_o 由 $-U_{om}$ 变为 $+U_{om}$。通常把电压比较器的输出电压 u_o 从一个电平跳变到另一个电平时，对应的输入电压 u_i 的值称为门限电压或阈值电压 U_T，图 6.42（a）所示电压比较器的门限电压为 $U_T = U_{REF}$。由于该电压比较器只有一个门限电压，故称为单限电压比较器。

当然，电路的输入信号也可以接在集成运放的同相输入端，参考电压 U_{REF} 接在集成运放的反相输入端，称为同相输入单限电压比较器，其相应传输特性如图 6.42（c）所示，相应地，前者电路称为反相输入单限电压比较器。

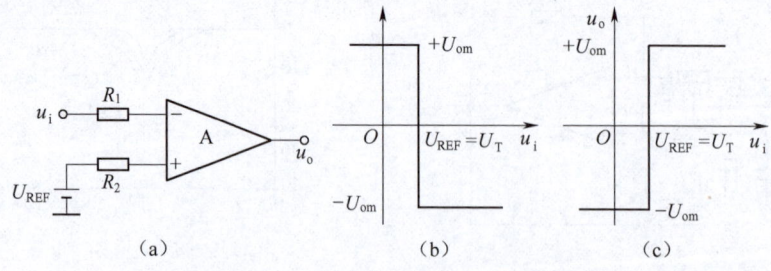

图 6.42 单限电压比较器

(a) 反相输入单限电压比较器；(b) 反相输入单限电压比较器的传输特性；
(c) 同相输入单限电压比较器的传输特性

4. 利用稳压管限幅的单限电压比较器

为了适应电压比较器与后面电路的连接,电压比较器的输出电压往往需要为小于 U_{om} 的某一特定值,这可以利用稳压管的限幅作用来实现,电路如图 6.43(a) 所示。

电路中电阻 R 为限流电阻,防止电流过大烧毁稳压管,稳压管为两个背靠背的稳压管。输出限幅的原理:当输入信号 $u_i > U_{REF}$ 时,运放输出电压 $u_o' = -U_{om}$,此时稳压管中上面的稳压管被反向击穿,输出电压 $u_o = -U_Z$;当输入信号 $u_i < U_{REF}$ 时,运放输出电压 $u_o' = +U_{om}$,此时稳压管中下面的稳压管被反向击穿,输出电压 $u_o = +U_Z$。于是单限电压比较器的输出电压为稳压管的稳定电压 U_Z,只要选择合适的稳压管,就可以使单限电压比较器的输出电压为所需的某一电压值。其传输特性如图 6.43(b) 所示。

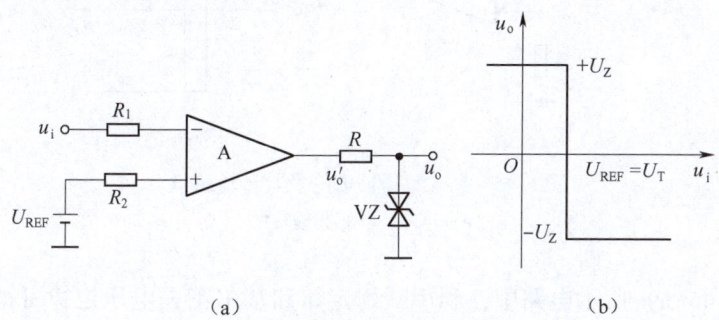

图 6.43 带有输出限幅的单限电压比较器

(a) 电路;(b) 传输特性

5. 过零比较器

过零比较器是单限电压比较器的一个特例。当 $U_{REF} = 0$ 时,门限电压 $U_T = 0$,则输入电压 u_i 每次过零时,输出电压就要产生跳变,因此称为过零比较器。带有输出限幅的过零比较器如图 6.44(a) 所示。

电路中运放的反相输入端"虚地",有 $u_- = 0$。当输入信号 $u_i < 0$ 时,如果不接入稳压管,则输出为正向最大值 $+U_{om}$,接入稳压管后,左边的稳压管被反向击穿,右边的稳压管正向导通,故 $u_o \approx +U_Z$;当 $u_i > 0$ 时,如果不接入稳压管,则输出为负向最大值 $-U_{om}$,接入稳压管后,右边的稳压管被反向击穿,左边的稳压管正向导通,故 $u_o \approx -U_Z$。其传输特性如图 6.44(b) 所示。

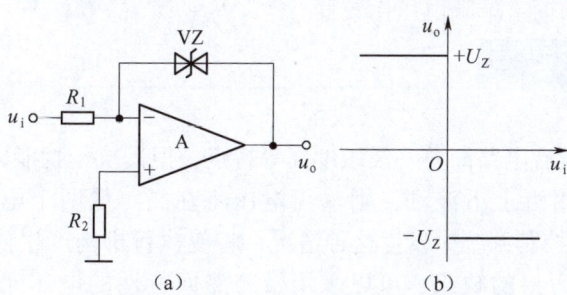

图 6.44 带有输出限幅的过零比较器

(a) 电路;(b) 传输特性

可见利用两个背靠背的稳压管实现了输出限幅作用，与图 6.43(a) 中的稳压管起的作用相同。但两个电路中的集成运放工作状态完全不同，图 6.44(a) 中的稳压管被反向击穿时，引入一个深度负反馈，集成运放工作在线性区；而图 6.43(a) 中集成运放始终工作在非线性区。

【例 6.10】 图 6.45(a) 为一个单限电压比较器，试求其门限电压 U_T，并画出其电压传输特性。

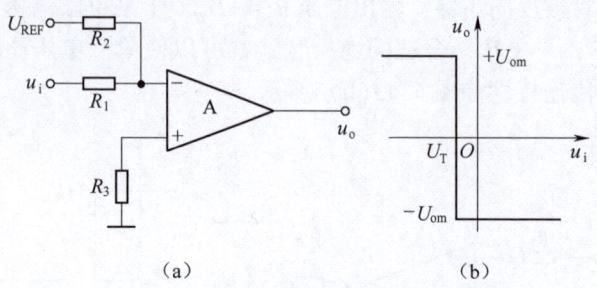

图 6.45 【例 2.10】电路及其传输特性
(a) 电路；(b) 传输特性

解：在图 6.45(a) 所示电路中，利用欧姆定律和基尔霍夫电压定律可得到集成运放反相输入端电位 u_- 为

$$u_- = \frac{u_i - U_{REF}}{R_1 + R_2} \cdot R_2 + U_{REF} = \frac{R_2}{R_1 + R_2} u_i + \frac{R_1}{R_1 + R_2} U_{REF}$$

在理想情况下，输出电压发生跳变时对应的 $u_- = 0$，即

$$u_- = R_2 u_i + R_1 U_{REF} = 0$$

输出电压发生跳变时对应的输入电压即为门限电压，有

$$U_T = u_i = -\frac{R_1}{R_2} U_{REF} \tag{6.33}$$

因此，当 $u_i > U_T$ 时，$u_o = -U_{om}$；而当 $u_i < U_T$ 时，$u_o = +U_{om}$。其电压传输特性如图 6.45(b) 所示。

由门限电压表达式可知，只要改变参考电压 U_{REF} 的大小和极性，以及电阻 R_1、R_2 的值，就可以改变门限电压的大小和极性。

6.4.2 滞回电压比较器

单限电压比较器具有电路简单、灵敏度高等特点，但其抗干扰能力差。如果输入电压受到干扰，在门限电压附近上下波动，则输出电压将在高、低两个电平之间反复跳变，如图 6.46 所示。如果在控制系统中发生这种情况，将使执行机构产生误动作。为了克服单限电压比较器抗干扰能力差的缺陷，可以采用带有滞回特性的电压比较器，即滞回电压比较器。

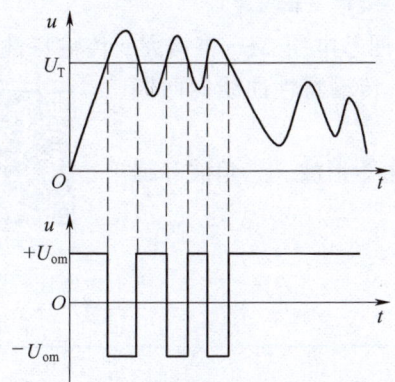

图 6.46 存在干扰时单限电压比较器的输入与输出波形

二维码 6.3 滞回电压比较器的电路组成和原理

【例 6.11】 在图 6.47 所示的滞回电压比较器中，参考电压 $U_{REF}=8$ V，稳压管的稳定电压 $U_Z=4$ V，电路中电阻 $R_1=15$ kΩ，$R_2=60$ kΩ，$R_f=20$ kΩ。

(1) 试估算门限电压 U_{T+} 和 U_{T-}，以及回差电压 ΔU_T。

(2) 如果参考电压 U_{REF} 增大为 16 V，试估算 U_{T+}、U_{T-} 及 ΔU_T，并分析传输特性如何变化。

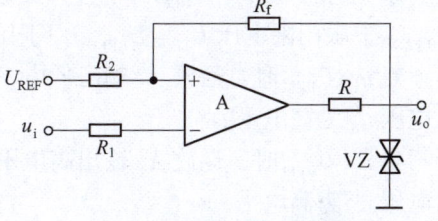

图 6.47 【例 6.11】电路

(3) 如果稳压管的稳定电压 U_Z 增大为 8 V，试分析传输特性如何变化。

解：(1) 由"滞回电压比较器的电路组成和原理"二维码中相关公式可得

$$U_{T+}=\frac{R_f}{R_f+R_2}U_{REF}+\frac{R_2}{R_f+R_2}U_Z=\left(\frac{20}{20+60}\times8+\frac{60}{20+60}\times4\right)V=5\ V$$

$$U_{T-}=\frac{R_f}{R_f+R_2}U_{REF}-\frac{R_2}{R_f+R_2}U_Z=\left(\frac{20}{20+60}\times8-\frac{60}{20+60}\times4\right)V=-1\ V$$

$$\Delta U_T=U_{T+}-U_{T-}=[5-(-1)]V=6\ V$$

(2) 当 $U_{REF}=16$ V 时，有

$$U_{T+}=\frac{R_f}{R_f+R_2}U_{REF}+\frac{R_2}{R_f+R_2}U_Z=\left(\frac{20}{20+60}\times16+\frac{60}{20+60}\times4\right)V=7\ V$$

$$U_{T-}=\frac{R_f}{R_f+R_2}U_{REF}-\frac{R_2}{R_f+R_2}U_Z=\left(\frac{20}{20+60}\times16-\frac{60}{20+60}\times4\right)V=1\ V$$

$$\Delta U_T=U_{T+}-U_{T-}=(7-1)V=6\ V$$

由计算可见，当 U_{REF} 增大时，U_{T+} 和 U_{T-} 同时增大，但回差电压 ΔU_T 不变，传输特性曲线向右平移；同理，当 U_{REF} 减小时，传输特性曲线向左平移。

(3) 当 $U_Z=8$ V 时，有

$$U_{T+}=\frac{R_f}{R_f+R_2}U_{REF}+\frac{R_2}{R_f+R_2}U_Z=\left(\frac{20}{20+60}\times8+\frac{60}{20+60}\times8\right)V=8\ V$$

$$U_{T-}=\frac{R_f}{R_f+R_2}U_{REF}-\frac{R_2}{R_f+R_2}U_Z=\left(\frac{20}{20+60}\times8-\frac{60}{20+60}\times8\right)V=-4\ V$$

$$\Delta U_T = U_{T+} - U_{T-} = [8-(-4)]\text{V} = 12\text{ V}$$

可见当 U_Z 增大时，U_{T+} 将增大，U_{T-} 将减小，回差电压 ΔU_T 将增大，传输特性曲线将向两侧伸展，门限宽度变宽；同理，当 U_Z 减小时，传输特性曲线向两侧压缩，门限宽度变窄。

滞回电压比较器可用于波形变换，也可以产生矩形波、三角波和锯齿波等非正弦信号。

二维码 6.4 滞回电压比较器的应用

6.4.3 双限电压比较器

图 6.48(a) 为一个基本的双限电压比较器，由图可见，双限电压比较器由两个单限电压比较器组成，两个门限电压分别为 U_{TH}、U_{TL}，U_{TH} 称为上限门限电压，U_{TL} 称为下限门限电压。

参考电压 U_{REF1}、U_{REF2} 分别接入运放 A_1 的反相输入端和运放 A_2 的同相输入端，$U_{REF1} > U_{REF2}$。上限门限电压 $U_{TH} = U_{REF1}$，下限门限电压 $U_{TL} = U_{REF2}$。

当 $u_i < U_{REF2}$ 时，运放 A_1 输出低电平，A_2 输出高电平，二极管 VD_1 截止，VD_2 导通，输出电压 u_o 为高电平。

当 $u_i > U_{REF1}$ 时，运放 A_1 输出高电平，A_2 输出低电平，二极管 VD_1 导通，VD_2 截止，输出电压 u_o 为高电平。

当 $U_{REF1} > u_i > U_{REF2}$ 时，运放 A_1 输出低电平，A_2 输出低电平，二极管 VD_1 和 VD_2 都截止，输出电压 u_o 为低电平。

双限电压比较器的传输特性如图 6.48(b) 所示。

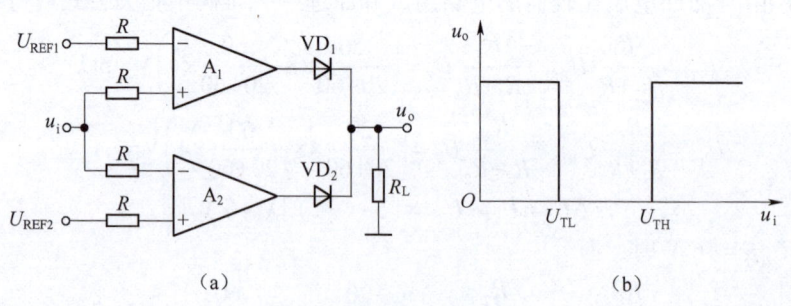

图 6.48 双限电压比较器

(a) 电路；(b) 传输特性

由以上分析可知，若输出电压为低电平，则 u_i 的数值在两个门限电压之间；若输出电压为高电平，则 u_i 的数值不在两个门限电压之间。由于双限电压比较器的传输特性的形状像一个窗口，故又称其为窗口电压比较器。

6.4.4 集成电压比较器

前面介绍的电压比较器可以由通用的集成运放组成，也可以采用专用的集成电压比较器，本节简要介绍集成电压比较器。

1. 由通用的集成运放组成的电压比较器的缺陷

由通用的集成运放组成的电压比较器主要是为线性放大电路设计的，其内部电路复杂，工作速度较慢，输出电平高，价格较高，与数字电路连接时输出必须限幅。

2. 集成电压比较器的特点

集成电压比较器是专为与数字电路连接设计的，其输出电平与数字电路兼容，主要有以下 4 个特点：

（1）开环差模增益大，输出发生跳变所需的差值电压小，灵敏度高；
（2）响应速度快，从输入接收到跳变信号到输出发生跳变所需的时间短；
（3）有较高的共模抑制比，允许共模输入电压较高；
（4）失调及失调的温漂较小。

3. 集成电压比较器的分类

集成电压比较器按性能可分为高速电压比较器、超速电压比较器、精密电压比较器、高灵敏度电压比较器、低功率电压比较器、低失调电压比较器和高输入阻抗电压比较器等。

集成电压比较器有 3 个最重要的性能指标，输出高、低电平，灵敏度和响应速度。在选择集成电压比较器时，首先要考虑输出的高、低电平要与下一级电路相配合。在要求精度或灵敏度高而响应速度不快时，可选择精密电压比较器。在要求响应速度快而灵敏度不高时，可选高速电压比较器。一般来说，灵敏度与响应速度两者很难完全兼顾。

6.5 集成运放的应用举例

集成运放可应用在单电源的交流放大电路、电平指示电路和温度控制电路中。下面分别对其进行具体介绍。

6.5.1 单电源的交流放大电路

用集成运放组成的阻容耦合交流放大电路，具有电路简单、免调试、故障率低等优点，在许多电子产品中的交流放大电路中普遍应用。

当集成运放使用单电源时，集成运放的 $+V_{CC}$ 端接直流电源正极，$-V_{EE}$ 端接地。静态时，输入端电位为 0，输出端电位也为 0，并且运放的输出电压只能在 $0 \sim +V_{CC}$ 变化，此时必然使放大后的交流信号只有半个周期。为使交流信号进行有效的放大而不产生失真，需要运放的两个输入端和输出端的静态电位不能为 0，若要大于 0，则通常选取电源电压 V_{CC} 的一半，这样能够得到较大的动态范围。动态时，输出电压 u_o 在 $+V_{CC}/2$ 的基础上，增至接近 $+V_{CC}$，下降至接近 0，输出电压 u_o 的幅值近似为 $V_{CC}/2$。

1. 单电源反相交流放大电路

单电源反相交流放大电路如图 6.49 所示。

静态时，电源 V_{CC} 通过 R_2 和 R_3 分压，使运放同相输入端电位为

$$U_+ = +V_{CC} \cdot \frac{R_3}{R_2+R_3} = \frac{+V_{CC}}{2}$$

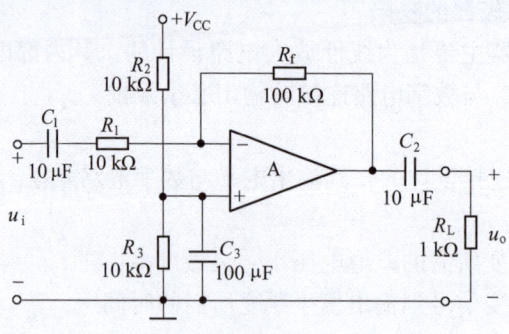

图 6.49 单电源反相交流放大电路

二维码 6.5 单电源反相交流放大电路原理

【例 6.12】 在图 6.49 电路中，集成运放为 LM741，其单位增益带宽 $BW_G = 1$ MHz，试估算放大电路的电压放大倍数、下限频率和上限频率。

解：放大电路的电压放大倍数为

$$A_{uf} = -\frac{R_f}{R_1} = -\frac{100}{10} = -10$$

由 R_1C_1 决定的下限频率为

$$f_{L1} = \frac{1}{2\pi R_1 C_1} = \frac{1}{2\pi \times 10^4 \times 10 \times 10^{-6}} \text{ Hz} = 1.6 \text{ Hz}$$

由 $R_L C_2$ 决定的下限频率为

$$f_{L2} = \frac{1}{2\pi R_L C_2} = \frac{1}{2\pi \times 10^3 \times 10 \times 10^{-6}} \text{ Hz} = 16 \text{ Hz}$$

放大电路的下限频率为

$$f_L \approx f_{L2} = 16 \text{ Hz}$$

放大电路的上限频率为

$$f_H = \frac{BW_G}{|A_{uf}|} = \frac{10^6}{10} \text{ Hz} = 100 \text{ kHz}$$

2. 单电源同相交流放大电路

单电源同相交流放大电路如图 6.50 所示。

静态时，电源 V_{CC} 通过 R_2 和 R_3 分压，使运放同相输入端电位为

$$U_+ = +V_{CC} \cdot \frac{R_3}{R_2+R_3} = \frac{+V_{CC}}{2}$$

由于运放同相输入端与反相输入端"虚短"，有 $U_- = U_+ = +V_{CC}/2$。又由于电阻 R_f 引入直流负反馈，运放输出端的静态电压 $U_o = U_- = +V_{CC}/2$，保证了运放输入、输出端的静态电位都为电源电压的一半。

为了避免电源的纹波电压对输入端的干

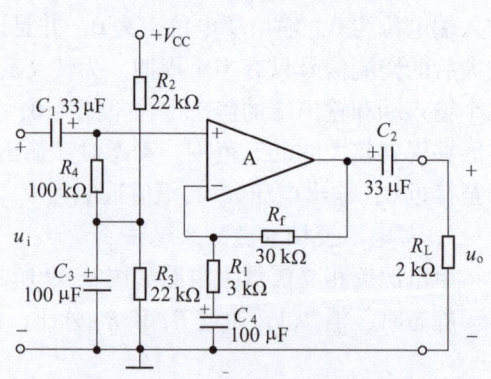

图 6.50 单电源同相交流放大电路

扰，在 R_3 两端并联滤波电容 C_3，滤除掉干扰信号。

输入耦合电容 C_1 通交流，使 R_f 引入交流负反馈，为电压串联负反馈。放大电路的电压放大倍数为

$$A_{uf} = \frac{u_o}{u_i} = 1 + \frac{R_f}{R_1} \tag{6.34}$$

接入电阻 R_4 为放大电路的输入电阻，输入电阻为

$$R_i = R_4 \tag{6.35}$$

放大电路的输出电阻为

$$R_o \approx 0 \tag{6.36}$$

6.5.2 电平指示电路

在音响设备中经常用电平指示电路显示音频电平的高、低。图 6.51 为一个音频电平指示电路。

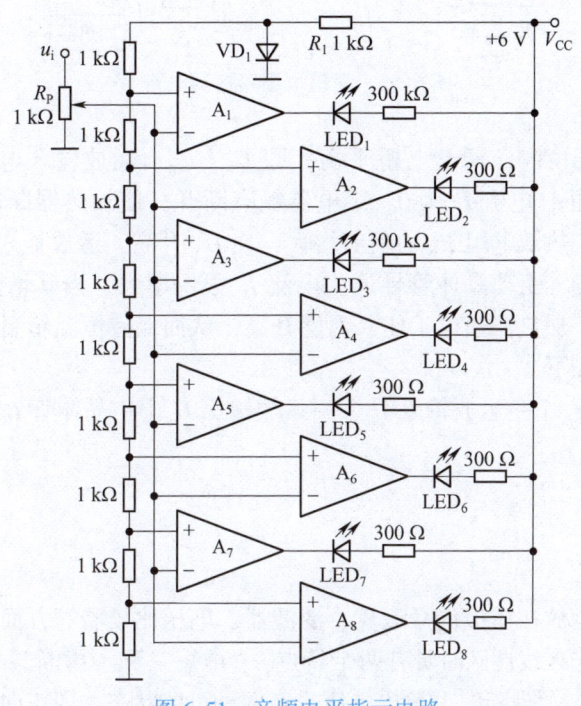

图 6.51 音频电平指示电路

音频电平指示电路用两片集成运放 LM324 组成电压比较器。V_{CC} 经 R_1、VD_1 组成降压电路，VD_1 上正向电压的范围是 0.6~0.8 V，假设为 0.72 V，经 9 只 1 kΩ 电阻分压，每级电压变化 0.08 V，电压比较器的同相输入端电位自下而上从 0.08 V 开始成倍升高，电压音频信号 u_i 幅度每增加 0.08 V，电压比较器 A_8~A_1 中就多一个输出为低电平，相应就多一个发光二极管 LED 被点亮，LED 被点亮的个数随着音频信号的强弱变化而变化。

6.5.3 温度控制电路

自动温度控制电路在许多场合被广泛应用，它是通过对温度的采集、判断，从而控制相应电路工作，如电冰箱、空调、电脑、孵化器、恒温箱、冷库等都有自动温度控制电路。其中温度的采集使用温度传感器，温度传感器种类繁多，如铂电阻温度传感器、热敏电阻、热敏二极管、集成温度传感器等。一般铂电阻温度传感器的电阻值随温度的升高而增大，半导体温度传感器的电阻值随温度的升高而减小。

图 6.52 为一种简易恒温箱控制电路。温度传感器使用负温度系数的热敏电阻 R_t，电阻 R_1、R_2、R_3 和热敏电阻组成电桥电路，运放 A 组成同相放大电路，晶体管 VT 组成驱动电路。

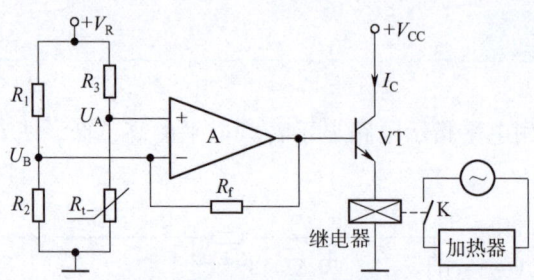

图 6.52 简易恒温箱控制电路

为在要求的恒定温度时，调整电桥平衡，即 $U_A = U_B$，运放输入电压 $U_i = 0$，输出电压 $U_o = 0$，驱动晶体管截止，电流 I_C 为 0，继电器触点断开，使加热器断电不工作，保持恒定温度。当温度下降时，热敏电阻 R_t 的阻值增大，使 U_A 升高，运放输入电压 $U_i = (U_A - U_B) > 0$，运放输出电压 $U_o > 0$，驱动晶体管导通，电流 I_C 很快增大，当其增大到一定值时，使继电器吸合，触点接通，加热器通电工作，温度升高，从而保持恒温箱温度基本恒定。

恒温箱控制过程如下：

温度↓→R_t↑→U_A↑→运放输入 U_i↑→运放输出 U_o↑→晶体管 I_C↑→继电器吸合→加热器通电工作→温度↑。

本章小结

本章介绍了集成运放在模拟信号运算、滤波器、电压比较器等方面的应用。

（1）理想运放工作在线性区时具有两个特点，"虚短"和"虚断"；理想运放工作在非线性区时也具有两个特点，"虚断"和输出电压只有两种可能状态，即正向最大输出电压+U_{om}和负向最大输出电压-U_{om}。

（2）模拟信号的运算是集成运放的典型应用。为了实现模拟信号的线性运算，运算电路中的集成运放工作在线性区，运算电路中都引入了深度负反馈。利用集成运放工作在线性区时具有"虚短"和"虚断"的特点，是分析运算电路最重要的方法，必须熟练掌握。

比例运算电路是最基本的运算电路，它有 3 种不同的电路形式：反相比例运算电路、同相比例运算电路和差分比例运算电路，电路形式不同其性能和特点也不同。反相比例运算电路的特点是，输出与输入关系为 $u_o = (-R_f/R_1) \cdot u_i$，输入、输出电阻为 $R_i = R_1$，$R_o \approx 0$；同相比例运算电路的特点是，输出与输入关系为 $u_o=(1+R_f/R_1)\cdot u_i$，输入、输出电阻为 $R_i=\infty$，$R_o\approx 0$；差分比例运算电路的特点是，在电阻匹配时的输出与输入关系为 $u_o=R_f/R_1(u_{i2}-u_{i1})$，输入、输出电阻为 $R_i=2R_1$，$R_o\approx 0$。

求和运算电路利用各输入回路电流求和的方法实现各路输入电压求和。求和运算电路有反相求和运算电路与同相求和运算电路，重点掌握反相求和运算电路，该电路各输入回路相对独立，设计、调节方便，应用十分广泛。其他类型的求和运算电路由于电路参数的调整困难，实际应用较少。

积分与微分运算电路互为逆运算，其原理都是利用电容两端的电压与流过电容的电流的积分或微分关系实现的。积分与微分运算电路在信号的产生和波形的变换方面应用普遍，同时在自动控制系统中也广泛应用。

对数与指数运算电路同样互为逆运算，其原理都是利用 PN 结两端的电压与流过其电流的对数或指数关系实现的。对数与指数运算电路重要的应用是可以实现乘、除法运算。但在实际应用中实现模拟量乘、除法运算更多的是采用集成模拟乘法器，它在自动控制、通信系统等领域得到广泛应用。

（3）有源滤波器是集成运放的重要应用。滤波电路的作用实质上是选频，在通信及自动测量与控制系统中，常用于信号传送和抑制干扰。根据其工作频率范围，滤波器主要分为四大类：低通滤波器、高通滤波器、带通滤波器、带阻滤波器。

最简单的滤波器由电阻和电容组成，称为无源滤波器。无源滤波器和集成运放结合，构成有源滤波器。其中集成运放的作用是提高电压放大能力和带负载能力。由于运放起放大作用，必须工作在线性区，因此引入了深度负反馈。

滤波器中 RC 元件的参数决定低通或高通滤波器的通带截止频率，以及带通或带阻滤波器的中心频率，这些频率的表达式为

$$f_0=\frac{1}{2\pi RC}$$

将一个 RC 低通滤波器和一个 RC 高通滤波器串联或并联在一起，可以分别构成带通滤波器或带阻滤波器。

为了改善滤波器的滤波特性，可以将两级或更多级 RC 电路串联，组成二阶或高阶滤波器。在二阶低通或高通有源滤波器中，常常在滤波器的输出端与两级 RC 电路之间引入一个反馈，对于阻断频率范围来说该反馈为负反馈，使信号急剧衰减；但在截止频率附近该反馈为正反馈，使信号得以提升，从而改善了滤波器的幅频特性，使之接近于理想特性。

（4）电压比较器是集成运放另一类重要的应用。电压比较器中的集成运放常常工作在非线性区，一般处于开环状态，有时还引入一个正反馈。电压比较器广泛应用于自动控制与测量系统中，用以实现越限报警、模/数转换，以及各种非正弦波的产生与变换等。

电压比较器的作用是将输入的模拟信号与已知参考电压进行比较，并用输出电压的高、低电平表示比较结果。由于输入信号是连续变化的模拟量，故输出信号只有高电平或低电平两种状态，电压比较器可以作为模拟电路与数字电路的"接口"。

常用的电压比较器有单限电压比较器、滞回电压比较器和双限电压比较器等，主要掌握前两种电压比较器。

单限电压比较器只有一个门限电压，门限电压为比较器输出端发生跳变的临界条件，当输入信号小于门限电压时，输出是一种状态；当输入信号大于门限电压时，输出是另一种状

态。若门限电压为0，则称为过零比较器。

滞回电压比较器有两个门限电压，它具有滞回形状的传输特性，两个门限电压之间的差值称为门限宽度或回差电压。

各种类型的电压比较器可以用集成运放组成，也可以选用专门的集成电压比较器。相比之下，专门的集成电压比较器具有灵敏度高、响应速度快、价格低廉、输出电平与数字电路兼容等特点。

（5）集成运放有广泛应用，如单电源的交流放大电路、电平指示电路、温度控制电路等。

综合习题

一、填空题

1. 反相比例运算电路的输入电流基本上等于流过反馈电阻的电流，而_____比例运算电路的输入电流几乎等于0。
2. 在反相比例运算电路中，运放的_____输入端为虚地点。
3. 流过反相求和运算电路反馈电阻 R_f 的电流等于各输入电流的_____。
4. 电压跟随器是_____比例运算电路的特例。
5. 反相器是_____比例运算电路的特例。
6. 反相比例运算电路与同相比例运算电路相比，_____比例运算电路的输入电阻小。
7. 电路如下图所示，设运放具有理想特性，且已知其最大输出电压为 ± 15 V，$u_i = 1$ V，当将 m、n 两点接通时，$u_o =$ _____ V。

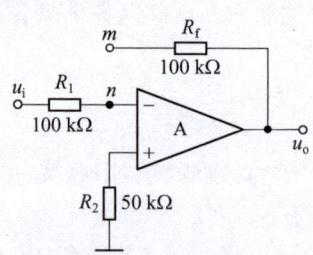

8. 如下图所示电路中，u_o 和 u_i 的大小关系为_____，相位关系为_____。

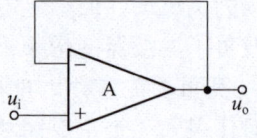

9. 电路如下图所示，其电压放大倍数 A_u 为_____，输入电阻 R_i 为_____ kΩ。

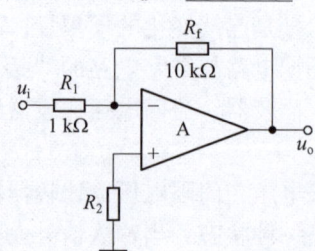

10. 电路如下图所示，其电压放大倍数 A_u 为 _____ ，输入电阻 R_i 为 _____ kΩ。

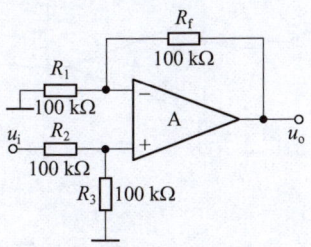

11. 电路如下图所示，已知 $u_i = 1$ V，输出电压 u_o 为 _____ V。

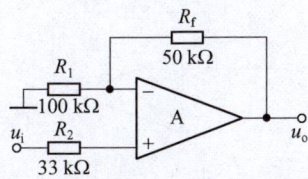

12. 电路如下图所示，同相比例运算电路的电压放大倍数为 _____ 。

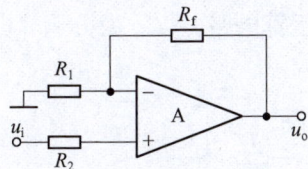

二、选择题

1. 如下图所示电路中，A 为理想运放。已知 $u_i = 3$ V，输出电压 u_o 等于（ ）。
A. 0.5 V　　　　　B. 1 V　　　　　C. 2 V　　　　　D. 3 V

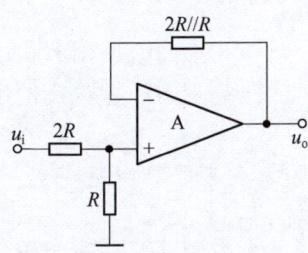

2. 电路如下图所示，A 为理想运放，电路中存在如下关系（ ）。
A. $u_- = 0$　　　　B. $u_- = u_i$　　　　C. $u_- = u_i - i_2 R_2$　　　　D. $u_i = u_o$

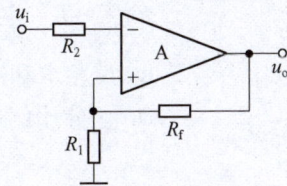

3. 如下图所示电路是（ ）。
A. 加法运算电路　　　　　　　　B. 减法运算电路
C. 微分运算电路　　　　　　　　D. 积分运算电路

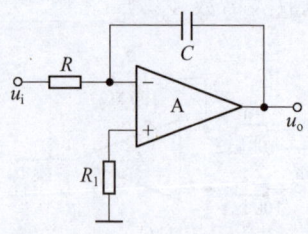

4. 如下图所示电路是（　　）。
A. 加法运算电路　　B. 减法运算电路　　C. 微分运算电路　　D. 积分运算电路

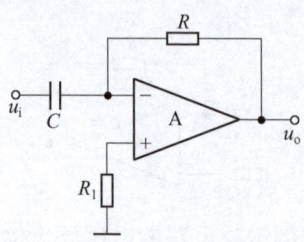

5. 如下图所示电路是（　　）。
A. 加法运算电路　　B. 减法运算电路　　C. 微分运算电路　　D. 积分运算电路

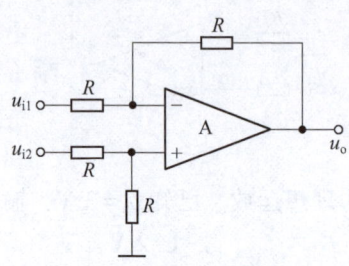

6. 如下图所示电路是（　　）。
A. 反相比例运算电路　　　　　　　B. 反相求和运算电路
C. 同相比例运算电路　　　　　　　D. 差分比例运算电路

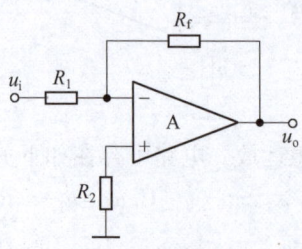

7. 如下图所示电路是（　　）。
A. 反相比例运算电路　　　　　　　B. 反相求和运算电路
C. 同相比例运算电路　　　　　　　D. 差分比例运算电路

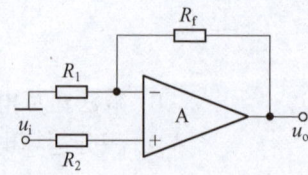

8. 如下图所示电路是（　　）。
A. 反相比例运算电路　　　　　　B. 反相求和运算电路
C. 同相比例运算电路　　　　　　D. 差分比例运算电路

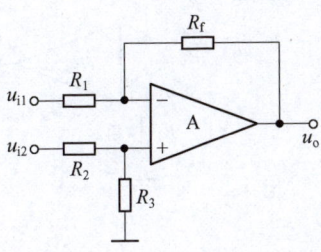

9. 如下图所示电路是（　　）。
A. 反相比例运算电路　　　　　　B. 反相求和运算电路
C. 同相比例运算电路　　　　　　D. 差分比例运算电路

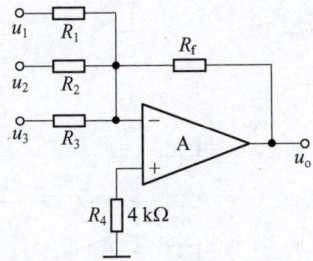

10. 如下图所示电路中，已知 $u_i = -5$ V，其输出电压为（　　）。
A. 0.5 V　　　　　B. −1.5 V　　　　　C. 10 V　　　　　D. −1 V

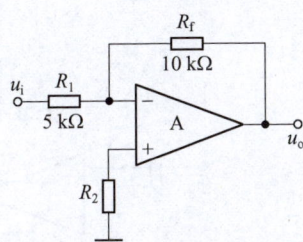

11. 电路如下图所示，设集成运放器件是理想的，则 N 点电位 u_N 为（　　）。
A. 0 V　　　　　B. 3 V　　　　　C. 2 V　　　　　D. 1 V

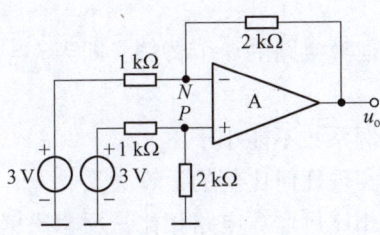

12. 积分运算电路为（   ）。

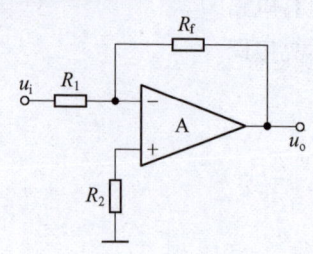
A.

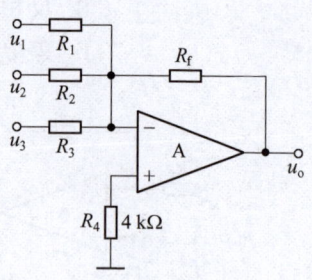
B.

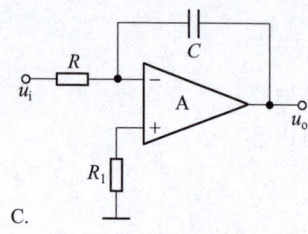
C.

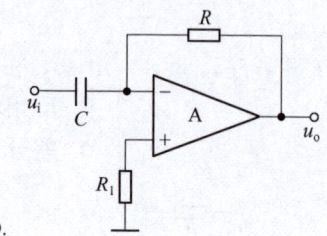
D.

13. 微分运算电路为（   ）。

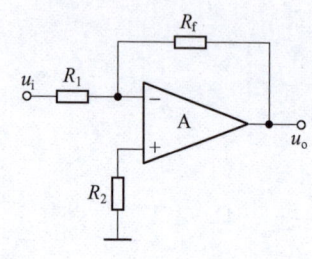
A.

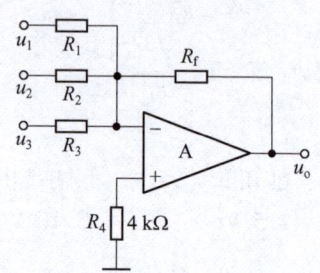
B.

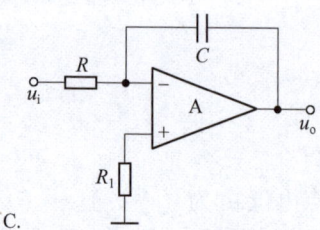
C.

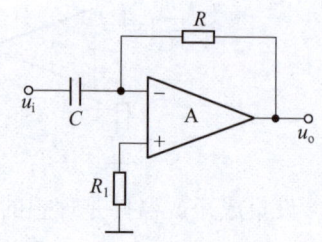
D.

三、判断题

1. 所谓反相器是反相比例运算电路的一个特例，即当 $f_0 = 127.4$ Hz 时，$u_o = -u_i$。

（   ）

2. 同相比例运算电路的比例系数不能小于1。（   ）
3. 同相比例运算电路可以实现任何比例的运算关系。（   ）
4. 反相比例运算电路与同相比例运算电路相比，反相比例运算电路的输入电阻大。

（   ）

四、改错题

1. 如下图所示电路是否为反相比例运算电路？若不是，请画出反相比例运算电路。

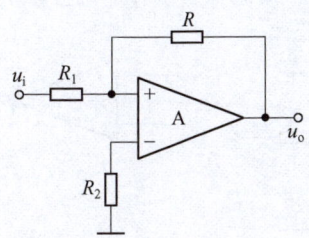

2. 电路如下图所示，$u_o = \dfrac{R_f}{R_1} u_1 + \dfrac{R_f}{R_2} u_2$ 的关系式是否正确？若不对，请写出正确的关系式。

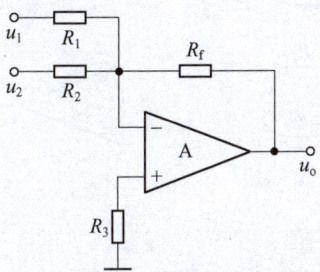

3. 电路如下图所示，$u_o = u_{i1} - u_{i2}$ 的关系式是否正确？若不对，请写出正确的关系式。

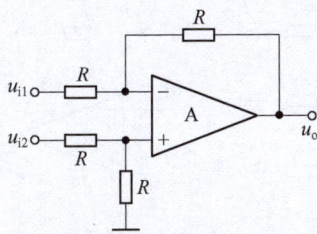

4. 如下图所示电路能否实现积分运算？若不能，请画出积分运算电路。

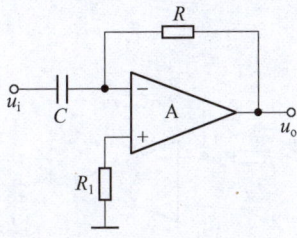

五、画图题

1. 将下图连接成反向比例运算电路，并标注 u_i 和 u_o。

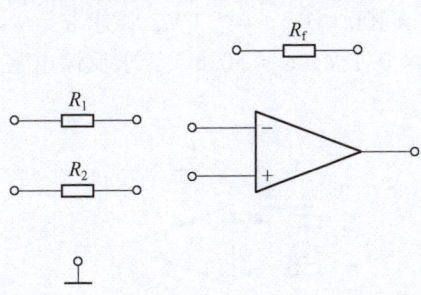

2. 将下图连接成同相比例运算电路，并标注 u_i 和 u_o。

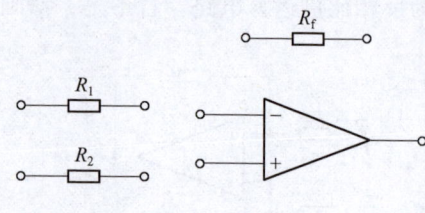

3. 将下图连接成两个输入端的反向求和运算电路，并标注 u_i 和 u_o。

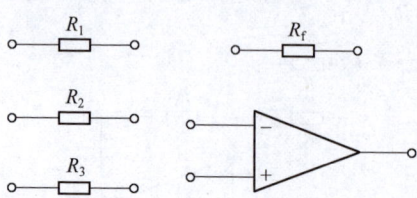

4. 将下图连接成差分比例运算电路，并标注 u_i 和 u_o。

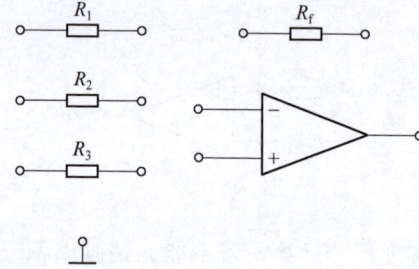

六、计算题

1. 电路如下图所示。

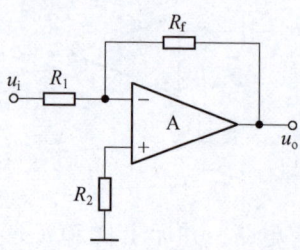

（1）已知 $R_1 = 20\text{ k}\Omega$，$R_f = 100\text{ k}\Omega$，$u_i = 0.2\text{ V}$，试求 u_o，R_2。
（2）已知 $R_1 = 20\text{ k}\Omega$，$u_i = 0.1\text{ V}$，$u_o = -0.5\text{ V}$，求反馈电阻 R_f 和输入电阻 R_i。

2. 电路如下图所示。

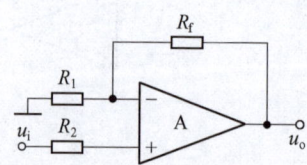

(1) 已知 $u_i = 0.1$ V, $R_1 = 20$ kΩ, $R_f = 100$ kΩ, 求 u_o。

(2) 已知 $R_f = 100$ kΩ, $u_i = 0.2$ V, $u_o = 1.2$ V, 试求电阻 R_1, R_2。

3. 电路如下图所示，已知 $R_1 = R_2 = R_3 = R_f$, $u_1 = 0.1$ V, $u_2 = -0.2$ V, $u_3 = 0.3$ V, 求 u_o。

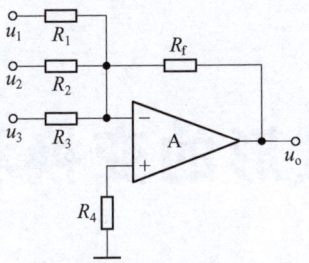

4. 电路如下图所示，已知 $R_1 = 10$ kΩ, $R_f = 20$ kΩ, $u_{i1} = 0.1$ V, $u_{i2} = 0.2$ V, 求 u_o。

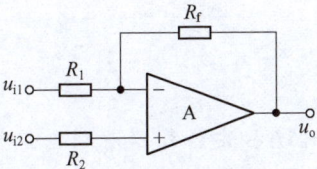

5. 电路如下图所示，已知 $R_1 = R_2 = R_3 = R_f$, $u_{i1} = 0.1$ V, $u_{i2} = -0.4$ V, 求 u_o。

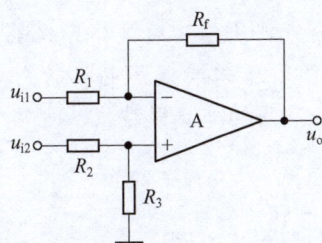

6. 电路如下图所示，已知 $R_1 = R_2 = R_4 = R_{f1} = R_{f2}$, $u_1 = 0.1$ V, $u_2 = 0.2$ V, 求 u_o。

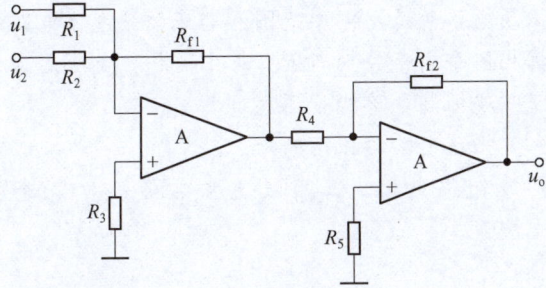

7. 设计实现 $u_o = -5u_i$ 的运算电路，$R_f = 100$ kΩ。

8. 设计实现 $u_o = 6u_i$ 的运算电路，$R_f = 100$ kΩ。

9. 设计实现 $u_o = -(2u_{i1} + 0.5u_{i2})$ 的运算电路，$R_f = 100$ kΩ。

10. 设计实现 $u_o = u_{i1} + u_{i2}$ 的运算电路，$R_f = 100$ kΩ。

11. 设计实现 $u_o = u_{i2} - u_{i1}$ 的运算电路，$R_f = 100$ kΩ。

12. 设计实现 $u_o = 0.5u_i$ 的运算电路，$R_f = 100$ kΩ。

第 7 章　波形的变换和发生电路

★ 内容提要

在电子技术领域内，通过示波器可以看到电信号的电压随时间变化的波形，最基本的电信号波形有正弦波、方波、三角波，因此正弦波和非正弦波发生电路常常作为信号源得到广泛应用。本章首先介绍产生正弦波振荡的条件，正弦波振荡电路的组成和分析方法。然后具体介绍典型 RC 正弦波振荡电路和 LC 正弦波振荡电路，重点阐述正弦波振荡电路的判断方法、起振条件和振荡频率的计算。最后介绍几种常用的非正弦波发生电路的组成、工作原理和主要特性。

★ 学习目标

要知道：正弦波振荡的相位平衡条件和幅度平衡条件，RC 串并联式正弦波振荡电路的起振条件和振荡频率，RC 串并联及 LC 并联谐振网络的选频特性，各类正弦波振荡电路的适用频率范围和非正弦波发生电路的结构和特点。

会判断：根据相位平衡条件判断 RC 串并联式、变压器反馈式、电感三点式、电容三点式正弦波振荡电路能否振荡。

会计算：正弦波振荡电路的振荡频率。

会分析：矩形波发生电路、三角波发生电路、锯齿波发生电路的工作原理。

二维码 7.1　知识导图

7.1 正弦波振荡电路的振荡条件

前面介绍的各种类型的放大电路,其作用都是把输入信号的电压和功率加以放大,从能量的观点来看,是在输入信号的控制下,把直流电能转换成按信号规律变化的交流电能。而振荡电路是一种不需要外接输入信号就能将直流能源转换成具有一定频率、一定幅度和一定波形的交流能量输出的电路,按振荡波形可将振荡电路分为正弦波振荡电路和非正弦波振荡电路。正弦波振荡电路是指输出信号的波形为正弦波的振荡电路,又称为简谐振荡电路。根据正弦波振荡电路中选用的选频网络的不同,<u>正弦波振荡电路可分为 RC、LC 和石英晶体振荡电路</u>。

下面分析正弦波振荡电路是如何产生振荡的。

7.1.1 正弦波振荡

1. 正弦波振荡的产生

正弦波振荡电路主要由放大电路和反馈网络组成,其电路原理框图如图 7.1 所示。

首先观察一下,将开关 S 接 1 端,在放大电路输入端加入正弦信号 $\dot{U}_i$,经过放大电路及反馈网

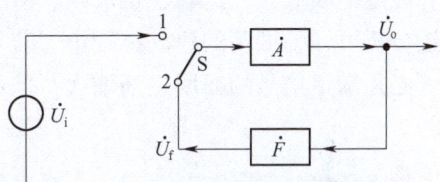

图 7.1 正弦波振荡原理框图

络在 2 端产生反馈信号 $\dot{U}_f$,如果反馈信号 $\dot{U}_f$ 与输入信号 $\dot{U}_i$ 大小相等、相位相同,这时将开关 S 扳向 2 端,反馈信号取代了外加输入信号,电路的输出端继续输出连续的正弦波信号,产生了正弦波振荡。

为使振荡电路的输出为一个固定频率的正弦波,即自激振荡只能在某一频率上产生,在振荡电路的环路中必须有选频网络,使只有等于选频网络中心频率的信号才能满足 $\dot{U}_f$ 与 $\dot{U}_i$ 相等的条件而产生自激振荡。选频网络可以在放大电路中,也可以在反馈网络中。

由上述分析可知,振荡电路是一个将反馈信号作为输入信号来维持输出连续信号的正反馈系统。

2. 产生正弦波振荡的条件

产生自激振荡的基本条件是反馈信号与输入信号大小相等、相位相同,即

$$\dot{U}_f = \dot{U}_i$$

由 $\dot{U}_f = \dot{F}\dot{U}_o$ 和 $\dot{U}_o = \dot{A}\dot{U}_i$ 的关系,有

$$\dot{A}\dot{F}\dot{U}_i = \dot{U}_i$$

于是得到产生正弦波振荡的条件为

$$\dot{A}\dot{F} = 1 \tag{7.1}$$

式(7.1) 就是产生正弦波振荡的平衡条件,这里包含两层含义。

(1) 反馈信号的幅度大小与输入信号的幅度相等,即

$$|\dot{A}\dot{F}| = 1 \tag{7.2}$$

(2) 反馈信号的相位与输入信号的相位相同,表示输入信号经过放大电路产生的相位移 φ_A 和反馈网络的相位移 φ_F 之和为 0, 2π, 4π, $\cdots$, $2n\pi$, 即

$$\varphi_A + \varphi_F = \pm 2n\pi \quad (n = 1, 2, 3, \cdots) \tag{7.3}$$

式(7.2)说明在放大电路和反馈网络组成的闭合环路中,反馈电压与输入电压大小相等,称为幅度平衡条件。式(7.3)说明在放大电路和反馈网络产生的总相位移必须等于 2π 的整数倍,即反馈电压与输入电压相位相同,以保证环路构成正反馈,称为相位平衡条件。

3. 起振条件

实际上的振荡电路,只要电路连接正确,在接通电源后,即可自行起振,并不需要加激励信号。因为自电源接通后,闭合电路的电冲击、晶体管的内部噪声和电路热扰动等,在基极电路中会产生瞬变的电压和电流,经放大后形成集电极电流。这些瞬变的电压和电流所包含的频率非常丰富,有低频分量和高频分量,经过选频网络的选择,将需要的频率分量选出来,经反馈网络在放大电路输入端就会产生一个与原来激励信号同相且幅度较大的信号。这样,经过不断放大、选频、正反馈、再放大的循环过程,振荡就由弱到强地被建立起来。由上述分析可知,振荡的建立过程中,若要能起振,则每次反馈到输入端的信号都应比前一次大,必须满足信号的幅度逐渐增大,即起振条件为

$$|\dot{A}\dot{F}| > 1 \tag{7.4}$$

综上所述,保证正弦波振荡电路正常工作,必须同时满足起振条件和平衡条件,其中相位平衡条件是构成正弦波振荡电路的关键,即振荡环路必须是正反馈。

7.1.2 正弦波振荡电路的组成

要产生正弦波振荡,电路结构必须合理,正弦波振荡电路一般由放大电路、正反馈网络、选频网络、稳幅环节 4 个部分组成。

(1) 放大电路。放大电路是满足幅度平衡条件必不可少的,因为自激振荡过程中,必然会有能量损耗,导致振荡衰减。通过放大电路,可以控制电源不断地向振荡系统提供能量,以维持等幅振荡,所以放大电路实质上是一个换能器,起到补充能量控制的作用。

(2) 正反馈网络。正反馈网络是满足相位平衡条件必不可少的。它将放大电路输出能量的一部分或全部返送到输入端,完成自激振荡,实质上起到能量控制的作用。组成一个正反馈放大电路,需满足平衡条件 $\dot{A}\dot{F} = 1$。

(3) 选频网络。选频网络的作用是在通过正反馈网络的反馈信号中,只有被选定的信号,才能使电路满足自激振荡条件,而对于其他频率的信号,由于不能满足自激振荡条件而受到抑制,其目的在于使电路产生单一频率的正弦波信号。

选频网络可以设置在放大电路中,也可以设置在反馈网络中,它可以用 R、C 元件组成,也可用 L、C 元件组成。用 R、C 元件组成选频网络的振荡电路称为 RC 振荡电路,其一般用来产生 1 Hz~1 MHz 范围内的低频信号;用 L、C 元件组成选频网络的振荡电路称为 LC 振荡电路,其一般用来产生 1 MHz 以上的高频信号。

(4) 稳幅环节。稳幅环节用于稳定振荡信号的振幅，它可以采用热敏元器件或其他限幅电路，也可以利用放大电路自身元器件的非线性来完成。为了能更好地获得稳定的等幅振荡，有时需要引入负反馈网络。

7.1.3 正弦波振荡电路的分析方法

（1）检查电路的组成，是否含有放大电路、正反馈网络、选频网络和稳幅环节等正弦波振荡电路的基本组成部分。

（2）检查电路是否正常工作，主要是放大电路是否工作在放大状态，即检查静态工作点是否合适。

（3）用瞬时极性法判断电路是否满足相位平衡条件，即是否是正反馈电路。

（4）估算振荡电路的振荡频率和起振条件。

振荡频率为满足相位平衡条件信号的频率，估算振荡频率可以利用选频网络的参数进行计算。

对于具体振荡电路的起振条件是指保证振荡电路起振，电路技术指标或元件参数满足的条件。可以根据 $|\dot{A}\dot{F}|>1$ 的关系，分析出起振的具体条件。

7.2 RC 正弦波振荡电路

由 RC 选频网络组成的振荡电路称为 RC 振荡电路。RC 正弦波振荡电路的种类繁多，最常用的是以 RC 串并联电路为选频网络的 RC 桥式振荡电路。

1. RC 串并联选频网络的选频特性

RC 串并联选频网络如图 7.2(a) 所示。

（1）当频率较低时，R_1、C_1 串联，由于 $1/\omega C_1 \gg R_1$，故电阻 R_1 可以忽略；R_2、C_2 并联，由于 $1/\omega C_2 \gg R_2$，故电容 C_2 可以忽略。RC 串并联选频网络的低频等效电路如图 7.2(b) 所示。随着 ω 的降低，$\dot{U}_f$ 幅度越小，相位超前 $\dot{U}_o$ 越大，最大接近 90°。

（2）当频率较高时，由于 $1/\omega C_1 \ll R_1$，$1/\omega C_2 \ll R_2$，故 C_1、R_2 可以忽略，RC 串并联选频网络的高频等效电路如图 7.2(c) 所示。随着 ω 的升高，$\dot{U}_f$ 幅度越小，相位滞后 $\dot{U}_o$ 越大，最大接近 90°。

（3）在频率由低到高的变化过程中，$\dot{U}_f$ 与 $\dot{U}_o$ 的相位由超前变化到滞后，显然当频率为适中的某一值时，$\dot{U}_f$ 与 $\dot{U}_o$ 同相，此频率时 $\dot{U}_f$ 的幅度也达到最大。可见，RC 串并联选频网络具有选频特性。

（4）RC 串并联选频网络选频特性的定量分析。

一般选取 $C_1=C_2=C$，$R_1=R_2=R$，RC 串联与 RC 并联的阻抗分别为

$$Z_1=R+(1/\mathrm{j}\omega C)=\frac{1+\mathrm{j}\omega RC}{\mathrm{j}\omega C}, \quad Z_2=R /\!/ (1/\mathrm{j}\omega C)=\frac{R}{1+\mathrm{j}\omega RC}$$

RC 串并联选频网络的电压传输系数 $\dot{F}$ 为

$$\dot{F}=\frac{\dot{U}_f}{\dot{U}_o}=\frac{Z_2}{Z_1+Z_2}=\frac{\dfrac{R}{1+j\omega RC}}{\dfrac{1+j\omega RC}{j\omega C}+\dfrac{R}{1+j\omega RC}}=\frac{1}{3+j\left(\omega RC-\dfrac{1}{\omega RC}\right)}=\frac{1}{3+j\left(\dfrac{\omega}{\omega_0}-\dfrac{\omega_0}{\omega}\right)} \qquad (7.5)$$

式中

$$\omega_0=\frac{1}{RC} \qquad (7.6)$$

由式(7.5)得到 RC 串并联选频网络的选频特性，当 $\omega=\omega_0$ 时，$\dot{F}=1/3$，即相位 $\varphi_F=0°$，同时幅值达到最大，也就是 $\dot{U}_f$ 与 $\dot{U}_o$ 同相，此频率时 $\dot{U}_f$ 的幅度也达到最大。

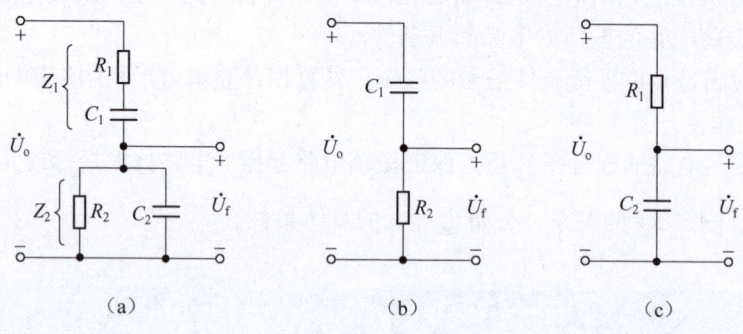

图 7.2 RC 串并联选频网络
（a）RC 串并联选频网络；（b）低频等效电路；（c）高频等效电路

2. RC 桥式振荡电路

（1）电路组成。

由 RC 串并联选频网络和集成运放组成的 RC 桥式振荡电路如图 7.3 所示。

RC 串并联选频网络接到运放的输出端和同相输入端，构成正反馈回路；R_f、R_1 接在运放的输出端和反相输入端，构成负反馈回路。由于 RC 串并联选频网络和电阻 R_f、R_1 组成文氏电桥电路，运放的输入端和输出端分别接在电桥的对角线上，故这种振荡电路称为 RC 文氏桥式振荡电路，简称 RC 桥式振荡电路。

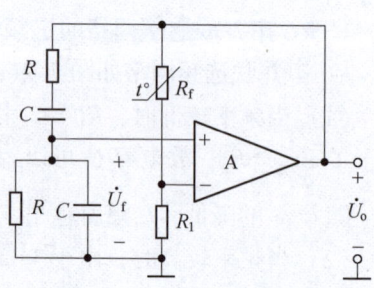

图 7.3 RC 桥式振荡电路

（2）电路分析。

①判断相位平衡条件。

运放组成同相放大电路，放大电路的相位移为 0，即 $\varphi_A=0°$；反馈网络为 RC 串并联选频网络，当 $\omega=\omega_0$ 时，反馈网络的相位移为 0，即 $\varphi_F=0°$，振荡电路总相位移 $\varphi_A+\varphi_F=0°$。因此，满足相位平衡条件，也就为正反馈。

从电路结构上分析，当满足正反馈时，RC 桥式振荡电路由 RC 串并联选频网络和一个同相放大电路组成。因此，RC 桥式振荡电路只要由 RC 串并联选频网络和一个同相放大电路组成，就必然满足相位平衡条件。

②振荡频率 f_0。

RC 桥式振荡电路的振荡频率为 RC 串并联选频网络的谐振频率,振荡频率为

$$f_0 = \frac{1}{2\pi RC} \tag{7.7}$$

③RC 桥式振荡电路的起振条件。

当 $\omega = \omega_0$ 时,RC 桥式振荡电路满足幅度平衡条件,有 $|\dot{F}| = 1/3$,又有振荡电路的起振条件为 $|\dot{A}\dot{F}| > 1$,并且运放组成同相放大电路,有 $\dot{A} = 1 + (R_f/R_1)$,得到

$$|\dot{A}\dot{F}| = \left(1 + \frac{R_f}{R_1}\right) \times \frac{1}{3} > 1$$

则 RC 桥式振荡电路的起振条件为

$$A > 3 \text{ 或 } R_f > 2R_1 \tag{7.8}$$

④常用稳幅措施。

在 RC 桥式振荡电路中,由电阻 R_f、R_1 引入负反馈,起到稳定输出电压幅值和改善波形的非线性失真的作用。

稳幅是利用热敏电阻的非线性特性,负温度系数热敏电阻的阻值随温度的升高而减小。反馈电阻 R_f 采用负温度系数热敏电阻,其稳幅原理是,当电路起振时,有 $A = 1+(R_f/R_1) > 3$,即 $|\dot{A}\dot{F}| > 1$,输出电压的幅度逐渐增大;有电流流过热敏电阻 R_f 产生热量,温度逐渐升高,随温度的升高 R_f 的阻值减小,使电压增益逐渐降低,当其降低到等于 1 时,输出电压的幅度不再继续增大,振荡电路进入稳定状态,从而输出电压的幅度稳定在某一幅值不变。

同理,振荡建立以后,由于某种原因输出电压的幅度发生变化,可通过热敏电阻 R_f 的变化,自动调整稳定输出电压的幅度。

⑤振荡频率的调节。

由振荡频率公式可知,改变 RC 串并联选频网络中 R 或 C 的数值,就可以改变振荡频率。频率可调的 RC 桥式振荡电路的 RC 串并联选频网络如图 7.4 所示,切换不同的电容作为频率的粗调,调节同轴电位器的阻值作为频率的细调。

如果 $C_1 = 0.25\ \mu F$,同轴电位器 R_W 的调节范围为 $3 \sim 33\ k\Omega$,则振荡频率的调节范围为 $19 \sim 212\ Hz$。

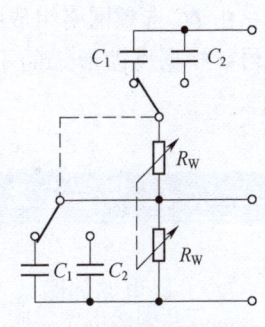

图 7.4 振荡频率的调节

【例 7.1】 电路如图 7.5 所示,已知 $R = 1\ k\Omega$,$C = 0.01\ \mu F$,$R_2 = 15\ k\Omega$,试问:

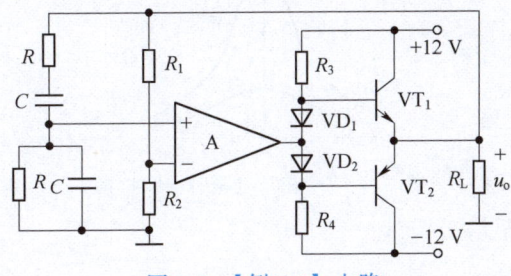

图 7.5 【例 7.1】电路

（1）判断电路是否满足振荡相位平衡条件。

（2）若要满足起振条件，试确定 R_1 的阻值；为了稳幅，R_1 选择热敏电阻，则应选择正温度系数还是负温度系数的热敏电阻？

（3）估算振荡频率。

解：（1）电路中集成运放 A 和晶体管 VT_1、VT_2 的 OCL 电路组成放大电路。集成运放接成同相放大电路，OCL 电路也为同相放大电路，因此该振荡电路的放大电路为同相放大电路，放大电路的相位移 $\varphi_A = 0°$。当满足 $f = f_0 = 1/(2\pi RC)$ 时，电路中的 RC 串并联选频网络的相位移 $\varphi_F = 0°$，电路总相位移 $\varphi_A + \varphi_F = 0°$，因此该电路满足振荡相位平衡条件。

对于 RC 桥式振荡电路也可以通过结构组成判断是否满足振荡相位平衡条件。该电路由放大电路和反馈网络组成，放大电路是同相放大电路，反馈网络是 RC 串并联选频网络，满足 RC 桥式振荡电路的正确组成，即满足振荡相位平衡条件。

（2）RC 桥式振荡电路的起振条件是 $R_1 > 2R_2$，$R_2 = 15\ \text{k}\Omega$，取 $R_1 > 30\ \text{k}\Omega$。为了稳幅，R_1 应选择负温度系数的热敏电阻。

（3）振荡频率为

$$f_0 = \frac{1}{2\pi RC} = \frac{1}{2\pi \times 1 \times 10^3 \times 0.01 \times 10^{-6}}\ \text{Hz} \approx 15.9\ \text{kHz}$$

7.3　LC 正弦波振荡电路

由 LC 选频网络组成的振荡电路称为 LC 振荡电路，它产生大于 1 MHz 的高频正弦振荡信号。根据反馈形式的不同，LC 振荡电路分为变压器反馈式、电感三点式和电容三点式 3 种。

7.3.1　LC 并联电路的选频特性

LC 并联电路如图 7.6 所示，图中 R 表示电感线圈 L 的等效损耗电阻，一般很小。LC 并联电路的幅频特性如图 7.7 所示。

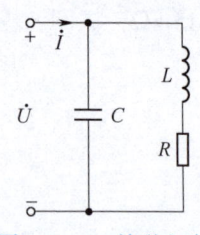

图 7.6　LC 并联电路

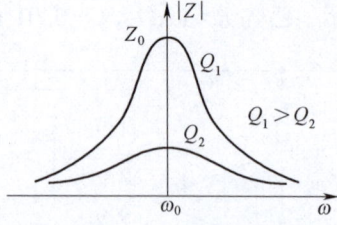

图 7.7　LC 并联电路的幅频特性

二维码 7.2　LC 并联电路正弦波振荡的原理分析

7.3.2 变压器反馈式 LC 振荡电路

变压器反馈式 LC 振荡电路如图 7.8 所示。电路中由晶体管 VT 组成共射放大电路，由 LC 并联电路组成选频网络，由变压器组成反馈网络，利用晶体管的非线性实现稳幅作用。

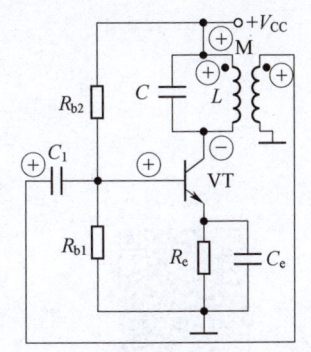

图 7.8　变压器反馈式 LC 振荡电路

二维码 7.3　变压器反馈式 LC 振荡电路分析

7.3.3 电感三点式 LC 振荡电路

电感三点式 LC 振荡电路如图 7.9 所示。电路中由晶体管 VT 组成共射放大电路，由 LC 并联电路组成选频网络和反馈网络，利用晶体管的非线性实现稳幅作用。由于电感线圈的 3 个端钮分别连接到晶体管的 3 个极，故称为电感三点式 LC 振荡电路。

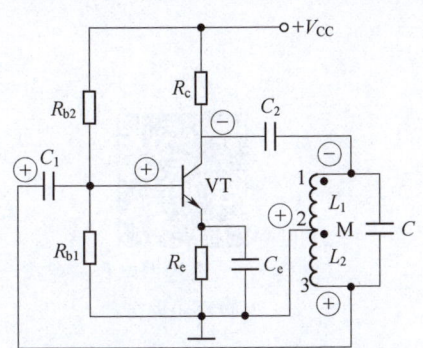

图 7.9　电感三点式 LC 振荡电路

二维码 7.4　电感三点式 LC 振荡电路分析

电感三点式 LC 振荡电路的特点是易于起振，振荡频率调节方便，只要电容 C 为一个可调电容，就可以改变振荡频率，但是振荡信号的波形较差，其中的高次谐波成分较多。

7.3.4 电容三点式 LC 振荡电路

电容三点式 LC 振荡电路如图 7.10 所示。电路中由晶体管 VT 组成共射放大电路，由 LC

并联电路组成选频网络和反馈网络,利用晶体管的非线性实现稳幅作用。由于电容 C_1、C_2 的 3 个端钮分别连接到晶体管的 3 个极,故称为电容三点式 LC 振荡电路。

电容三点式 LC 振荡电路的特点是振荡信号的波形好,振荡频率高,但是振荡电路的调节非常不方便。由于电容 C_1、C_2 的数值既决定振荡频率,又影响振荡电路的起振条件和幅度平衡条件,故电路的调节非常麻烦。

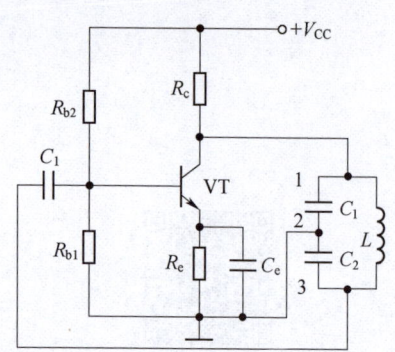

图 7.10　电容三点式 LC 振荡电路

二维码 7.5　电容三点式 LC 振荡电路分析

为了保留电容三点式 LC 振荡电路的优点,克服其频率调节不方便的缺点,对电路进行了改进,故有了改进型电容三点式 LC 振荡电路。

改进型电容三点式 LC 振荡电路如图 7.11 所示,该电路又称为克拉泼电路。改进型电容三点式 LC 振荡电路的特点是波形好、振荡频率高、频率调节方便。

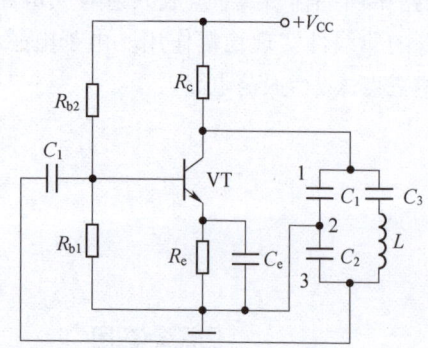

图 7.11　改进型电容三点式 LC 振荡电路

二维码 7.6　改进型电容三点式 LC 振荡电路分析

【例 7.2】电路如图 7.12 所示,试判断 LC 振荡电路是否能振荡,若能振荡求其振荡频率。

解:画出图 7.12 所示电路的交流通路,如图 7.13 所示。从结构上观察,满足"射同基(集)反"的组成原则,因此,该电路可以振荡。其振荡频率为

$$f_0 \approx \frac{1}{2\pi\sqrt{L\dfrac{C_1 C_2}{C_1+C_2}}} = \frac{1}{2\pi\sqrt{300\times 10^{-6} \times \dfrac{470\times 10^{-12} \times 470\times 10^{-12}}{2\times 470\times 10^{-12}}}} \text{Hz} \approx 100 \text{ kHz}$$

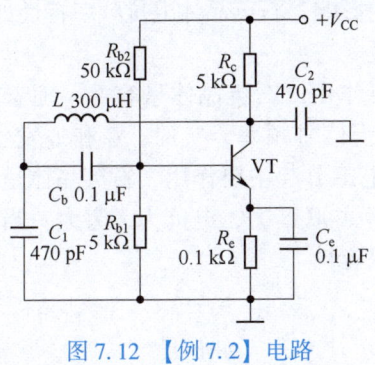
图 7.12 【例 7.2】电路

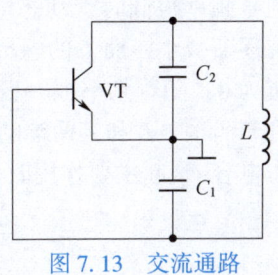
图 7.13 交流通路

7.4 石英晶体振荡电路

上节的 LC 振荡电路由电感和电容决定振荡频率,电感和电容元件受环境的温度、湿度和磁场的影响,数值易发生变化,因此,电路存在振荡频率不稳定的缺陷,不能应用于要求振荡频率稳定的设备中。

从理论上分析,LC 振荡回路的等效品质因数 Q 直接影响振荡频率的稳定性,石英晶体的 Q 值远远高于 LC 回路的 Q 值,石英晶体振荡电路可以提供频率非常稳定的信号,因此石英晶体振荡电路应用得十分广泛。

1. 石英晶体的基本特性

石英是一种各向异性的结晶体,其化学成分为二氧化硅。从一块晶体上按一定的方位角切下的薄片称为晶片,在晶片的两面镀上银层作为电极,引出引线并将其封装,就成为石英晶体谐振器,简称石英晶体。

(1) 石英晶体的压电效应。

石英晶体之所以能作为谐振器,是由于它具有压电效应。所谓压电效应是指在石英晶片对应面加一交变电压,石英晶片将按交变电压的频率产生机械振动;反之,当石英晶体受力发生机械振动时,则在其晶片对应面上将产生交变电压。

①压电谐振。

石英晶体的压电效应与外加交变电压的频率有关,当外加交变电压的频率等于石英晶片的固有机械振动频率时,晶片发生共振,此时机械振动幅度最大,电路中的交变电流最大,这种现象称为压电谐振。

②谐振频率。

晶片的固有机械振动频率称为谐振频率,其只与晶片的几何尺寸有关,具有很高的稳定性,故石英晶体为十分理想的谐振器。

(2) 石英晶体的等效电路。

石英晶体的图形符号如图 7.14(a) 所示,其等效电路如图 7.14(b) 所示,图中 C_0 称为静态电容,其容量由石英晶片的几何尺寸决定,一般为几皮法到几十皮法;L 为晶片振动时的等效电感,即动态电感,其值为几毫亨到几十毫亨;C 为晶片振动时的等效电容,即动态电容,其值小于 0.1 pF;R 为晶片振动时的等效摩擦损耗电阻,其值约为 100 Ω。

忽略石英晶体等效电路中等效摩擦损耗电阻的影响，石英晶体电抗频率特性如图7.14(c)所示。

当外加信号频率很低时，动态电容 C 起主要作用，石英晶体呈容性；随着频率逐渐升高，C 的容抗逐渐减小，而 L 的感抗逐渐增大，当信号频率 $f=f_S$ 时，C 和 L 发生串联谐振，此时晶体电抗为0；随着频率进一步升高，动态电感 L 起主要作用，石英晶体呈感性；当信号频率升高到 $f=f_P$ 时，L 和其两端的等效电容发生并联谐振，电抗为无穷大；当信号频率继续升高，静态电容 C_0 起主要作用时，石英晶体呈容性。

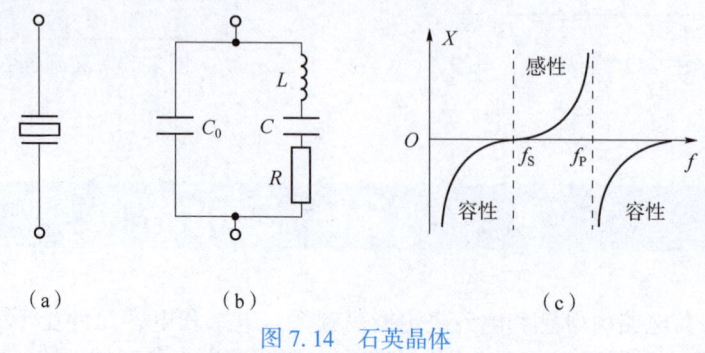

图 7.14 石英晶体
(a) 图形符号；(b) 等效电路；(c) 电抗频率特性

(3) 石英晶体的谐振频率。

石英晶体具有两个谐振频率，一个是串联谐振频率，即

$$f_S = \frac{1}{2\pi\sqrt{LC}} \tag{7.9}$$

另一个是并联谐振频率，即

$$f_P = \frac{1}{2\pi\sqrt{L\frac{CC_0}{C+C_0}}} = f_S\sqrt{1+\frac{C}{C_0}} \tag{7.10}$$

由于 $C_0 \gg C$，所以石英晶体的串联谐振频率 f_S 与并联谐振频率 f_P 很接近。

2. 石英晶体振荡电路

石英晶体振荡电路分为并联型石英晶体振荡电路和串联型石英晶体振荡电路两种结构。

(1) 并联型石英晶体振荡电路。

并联型石英晶体振荡电路如图7.15所示，石英晶体等效为一个电感 L，与 C_1、C_2 组成选频网络，相当于电容三点式 LC 振荡电路。

并联型石英晶体振荡电路的振荡频率为

$$f_0 = \frac{1}{2\pi\sqrt{L\frac{C(C_0+C')}{C+C_0+C'}}} = f_S\sqrt{1+\frac{C}{C_0+C'}}$$

式中 $C'=C_1 /\!/ C_2$。显然有 $f_S<f_0<f_P$。由于 $C_0+C' \gg C$，振荡频率主要取决于 C。因此，振荡频率近似为石英晶体的串联谐振频率，即

$$f_0 \approx f_S = \frac{1}{2\pi\sqrt{LC}} \tag{7.11}$$

(2) 串联型石英晶体振荡电路。

串联型石英晶体振荡电路如图 7.16 所示。由于石英晶体串联在晶体管 VT_1、VT_2 之间的正反馈电路中，因此当振荡频率等于石英晶体的串联谐振频率 f_S 时，晶体的阻抗最小，且为纯电阻，这时正反馈最强，相位移为 0，电路满足振荡的相位平衡条件。

调节电阻 R 可改变反馈的强弱，以获得良好的输出正弦波形。若 R 过大，反馈量太小，则电路不满足幅度平衡条件，不能起振；若 R 过小，反馈量太大，则输出波形出现非线性失真。

串联型石英晶体振荡电路的振荡频率为

$$f_0 = f_S = \frac{1}{2\pi\sqrt{LC}} \tag{7.12}$$

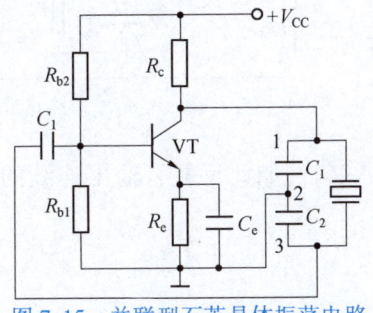

图 7.15 并联型石英晶体振荡电路

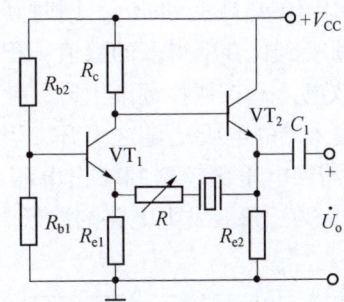

图 7.16 串联型石英晶体振荡电路

7.5 非正弦波发生电路

常用的非正弦波发生电路主要有矩形波发生电路、三角波发生电路和锯齿波发生电路等。由于集成运放的优良特性，现在低频范围的非正弦波发生电路都是用集成运放组成的。

7.5.1 矩形波发生电路

矩形波发生电路是由滞回电压比较器和 RC 电路构成的，电路如图 7.17 所示。矩形波电压只有高、低电平两个状态，这两个状态按一定的时间间隔交替转换，滞回电压比较器实现这个功能。滞回电压比较器有两个门限电压，当输入电压大于上限门限电压或小于下限门限电压时，滞回电压比较器输出端发生翻转，输出矩形波信号。要使电路产生振荡，要引入反馈，电路中的 R_3C 是反馈网络，同时还起到了延迟作用。

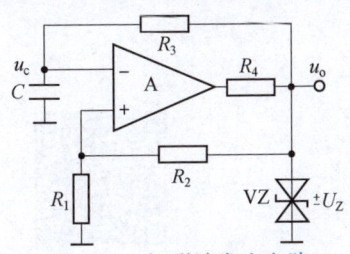

图 7.17 矩形波发生电路

二维码 7.7 矩形波发生电路分析

7.5.2 三角波发生电路

三角波发生电路如图7.18所示。它由滞回电压比较器和积分运算电路形成的闭环电路组成,积分运算电路的输出反馈给滞回电压比较器,作为滞回电压比较器的参考电压U_{REF}。

假设滞回电压比较器在某时刻$u_{o1}=+U_Z$,则对电容C充电,积分运算电路的输出电压u_o按线性逐渐下降,于是滞回电压比较器同相输入端的电压u_+随之下降。当下降到$u_+=u_-=0$时,滞回电压比较器的输出电压u_{o1}跳变到$-U_Z$,同时其同相输入端的电压u_+跳变到比0低得多的数值,积分运算电路的电容C放电,u_o按线性逐渐上升,使滞回电压比较器同相输入端的电压u_+随之上升。当上升到$u_+=u_-=0$时,滞回电压比较器的输出电压u_{o1}又跳变回$+U_Z$。如此反复,输出连续的三角波电压,图7.19为三角波发生电路的波形。

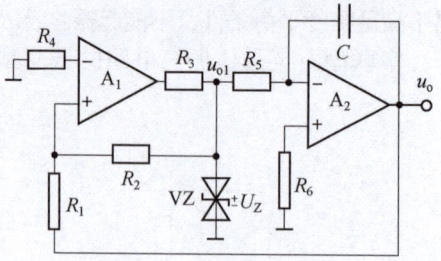

图7.18 三角波发生电路

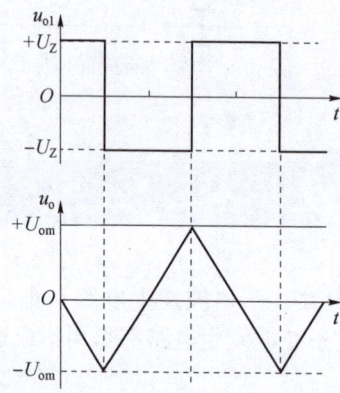

图7.19 三角波发生电路的波形

二维码7.8 三角波发生电路分析

7.5.3 锯齿波发生电路

锯齿波与三角波的区别是三角波上升和下降的斜率相等,锯齿波上升和下降的斜率不相等。因此,只要改变三角波发生电路的上升和下降的时间常数,就能得到锯齿波发生电路,如图7.20所示。

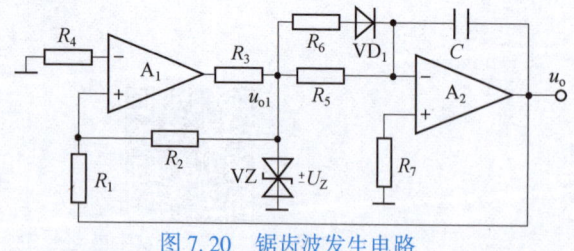

图7.20 锯齿波发生电路

二维码7.9 锯齿波发生电路分析

7.6 工程应用实例

第 6 章所介绍的电压比较器,其应用和波形变换与产生电路在实际工程应用中非常多,下面介绍 3 个电压比较器的电路应用实例和波形变换电路。

1. 电压比较器用于波形整形

电压比较器主要用于对输入信号波形进行整形,可以把不规则的输入波形整形成矩形波输出,其波形变换如图 7.21 所示。

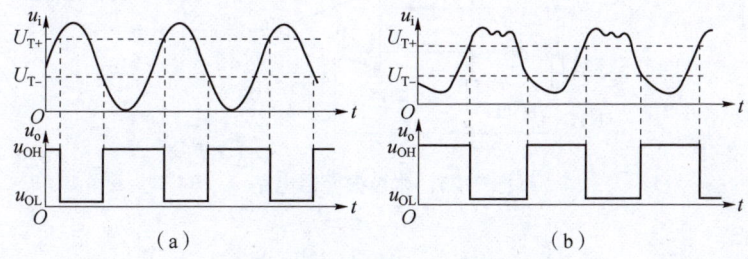

图 7.21 电压比较器实现波形变换
(a) 正弦波变换为矩形波;(b) 不规则波形整形

2. 散热风扇自动控制电路

一些大功率器件或模块在工作时会产生较多热量使温度升高,一般采用散热片或风扇来冷却以保证其正常工作。这里介绍一种极简单的温度控制电路,如图 7.22 所示。

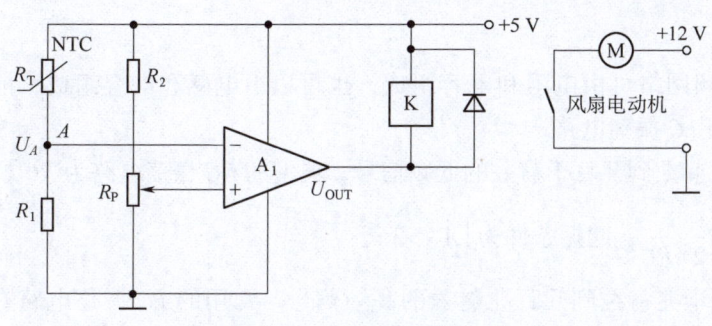

图 7.22 温度控制电路

二维码 7.10 散热风扇
自动控制电路分析

3. 冰箱报警器

冰箱报警器电路如图 7.23 所示。图中两个电压比较器采用具有低工作电压、低功耗、互补输出特点的双比较器 LT1017,无须外接上拉电阻。冰箱正常工作温度设为 0~5 ℃(0~5 ℃是一个"窗口"),在此温度范围时电压比较器输出高电平(表示温度正常);若冰箱温度低于 0 ℃ 或高于 5 ℃,则电压比较器输出低电平,此低电平信号电压输入微控制器作报警信号。

温度传感器采用 NTC 热敏电阻 R_T,已知 R_T 在 0 ℃ 时阻值为 333.1 kΩ;5 ℃ 时阻值为

258.3 kΩ，则按 1.5 V 工作电压及流过 R_1、R_T 的电流约 1.5 μA，可求出 R_1 的值。

R_1 的值确定后，可计算出 0 ℃时的 U_A 值为 0.5 V（按图 7.23 中 R_1 = 665 kΩ 时），5 ℃ 时的 U_A 值为 0.42 V，则 U_{THL} = 0.42 V，U_{THH} = 0.5 V。

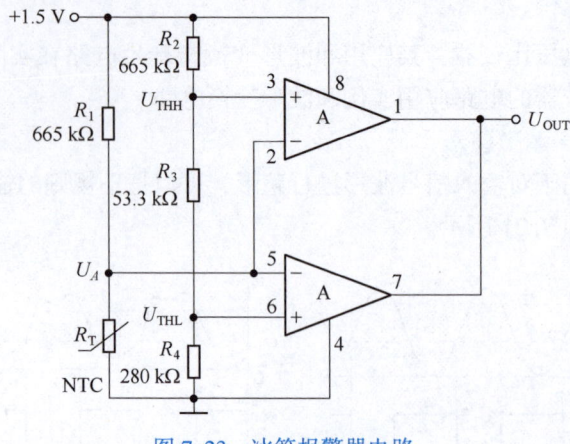

图 7.23　冰箱报警器电路

本章小结

（1）正弦波振荡电路一般由 4 部分组成：放大电路、正反馈网络、选频网络和稳幅环节。

（2）产生正弦波振荡的条件为 $\dot{A}\dot{F}=1$，其也可以用幅度平衡条件和相位平衡条件表示。

幅度平衡条件为 $|\dot{A}\dot{F}|=1$，相位平衡条件为 $\varphi_A+\varphi_F=\pm 2n\pi$（$n=1,2,3,\cdots$）。正弦波振荡的起振条件为 $|\dot{A}\dot{F}|>1$。

（3）正弦波振荡电路的选频网络可由电阻和电容组成，也可以由电感和电容组成，前者称为 RC 振荡电路，后者称为 LC 振荡电路。

（4）RC 振荡电路可产生几赫兹到几百千赫兹的低频信号。典型的 RC 振荡电路为 RC 桥式振荡电路，其振荡频率为 $f_0=\dfrac{1}{2\pi RC}$；起振条件为 $|\dot{A}|>3$。

（5）LC 振荡电路可产生几十兆赫兹到几百兆赫兹的高频信号。常用的 LC 振荡电路有变压器反馈式振荡电路、电容三点式振荡电路、电感三点式振荡电路等。LC 振荡电路的振荡频率为 $f_0=\dfrac{1}{2\pi\sqrt{LC}}$。

（6）石英晶体振荡电路为一个高 Q 值的 LC 振荡电路。其振荡频率取决于石英晶体的谐振频率，石英晶体的谐振频率非常稳定。石英晶体振荡电路分为串联型和并联型石英晶体振荡器。其最突出的特点是振荡频率极其稳定。

（7）常见的非正弦波发生电路有矩形波发生电路、三角波发生电路和锯齿波发生电路。非正弦波发生电路主要由电压比较器和 RC 积分运算电路组成，其输出信号的振荡周期主要由电容的充、放电时间常数决定。

综合习题

一、填空题

1. 所谓振荡电路的相位平衡条件，指的是输出端反馈到输入端的电压必须与输入电压_____。
2. 一个实际的正弦波振荡电路主要由放大电路、正反馈网络和选频网络组成。为了保证振荡幅值稳定且波形较好，常常还需要_____环节。
3. 正弦波振荡电路产生振荡的两个条件中，$|\dot{A}\dot{F}|=1$ 称为_____条件。
4. 正弦波振荡电路产生振荡的两个条件中，$\varphi_A + \varphi_F = \pm 2n\pi$（$n = 0, 1, 2, \cdots$）称为_____条件。
5. 振荡电路自激振荡的起振条件是_____。
6. 在信号发生电路中，产生低频正弦波信号一般用_____振荡电路。
7. 在信号发生电路中，产生高频正弦波信号用_____振荡电路。

二、选择题

1. 正弦波振荡电路必须具备的组成部分是（　　）。
   A. 选频网络　　B. 正反馈网络　　C. 滤波电路　　D. A 和 B
2. 正弦波振荡电路中，利用正反馈维持振荡的条件是（　　）。
   A. $\dot{A}\dot{F} = -1$　　B. $\dot{A}\dot{F} = 0$　　C. $\dot{A}\dot{F} = 1$　　D. $|1+\dot{A}\dot{F}| \geq 1$
3. 所谓振荡电路的相位平衡条件，指的是输出端反馈到输入端的电压必须与输入电压（　　）。
   A. 大小相等　　B. 同相　　C. 反相　　D. 相同
4. 正弦波振荡电路中，振荡频率主要由（　　）决定。
   A. 放大倍数　　B. 反馈网络参数　　C. 稳幅电路参数　　D. 选频电路参数
5. RC 桥式振荡电路可以由两部分电路组成，即 RC 串并联选频网络和（　　）。
   A. 基本共射放大电路　　　　　B. 基本共集放大电路
   C. 反相比例运算电路　　　　　D. 同相比例运算电路

三、判断题

1. 信号发生电路用于产生一定频率和幅度的信号，所以信号发生电路工作时不需要直流电源。（　　）
2. RC 桥式振荡电路中，RC 串并联选频网络既是选频网络又是正反馈网络。（　　）
3. 选频网络采用 LC 回路的振荡电路，称为 LC 振荡电路。（　　）
4. 在正弦波振荡电路中，只允许存在正反馈，不允许引入负反馈。（　　）
5. 振荡电路中只要存在负反馈，就振荡不起来。（　　）
6. 只要满足相位平衡条件，且 $|\dot{A}\dot{F}|=1$，就能产生自激振荡。（　　）
7. 只要电路引入了正反馈，就一定会产生正弦波振荡。（　　）

四、画图题

电路如下图所示，在图中将 a、b、c、d 连接起来，组成一个正弦波振荡电路。

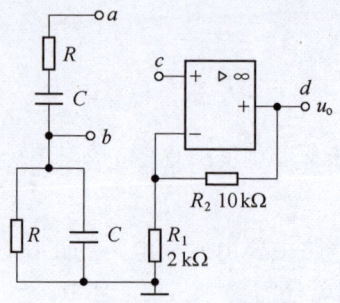

五、计算题

1. RC 桥式振荡电路如下图所示。试问：
(1) 欲使电路产生振荡，R_2 应如何选取？
(2) 估算振荡频率 f_0。

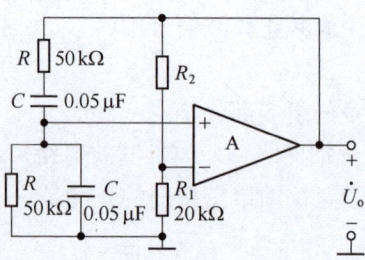

2. RC 桥式振荡电路如下图所示，能使输出正弦波振荡频率 $f_0 = 127.4$ Hz，电阻 R 如何选取？

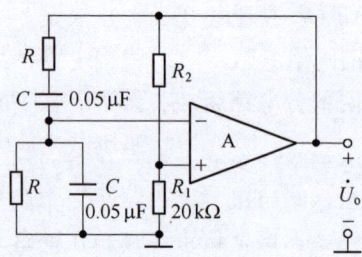

3. RC 桥式振荡电路如下图所示，能使输出正弦波振荡频率 $f_0 = 318.5$ Hz，电容 C 如何选取？

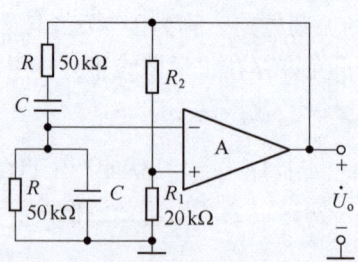

第 8 章　直流电源

★内容提要

一切的电子产品都离不开直流稳压电源，直流稳压电源的性能与优越的工作状态是电子产品质量的保障。在电子产品故障维修中，电源的维护是最重要的内容。由电子产品所产生的以及所带动的电源行业蓬勃发展，尤其是在新能源领域，优质的电源产品的开发引起新的产业革命。本章首先主要介绍直流电源中常用整流电路的组成、工作原理及性能；接着介绍各种滤波电路的原理与性能指标；然后介绍稳压电路的组成、稳压原理、性能特点，以及集成稳压电路的应用及开关型稳压电路的基本原理；最后简要介绍新能源技术及发展。

★学习目标

要知道：稳压、限流、调整、采样、基准、比较放大、稳压系数、输出电阻、串联型稳压、开关型稳压、新能源技术等概念，直流稳压电源的组成部分；硅稳压管稳压原理；三端式固定输出集成稳压电路结构；开关型稳压电路稳压基本原理，新能源技术的相关知识。

会分析：硅稳压管稳压电路和串联型稳压电路的基本原理。

会计算：硅稳压管稳压电路的限流电阻阻值，串联型稳压电路的输出电压及输出电压的可调范围；三端式固定输出集成稳压电路单组电路中各元器件的参数。

会画出：三端式固定输出集成稳压电路单电压输出电路。

会选用：硅稳压管稳压电路中的限流电阻和稳压管。

会识别：集成稳压电路的引脚编号。

二维码 8.1　知识导图

8.1 直流电源的组成

在各种电子设备和装置（如测量仪器、自动控制系统和电子计算机等）中，都需要稳定的直流电压，但是经过整流滤波后的电压还会随着电网电压、负载及温度的变化而变化，因此，在整流滤波电路后，还需要接稳压电路。

常用的小功率直流电源一般由电源变压器、整流电路、滤波电路和稳压电路 4 部分组成，如图 8.1 所示。

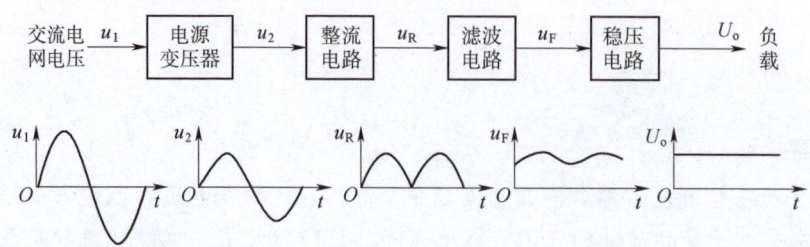

图 8.1 直流电源的组成

1. 电源变压器

电源变压器是利用电磁感应原理，将电网提供的 220 V 交流电压变换为电路所需电压的器件。电源变压器主要由铁芯和绕组两部分组成，铁芯用导磁性能好的硅钢片叠装而成，绕组用铜丝绕制在铁芯上制成。由于各种电子设备所需直流电压的大小和需要的能量各不相同，因此，需要根据电子设备的要求选择不同变比和不同容量的电源变压器，常用的电源变压器实物及符号如图 8.2 所示。

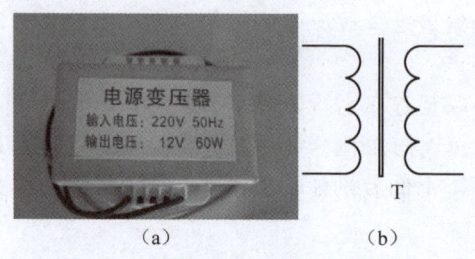

图 8.2 常用电源变压器实物和符号
(a) 实物；(b) 符号

二维码 8.2 提高节能降耗意识课程思政

2. 整流电路

交流电与直流电存在两个方面的不同，一是交流电压的极性是双向的，直流电压的极性是单向的；二是交流电压的大小是变化的，直流电压的大小是恒定的。将交流电变换为直流电分两步进行，首先由整流电路将双向的交流电变换为单向脉动电；然后由滤波电路将单向脉动电变换为直流电。

整流是通过二极管的单向导电性来完成的，当给二极管两端加正向电压时，二极管导通，加反向电压时二极管截止。整流电路的作用是利用二极管具有单向导电性的特点，将正、负交替变化的交流电变换为单向脉动直流电。

3. 滤波电路

交流电经过整流后得到的脉动直流电还不是理想的直流电，还存在着交流成分，滤波电路能够滤掉脉动直流电中的交流成分，使输出波形更加平滑，更接近理想直流电。滤波电路一般由电容、电感等储能元件组成，最常见的是铝电解电容，它的外形封装如图 8.3 所示。

4. 稳压电路

交流电经过整流、滤波后所得到的直流电虽然比较平滑，但是很不稳定，当电网电压波动或负载变化时，直流电压的大小会随之变化。因此，为了使输出的直流电保持恒定，应在滤波电路后增加稳压电路，其作用是使输出的直流电压稳定，不受电网电压和负载变化的影响。稳压电路常用的器件为稳压管，常见的稳压管外形封装如图 8.4 所示。

图 8.3 铝电解电容外形封装

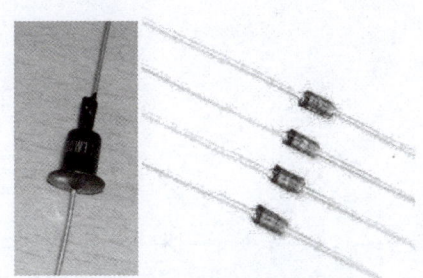

图 8.4 稳压管外形封装

8.2 单相整流电路

整流电路是利用二极管的单向导电性将交流电转变成单向脉动直流电。整流电路中常见的是把二极管加在电路中，使电路中的电流单向流动，由两只二极管组成单相半波整流电路，由四只二极管组成单相全波整流电路。因此，整流电路的类型主要有单相半波整流电路、单相全波整流电路和单相桥式整流电路。下面分别介绍单相半波整流电路、单相全波整流电路和单相桥式整流电路。

8.2.1 单相半波整流电路

单相半波整流电路由电源变压器、整流二极管 VD 和负载电阻 R_L 组成，如图 8.5(a)所示。

1. 工作原理

单相整流电路的交流输入电压来自电源变压器的一次绕组接交流电 u_1，其二次绕组产生感应电压为 u_2，令 $u_2 = \sqrt{2}\, U_2 \sin \omega t$。

当 u_2 为正半周时，整流二极管 VD 上加的是正向电压，二极管 VD 导通，电路中电流 i_o 流过负载电阻 R_L，在 R_L 上产生电压降 u_o。i_o 与 u_o 都随 u_2 的规律变化。回路中电流的流通路径：变压器二次绕组上端→VD 正极→VD 负极→负载 R_L→地线→变压器二次绕组下端。

当 u_2 为负半周时，整流二极管 VD 上加的是反向电压，二极管 VD 截止，电路中电流 i_o 为 0，在 R_L 上的电压降 u_o 也为 0。

当 u_2 进入下一个周期时，单相整流电路将重复上述过程，电路中电压、电流的波形如图 8.5(b) 所示。

由图 8.5(b) 可见，在负载电阻 R_L 上得到的电压 u_o 的极性是单向的，这种大小波动、方向不变的电压或电流称为单向脉动直流电。也就是说，流过负载电阻的电流和负载电阻两端的电压只是半个周期的正弦波，故称为单相半波整流电路。

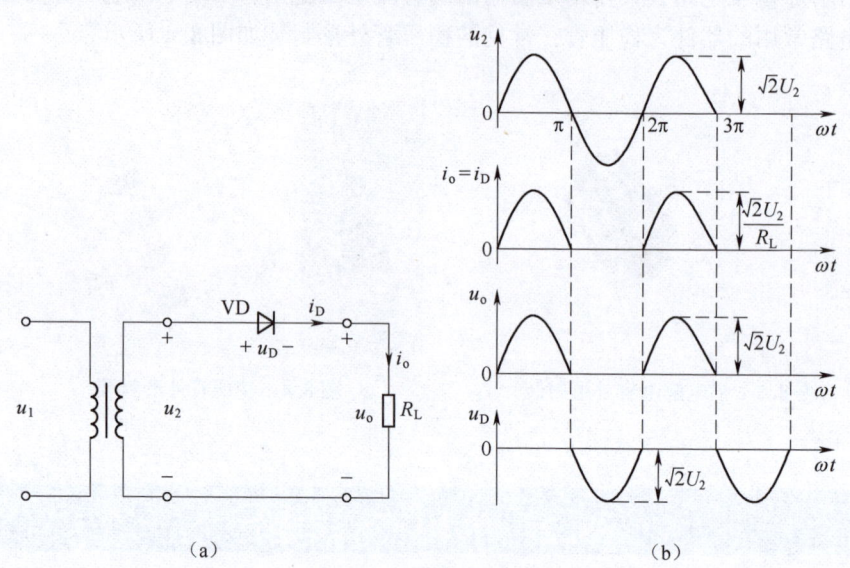

图 8.5　单相半波整流电路
(a) 电路；(b) 电压、电流波形

2. 输出电压与输出电流的平均值

设整流二极管 VD 是理想二极管，同时忽略变压器的内阻，则单相半波整流电路的输出电压 u_o 为

$$u_o = \begin{cases} \sqrt{2}\,U_2 \sin \omega t & (0 \leqslant \omega t \leqslant \pi) \\ 0 & (\pi \leqslant \omega t \leqslant 2\pi) \end{cases}$$

(1) 输出电压平均值 $U_{o(AV)}$。

输出电压的平均值 $U_{o(AV)}$ 是单相整流电路输出电压瞬时值 u_o 在一个周期的平均值，即

$$U_{o(AV)} = \frac{1}{2\pi} \int_0^{2\pi} u_o \, \mathrm{d}(\omega t) \tag{8.1}$$

将输出电压瞬时值 u_o 的表达式代入式(8.1)，得到

$$U_{o(AV)} = \frac{1}{2\pi} \int_0^{\pi} \sqrt{2}\,U_2 \sin \omega t \, \mathrm{d}(\omega t) = \frac{\sqrt{2}}{\pi} U_2 \approx 0.45 U_2 \tag{8.2}$$

（2）输出电流平均值 $I_{o(AV)}$。

输出电流平均值就是流过负载的电流，由欧姆定律得到

$$I_{o(AV)} = \frac{U_{o(AV)}}{R_L} \approx \frac{0.45U_2}{R_L} \qquad (8.3)$$

3. 整流二极管的选择

对于单相半波整流电路而言，选择二极管主要依据其两个极限参数：最大整流平均电流 I_F 和最高反向工作电压 U_R。首先确定实际流过二极管的电流和电压。

（1）整流二极管正向平均电流 $I_{D(AV)}$。

最大整流平均电流 I_F 应大于流过负载的电流，而流过二极管的电流就是流过负载的电流，即

$$I_{D(AV)} = I_{o(AV)} \approx \frac{0.45U_2}{R_L}$$

（2）整流二极管最高反向峰值电压 U_{RM}。

整流二极管最高反向峰值电压是指当二极管截止时，加在二极管上的最高反向电压。当 u_2 为负半周时，二极管截止，加在二极管上的最高反向电压就是 u_2 的最大值，即

$$U_{RM} = \sqrt{2}\,U_2$$

（3）选择整流二极管的依据。

当二极管的极限参数分别大于上面确定的实际流过二极管的电流和电压时即满足要求。但在实际应用中要考虑电网电压允许±10%波动的影响，则二极管的两个极限参数实际应满足

$$I_F > 1.1 I_{D(AV)}$$
$$U_R > 1.1 U_{RM}$$

4. 特点

单相半波整流电路的优点是电路结构简单，元器件数量少，成本低；其缺点是输出直流电压低，输出波形脉动大，变压器有半个周期不导电，利用效率低等。因此，其只能用于输出电流小，要求不高的场合。

5. 电路故障分析

单相半波整流电路故障分析如表 8.1 所示。

表 8.1 单相半波整流电路故障分析

故障名称	电路故障分析
整流二极管开路	整流电路没有直流电压输出。如果电源电路只有一路整流电路，则电路没有直流工作电压；如果电源电路有多路整流电路，则只影响这一路整流电路正常工作
整流二极管短路	整流电路没有整流作用，电源电路中有熔断器时熔断器会自动熔断
外电路对整流二极管的影响	输入整流二极管的交流电压异常升高时，会使流过二极管的电流增大而有可能烧坏二极管；当整流电路负载存在短路时，流过二极管的电流会增大许多而烧坏二极管

8.2.2 单相全波整流电路

单相全波整流电路由电源变压器，整流二极管 VD_1、VD_2 和负载电阻 R_L 组成，如图 8.6(a) 所示。

1. 工作原理

当 u_2 为正半周时，变压器二次两个绕组上的电动势均为上正下负，此时整流二极管 VD_1 正向导通，VD_2 反向截止，电流自右向左流过负载电阻 R_L，如图 8.6(b) 所示。

当 u_2 为负半周时，变压器二次两个绕组上的电动势均为下正上负，此时整流二极管 VD_1 反向截止，VD_2 正向导通，电流自右向左流过负载电阻 R_L，如图 8.6(c) 所示。这样，在交流电源的正、负各半个周期里，负载电阻 R_L 都有电流通过，且方向不变，这就是单相全波整流电路。其实际上是两个半波整流电路输出的叠加。

当 u_2 进入下一个周期时，整流电路将重复上述过程，单相全波整流电路电压、电流的波形如图 8.6(d) 所示。

由图 8.6(d) 可见，在负载电阻 R_L 上得到的电压 u_o 的极性是单向的，这种大小波动、方向不变的电压或电流称为单向脉动直流电。

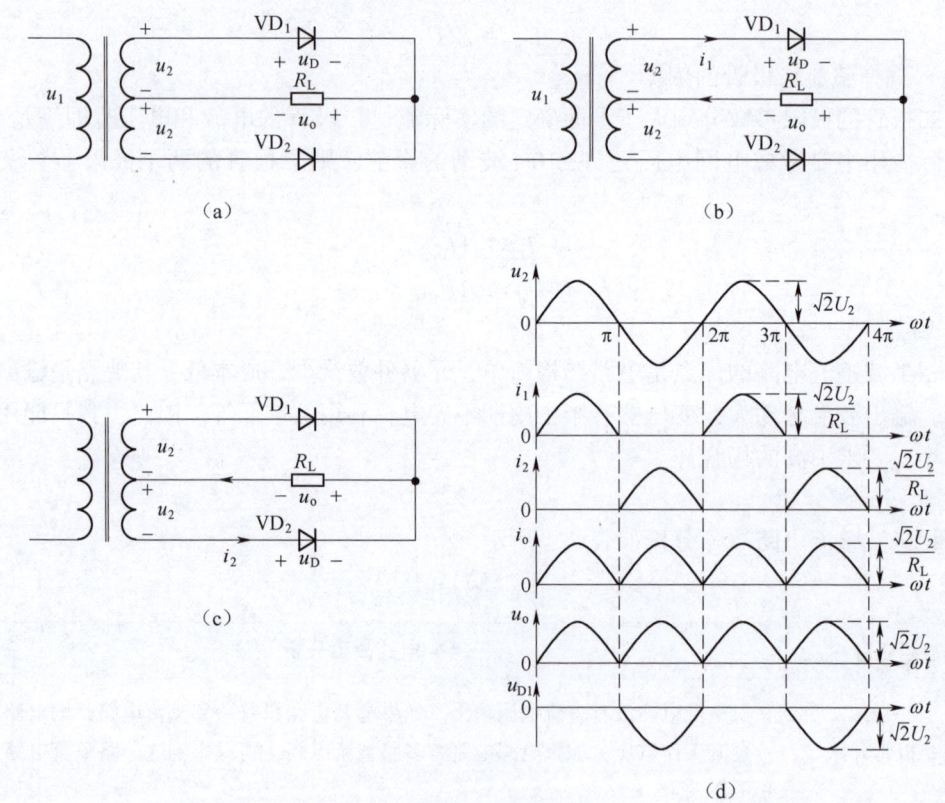

图 8.6 单相全波整流电路
(a) 电路；(b) 交流电正半周工作；(c) 交流电负半周工作；(d) 电压、电流波形

2. 输出电压与输出电流的平均值

（1）输出电压平均值 $U_{o(AV)}$。

设整流二极管 VD 是理想二极管，同时忽略变压器的内阻，单相半波整流电路的输出电

压的平均值 $U_{o(AV)}$ 是整流电路输出电压瞬时值 u_o 在一个周期的平均值，单相全波整流是单相半波整流的叠加，因此有

$$U_{o(AV)半} = \frac{1}{2\pi}\int_0^\pi \sqrt{2}U_2\sin\omega t\,d(\omega t) = \frac{\sqrt{2}}{\pi}U_2 \approx 0.45U_2$$

$$U_{o(AV)全} = \frac{1}{2\pi}\int_0^{2\pi} u_o\,d(\omega t) = \frac{1}{\pi}\int_0^\pi \sqrt{2}U_2\sin\omega t\,d(\omega t) = \frac{2\sqrt{2}}{\pi}U_2 \approx 0.9U_2$$

(2) 输出电流平均值 $I_{o(AV)}$。

输出电流平均值就是流过负载的电流，由欧姆定律得到

$$I_{o(AV)} = \frac{U_{o(AV)}}{R_L} \approx \frac{0.9U_2}{R_L}$$

3. 整流二极管的选择

对于单相全波整流电路而言，选择二极管主要依据二极管的两个极限参数：最大整流平均电流 I_F 和最高反向工作电压 U_R。最大的整流平均电流 I_F 应大于流过负载的电流的一半，即

$$I_{D(AV)} = 0.5I_{o(AV)} \approx \frac{0.45U_2}{R_L}$$

整流二极管最高反向峰值电压是指当二极管截止时，加在二极管上的最高反向电压，也就是 u_2 的最大值，即

$$U_{RM} = 2\sqrt{2}U_2$$

当二极管的极限参数分别大于上面确定的实际流过二极管的电流和电压时即满足要求。但在实际应用中要考虑电网电压允许±10%波动的影响，则二极管的两个极限参数实际应满足

$$I_F > 1.1I_{D(AV)}$$

$$U_R > 1.1U_{RM}$$

4. 特点

单相全波整流电路的优点是整流效率高，输出脉动小；其缺点是对变压器要求高，整流二极管承受的反向工作电压高。

5. 电路故障分析

单相全波整流电路故障分析如表 8.2 所示。

表 8.2 单相全波整流电路故障分析

故障名称	电路故障分析
整流二极管 VD_1 开路	整流二极管 VD_1 开路后，单相全波整流电路实际上成了单相半波整流电路，输出电压只有正常时的一半
整流二极管 VD_1 短路	VD_1 短路后造成整流电路后的滤波电路短路，会使电源变压器一次绕组和二次绕组的电流增大许多，导致电源变压器回路中的熔断器熔断
VD_2 故障	VD_2 故障分析与 VD_1 相同，因为单相全波整流电路中的两只整流二极管原理相同，只是一只控制交流电的正半周，另一只控制交流电的负半周
变压器中心抽头断开	电源变压器的二次侧中心抽头断线后，两只二极管的电流不能构成回路，故没有电流和电压输出

8.2.3 单相桥式整流电路

单相桥式整流电路由电源变压器、4 只整流二极管 $VD_1 \sim VD_4$ 和负载电阻 R_L 组成。

针对单相半波整流电路的缺点，通常采用单相桥式整流电路，如图 8.7（a）所示。由于 4 只整流二极管接成电桥形式，故称为单相桥式整流电路。单相桥式整流电路也可以画成图 8.7（b）和图 8.7（c）所示的形式。其中图 8.7（c）为单相桥式整流电路的简化画法。

1. 工作原理

令电源变压器二次产生感应电压 $u_2 = \sqrt{2}U_2 \sin \omega t$ V。

当变压器二次电压 u_2 为正半周时，a 端为+，b 端为−，二极管 VD_1、VD_3 为正向电压导通，VD_2、VD_4 为反向电压截止。电流 i_1 由 a 端流经 VD_1 到 c 点，再自上而下流经负载电阻 R_L 到达 d 点，最后流经 VD_3 回到 b 端。

当变压器二次电压 u_2 为负半周时，a 端为−，b 端为+，二极管 VD_1、VD_3 为反向电压截止，VD_2、VD_4 为正向电压导通，电流 i_2 由 b 端流经 VD_2 到 c 点，再自上而下流经负载电阻 R_L 到达 d 点，最后流经 VD_4 回到 a 端。

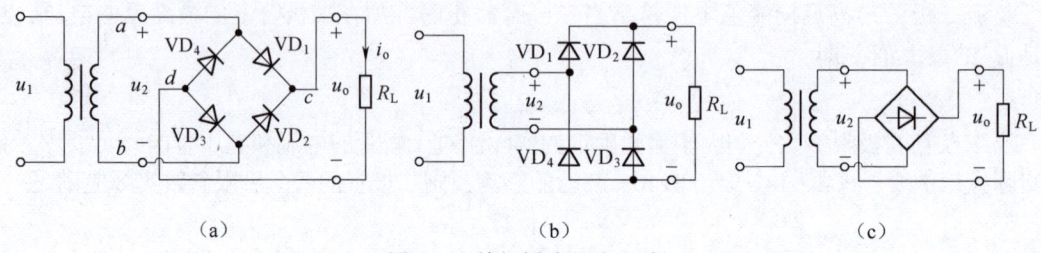

图 8.7 单相桥式整流电路
(a) 习惯画法；(b) 另一种画法；(c) 简化画法

在交流电压 u_2 的正、负半周均有电流流过负载电阻 R_L，并且电流方向相同，在负载电阻 R_L 两端总是得到上正下负的单向脉动电压。电路中电压、电流的波形如图 8.8 所示。

2. 输出电压与输出电流的平均值

设整流二极管 $VD_1 \sim VD_4$ 是理想二极管，同时忽略变压器的内阻。

（1）输出电压平均值 $U_{o(AV)}$。

单相桥式整流电路输出电压平均值为

$$U_{o(AV)} = \frac{1}{2\pi}\int_0^{2\pi} u_o \mathrm{d}(\omega t)$$
$$= \frac{1}{\pi}\int_0^{\pi} \sqrt{2}U_2 \sin \omega t \mathrm{d}(\omega t)$$
$$= \frac{2\sqrt{2}}{\pi}U_2 \approx 0.9 U_2$$

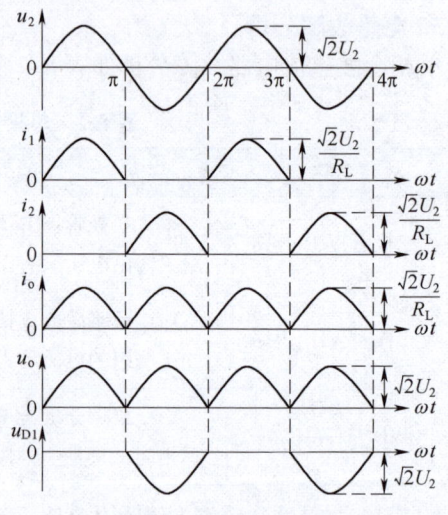

图 8.8 单相桥式整流波形

(2) 输出电流平均值 $I_{o(AV)}$。

单相桥式整流电路输出电流平均值为

$$I_{o(AV)} = \frac{U_{o(AV)}}{R_L}$$

3. 整流二极管的选择

(1) 整流二极管正向平均电流 $I_{D(AV)}$。

由于二极管 VD_1、VD_3 和 VD_2、VD_4 各自只有半个周期导通,每只二极管的平均电流是输出电流平均值的一半,有

$$I_{D(AV)} = \frac{I_{o(AV)}}{2}$$

(2) 整流二极管最高反向峰值电压 U_{RM}。

由图 8.7 可见,加在二极管上的最高反向电压就是 u_2 的最大值,有

$$U_{RM} = \sqrt{2}\, U_2$$

如果考虑电网电压允许 ±10% 的波动,则二极管的两个极限参数应满足

$$I_F > 1.1 I_{D(AV)}$$
$$U_R > 1.1 U_{RM}$$

4. 特点

单相桥式整流电路的优点是整流效率高,变压器结构简单,输出脉动小;其缺点是整流二极管数量较多,电源内阻略大。它适合于各种要求的场合。

5. 电路故障分析

单相桥式整流电路故障分析如表 8.3 所示。

表 8.3 单相桥式整流电路故障分析

故障名称	电路故障分析
任一只二极管开路	4 只整流二极管中任何一只开路,单相桥式整流电路实质上就构成了单相半波整流电路,输出电压只有正常时的一半
不对边二极管开路	当不在对边的两只二极管同时开路时,桥式整流电路无输出电压
接地线开路	每只二极管都无法构成回路,所以负载端无输出电压

6. 3 种整流电路的比较

电路的主要参数如表 8.4 所示。通过比较可见,单相桥式整流电路和单相全波整流电路的性能最优,单相桥式整流电路比单相全波整流电路对元件要求低,因此单相桥式整流电路的应用最为广泛。

表 8.4 单相整流电路主要参数

电路形式	主要参数			
	$U_{o(AV)}$	S	$I_{D(AV)}$	U_{RM}
单相半波整流	$0.45 U_2$	1.57	$I_{o(AV)}$	$\sqrt{2}\, U_2$
单相全波整流	$0.9 U_2$	0.67	$0.5 I_{o(AV)}$	$2\sqrt{2}\, U_2$
单相桥式整流	$0.9 U_2$	0.67	$0.5 I_{o(AV)}$	$\sqrt{2}\, U_2$

【例8.1】单相桥式整流电路如图8.9所示,要求输出的直流电压为36 V,负载电阻 $R_L = 100\ \Omega$,试求:

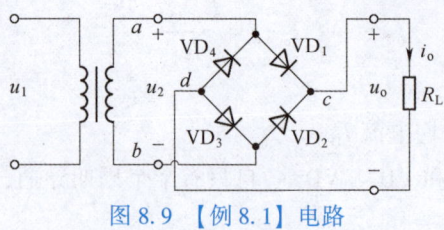

图 8.9 【例 8.1】电路

(1) 变压器二次电压 U_2、整流二极管的正向电流 I_D 和最高反向峰值电压 U_{RM} 各为多少?
(2) 如果电网电压波动±10%,确定选择二极管的极限参数 I_F 和 U_R;
(3) 如果改为单相半波整流电路,则 U_2、$I_{D(AV)}$、U_{RM} 各为多少?

解:(1) 由题可知,$U_{o(AV)} = 0.9U_2$,因此变压器二次电压 U_2 为

$$U_2 = \frac{U_o}{0.9} = \frac{36}{0.9}\ V = 40\ V$$

输出电流平均值 $I_{o(AV)}$ 为

$$I_{o(AV)} = \frac{U_{o(AV)}}{R_L} = \frac{36}{100}\ A = 0.36\ A$$

得到整流二极管的正向电流平均值 $I_{D(AV)}$ 为

$$I_{D(AV)} = \frac{I_{o(AV)}}{2}\ A = 0.18\ A$$

得到整流二极管的最高反向峰值电压 U_{RM} 为

$$U_{RM} = \sqrt{2}\,U_2 = \sqrt{2} \times 40\ V \approx 57\ V$$

(2) 选择二极管的极限参数 I_F 和 U_R 为

$$I_F > 1.1 I_{D(AV)} = 1.1 \times 0.18\ A = 0.198\ A$$
$$U_R > 1.1 U_{RM} = 1.1 \times 57\ V = 62.7\ V$$

(3) 如果改为单相半波整流电路,则

$$U_2 \approx \frac{U_{o(AV)}}{0.45} = \frac{36}{0.45}\ V = 80\ V$$

$$I_o = \frac{U_o}{R_L} = \frac{36}{100}\ A = 0.36\ A$$

$$I_{D(AV)} = I_{o(AV)} = 0.36\ A$$

$$U_{RM} = \sqrt{2}\,U_2 = \sqrt{2} \times 80\ V \approx 113\ V$$

【例8.2】单相桥式整流电路如图8.10所示,试分析如果电路出现下列故障,则会产生什么现象?

(1) 整流二极管 VD_1 的正、负极接反;
(2) 整流二极管 VD_1 短路;
(3) 整流二极管 VD_1 开路。

解：（1）如果整流二极管 VD_1 的正、负极接反，则在 u_2 的负半周时二极管 VD_2、VD_1 同时导通，使变压器二次绕组短路，由于短路电流非常大，故会使二极管 VD_1、VD_2 和变压器烧毁。而在 u_2 的正半周时，由于二极管 VD_1 接反，不能形成通路，故负载电阻上电流为 0，输出电压为 0。

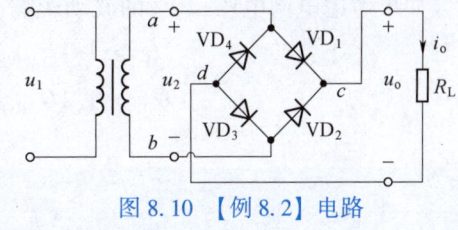

图 8.10 【例 8.2】电路

（2）如果整流二极管 VD_1 短路，则在 u_2 的负半周时，使变压器二次绕组短路，由于短路电流过大，故会使二极管 VD_1、VD_2 和变压器烧毁。

（3）如果整流二极管 VD_1 开路，电路变成单相半波整流电路，则输出电压会下降为正常值的一半。

【**例 8.3**】如何用单相桥式整流电路实现输出两个大小相等、极性相反的直流电压？如果要求输出电压为 ±15 V，输出电流为 100 mA，确定电路元件参数。

解：一般单相桥式整流电路输出一个直流电压，该直流电压可以是正电压，也可以是负电压，如果负载电阻的下端接地，则输出为正电压；如果负载电阻的上端接地，则输出为负电压。如果将负载电阻的中点接地，显然就可以输出一组大小相等、极性相反的直流电压了。

但这样的结果只是利用两个相同的负载电阻分压获得的，在实际应用中不可能保证两个负载总是相等，在不相等时，两个输出电压的大小不再相等。为了使两个输出电压不受负载改变的影响，必须要两个相对独立的电源，电源变压器的二次绕组必然就应该有两个供电绕组，两个绕组的中间端为接地端，供给两个数值相等、极性相反的交流电压，这样保证了各自转换得到各自独立的脉动直流电压，不再受负载改变的影响，如图 8.11 所示。

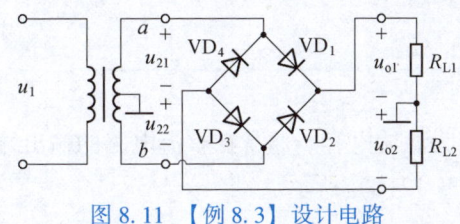

图 8.11 【例 8.3】设计电路

当 u_{21}、u_{22} 为正半周时，u_{21} 流出电流由正极 a 端流经 VD_1、R_{L1} 到接地的负极；同时 u_{22} 流出电流由正极接地端流经 R_{L2}、VD_3 到 b 端的负极。

当 u_{21}、u_{22} 为负半周时，u_{21} 流出电流由正极接地端流经 R_{L2}、VD_4 到 a 端的负极；同时 u_{22} 流出电流由正极 b 端流经 VD_2、R_{L1} 到接地的负极。

由此可见，无论交流电的正、负半周，流过负载 R_{L1}、R_{L2} 的电流方向始终相同，输出的脉动电压为上正下负，得到两个大小相等、极性相反的脉动直流电压。

实质上这是两个单相全波整流电路，每个单相全波整流电路各自输出一个直流脉动电压。

如果要求输出电压为 ±15 V，输出电流为 100 mA，则电路元件参数分别为

$$U_{21} = U_{22} = \frac{U_{o(AV)}}{0.9} = \frac{15}{0.9} \text{ V} = 16.7 \text{ V}$$

$$R_{L1} = R_{L2} = \frac{U_{o(AV)}}{I_{o(AV)}} = \frac{15}{0.1} \text{ Ω} = 150 \text{ Ω}$$

$$I_{D(AV)} = \frac{I_{o(AV)}}{2} = \frac{100}{2} \text{ mA} = 50 \text{ mA}$$

$$U_{RM} = \sqrt{2} U_2 = \sqrt{2} \times 16.7 \text{ V} = 23.6 \text{ V}$$

如果考虑电网电压±10%的波动影响，则选择整流二极管的极限参数为

$$I_F > 1.1 I_{D(AV)} = 1.1 \times 50 \text{ mA} = 55 \text{ mA}$$
$$U_R > 1.1 U_{RM} = 1.1 \times 23.6 \text{ V} = 26 \text{ V}$$

8.3 滤波电路

交流电经过整流变成脉动直流电后还不能直接加到电子电路中，因为其中有大量的交流成分，必须经过滤波电路滤波后才能加到电子电路中。滤波电路的功能是将脉动直流电压转变成平滑的直流电压。通过整流得到的脉动电中除了有直流成分外，还有大量的交流成分，滤波的实质是保留脉动电中的直流成分，滤掉脉动电中的交流成分。

滤波的原理是利用电容和电感对直流分量和交流分量呈现不同的电抗特性实现滤掉交流分量，保留直流分量，得到平滑的直流电。电容滤波主要是利用电容的"隔直通交"特性，电感滤波电路利用电感对直流分量而言相当于短路，对于交流分量而言，频率越大，感抗越大的特性，让电压大部分降到电感上。

滤波电路的类型有电容滤波电路、电感滤波电路和复式滤波电路。下面重点介绍电容滤波电路，简要介绍其他类型的滤波电路。

8.3.1 电容滤波电路

电容滤波电路中，电容是必不可少的元件，称其为滤波电容。通常在整流电路的输出端并联一个大容量的电容 C，构成电容滤波电路，如图 8.12(a) 所示。

1. 滤波原理

在没有接电容时，整流二极管 VD_1、VD_3 在 u_2 的正半周导通，VD_2、VD_4 在 u_2 的负半周导通，输出电压 u_o 的波形如图 8.12(b) 中虚线所示。

在接入电容以后，在输入电压 u_2 的正半周时二极管 VD_1、VD_3 导通，u_2 通过 VD_1、VD_3 给负载供电，同时为电容 C 充电，由于充电时间常数很小，故当 u_2 达到最大值 U_{2m} 时，电容也充电达到最大值 U_{2m}，如图中 $0a$ 段所示。

当 u_2 由峰值开始下降时，由于电容电压 $u_C > u_2$，二极管 VD_1、VD_3 上的电压变为反向电压而截止。此时电容 C 向负载 R_L 供电，因为放电时间常数 $R_L C$ 较大，电容 C 放电较慢，电容电压 u_C 缓慢下降，如图中 ab 段所示。

在 u_2 的负半周，当 $u_2 > u_C$ 时，二极管 VD_2、VD_4 为正向电压导通，u_2 给负载供电并为电容 C 充电，电容电压达到最大值 U_{2m}，如图中 bc 段所示。

当 u_2 由峰值开始下降时，由于电容电压 $u_C > u_2$，二极管 VD_2、VD_4 上的电压变为反向电压而截止。此时电容 C 向负载 R_L 供电，电容电压 u_C 缓慢下降，如图中 cd 段所示。

在 u_2 的下一个周期时重复上述过程，使输出电压 u_o 变得平滑，同时由于电容元件的储能作用，提高了输出电压的平均值。波形如图 8.12(b) 所示。

由图 8.12(b) 可见，波形平滑说明输出电压中的交流分量减少。滤波电容的作用就是

滤掉交流分量，这种作用可以从电容对交、直流分量容抗的不同来解释。滤波电容与负载电阻为并联关系，具有并联分流的特性。对于直流分量，电容的容抗无穷大，全部直流分量流过负载电阻；对于交流分量，电容的容抗远远小于负载电阻，绝大部分交流分量从电容支路流过，流过负载电阻的交流分量很少，自然输出电压变得平滑。

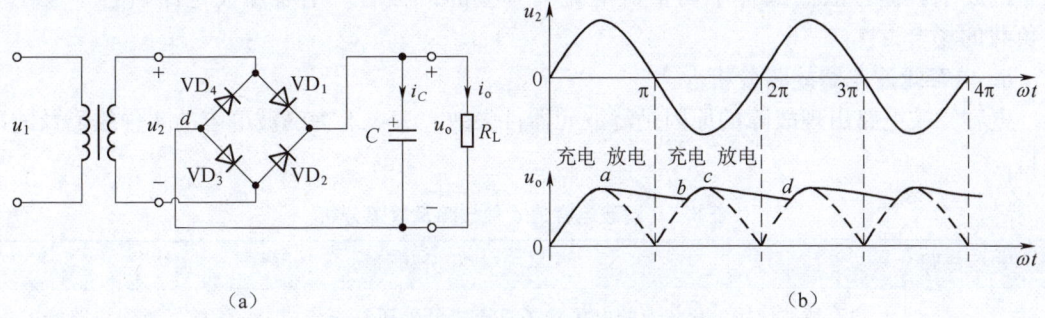

图 8.12　桥式整流电容滤波电路和波形
(a) 电路；(b) 波形

2. 整流二极管的选择

加入滤波电容后，改变了整流二极管的导通情况，此时选择二极管的极限参数与没有滤波电容时有所不同。

在没有加入滤波电容时，整流二极管在 u_2 的半个周期都导通，导通角为 π。当加入滤波电容后，由于二极管推迟导通和提前截止，其导通角小于 π，并且 R_LC 较大，在一个周期内电容充电时间越短，二极管导通角越小。二极管导通角的减小必然在为电容充电时产生较大的冲击电流，其导通角越小，冲击电流越大，严重影响二极管的寿命。因此，在选择二极管时，最大整流平均电流 I_F 通常是无滤波电容时的 2~3 倍。对于桥式整流电容滤波电路，其整流二极管的正向平均电流 $I_{D(AV)}$ 至少为

$$I_{D(AV)} = I_{O(AV)}$$
$$I_F = (2 \sim 3) I_{D(AV)}$$

3. 输出电压的平均值 $U_{o(AV)}$

在滤波电容足够大的情况下，电容元件的储能作用大大提高了输出直流电压，对于桥式整流电容滤波电路，其输出电压的平均值可认为为

$$U_{o(AV)} \approx 1.2 U_2$$

4. 滤波电容的选择

从理论上讲，滤波电容越大，滤波效果越好，但在实际应用中要考虑电容的容量大、体积大，以及流过二极管的冲击电流更大等因素，对于桥式整流电容滤波电路，其滤波电容的容量应满足

$$R_L C \geqslant (3 \sim 5) \frac{T}{2}$$

式中，T 为电网交流电的周期。一般选择几十至几千微法的电解电容。电解电容的耐压值的选择要考虑电网电压波动的因素，应满足

$$U_{CM} > 1.1\sqrt{2} U_2$$

特别要注意，电解电容分正、负极性，要按其正、负极性正确接入电路。

5. 电容滤波电路的特点

电容滤波电路的优点是电路简单，输出直流电压较高，脉动性较小。它的缺点是输出外特性较差，即输出电压随输出电流的增大而降低。由于冲击电流的作用，其对整流二极管的要求较高，故需选择平均整流电流大一些的二极管。电容滤波电路适合于较小电流负载的场合。

6. 电容滤波电路故障分析

电容滤波电路出现故障的原因是滤波元器件失效，表 8.5 为滤波电容的 4 种故障及故障分析。

表 8.5 滤波电容的 4 种故障及故障分析

滤波电容故障	故障分析
开路	没有滤波作用，负载上的电压除了直流成分外还有交流成分，影响了整机电路的工作性能
短路	没有滤波作用，也没有直流电压输出，而且还会损坏滤波电路之前的电路元器件
漏电	有两种情况：一是轻度漏电，这时电源电路直流输出电源稍有下降，交流噪声稍有增大；二是严重漏电，这时对电路的影响类似滤波电容击穿故障
容量减小	容量轻度减小时对电路影响不大，如果容量明显减小，则滤波效果减弱，交流噪声将增大

【例 8.4】 单相桥式整流电容滤波电路如图 8.13 所示，交流电频率为 50 Hz，要求输出直流电压 12 V，输出电流为 100 mA，试选择电路元件。

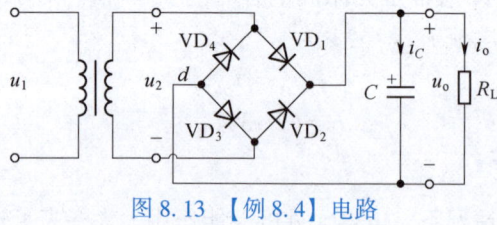

图 8.13 【例 8.4】电路

解：(1) 选择变压器二次电压的有效值 U_2 为

$$U_2 \approx \frac{U_{o(AV)}}{1.2} = \frac{12}{1.2} \text{ V} = 10 \text{ V}$$

(2) 选择滤波电容 C。

$$R_L = \frac{U_{o(AV)}}{I_{o(AV)}} = \frac{12}{0.1} \text{ Ω} = 120 \text{ Ω}$$

由滤波电容的容量关系式，选取系数为 5，有

$$C \geq \frac{5T}{2R_L} = \frac{5 \times 0.02}{2 \times 120} \text{ μF} \approx 420 \text{ μF}$$

电容耐压 $U_{CM} > 1.1\sqrt{2} U_2 = 1.1 \times \sqrt{2} \times 10 \text{ V} = 15.3 \text{ V}$。

依据电解电容的系列值，选择滤波电容为 470 μF，耐压 25 V。

(3) 选择整流二极管。

整流二极管正向平均电流 $I_{D(AV)}$ 为

$$I_{D(AV)} = I_{o(AV)} = 100 \text{ mA}$$

整流二极管的最高反向电压 U_{RM} 为

$$U_{RM} = \sqrt{2}\,U_2 = \sqrt{2} \times 10 \text{ V} = 14.2 \text{ V}$$

选择二极管的极限参数 I_F 和 U_R 为

$$I_F > 1.1 I_{D(AV)} = 1.1 \times 100 \text{ mA} = 110 \text{ mA}$$
$$U_R > 1.1 U_{RM} = 1.1 \times 14.2 \text{ V} = 15.6 \text{ V}$$

8.3.2 其他形式的滤波电路

1. 电感滤波电路

在整流电路和负载电阻之间串联一个电感 L，构成电感滤波电路，如图 8.14 所示。

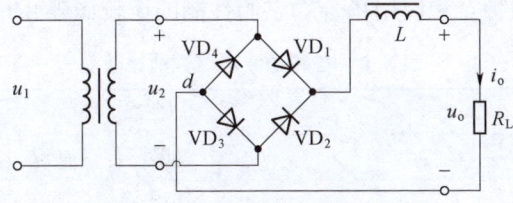

图 8.14 桥式整流电感滤波电路

其滤波原理为电感与负载电阻串联，依据串联分压原理，对于整流后脉动电中的直流分量，电感的感抗为 0，全部直流分量降到负载电阻上；对于交流分量，电感的感抗远远大于负载电阻，大部分交流分量降到电感上，分给负载电阻上的交流分量很少，负载电阻上输出电压必然变得平滑。

电感视为理想电感，输出电压的平均值 $U_{o(AV)}$ 为

$$U_{o(AV)} \approx 0.9 U_2$$

电感滤波电路的优点是电路简单，输出外特性好，输出电压基本不随输出电流变化而改变，对整流二极管要求不高，脉动性较小。它的缺点是体积大、笨重。电感滤波电路适合于大电流负载的场合。

2. 复式滤波电路

当单独使用电容或电感滤波效果不够理想时，可采用复式滤波电路。电容和电感是基本滤波元件，利用它们对直流分量和交流分量呈现不同的电抗性的特点，将它们合理地接入电路中就可以达到更好的滤波效果。常用的复式滤波电路是由多个电感、电容元件组成的多级滤波电路，主要有 LC 滤波电路、LC-π 型滤波电路和 RC-π 型滤波电路，如图 8.15 所示。

LC 滤波电路是由电感滤波与电容滤波组成的二级滤波电路，输出电压平均值为 $0.9 U_2$。其特点是对负载适应性强，在负载电流较大和较小时，都有良好的滤波效果，适合于供给任何电流的场合。

LC-π 型滤波电路是由电容滤波、电感滤波组成的多级滤波电路，输出电压平均值为 $1.2 U_2$。其特点是滤波效果非常好，输出直流电压较高，通过二极管的冲击电流较大，对二

极管要求较高,适合于小电流场合。

RC-π 型滤波电路具有与电容滤波电路相似的特点,对输出直流电压有提升作用,但由于滤波电阻 R 对直流电压有分压作用,故实际输出电压较低,通过二极管的冲击电流较大,对二极管要求较高,适合于小电流场合。

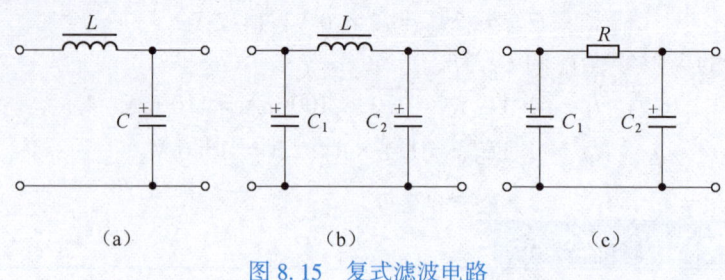

图 8.15　复式滤波电路

(a) LC 滤波电路;(b) LC-π 型滤波电路;(c) RC-π 型滤波电路

3. 各种滤波电路的比较

各种滤波电路有不同特点和应用场合,它们性能的比较如表 8.6 所示。

表 8.6　各种滤波电路性能比较

类型	性能		
	$U_{o(AV)}$	适用场合	整流管的冲击电流
电容滤波	$1.2U_2$	小电流	大
电感滤波	$0.9U_2$	大电流	小
LC 滤波	$0.9U_2$	大、小电流	小
π 型滤波	$1.2U_2$	小电流	大

8.4　稳压电路

经过整流、滤波后,电路输出的直流电压是不稳定的,会受负载和输入电压大小的影响。在一些整机电路中,直流电压的大小波动会影响到整机电路的正常性能。造成输出的直流电压不稳定有 3 个方面的原因:一是由电网电压的波动引起输出的直流电压不稳定;二是由于整流滤波电路存在内阻,当负载大小变化时,必然引起输出的直流电压不稳定;三是电路元件的参数受温度变化的影响而发生改变,使输出的直流电压变化。为此,需要加入直流稳压电路,使直流输出电压不受负载和输入电压大小的影响。常用的稳压电路有并联型稳压电路、串联型稳压电路、集成稳压电路和开关型稳压电路四大类。本节主要介绍并联型稳压电路,也称为稳压管稳压电路。

8.4.1　稳压电路的主要指标

衡量稳压电路的性能主要有两个指标:稳压电路的内阻和稳压系数。

1. 内阻 R_o

稳压电路的内阻 R_o 定义为当经过整流滤波后输入到稳压电路的直流电压 U_i 不变时，稳压电路输出电压变化量 ΔU_o 与输出电流变化量 ΔI_o 之比，即

$$R_o = \frac{\Delta U_o}{\Delta I_o}\bigg|_{U_i = 常数}$$

内阻的物理意义是表示负载的变化对输出电压的影响，稳压电路的内阻越小，稳压电路的稳压性能越好。

2. 稳压系数 S_R

稳压系数 S_R 定义为当负载不变时，稳压电路输出电压的相对变化量与输入电压的相对变化量之比，即

$$S_r = \frac{\Delta U_o / U_o}{\Delta U_i / U_i}\bigg|_{R_L = 常数} = \frac{\Delta U_o}{\Delta U_i} \cdot \frac{U_i}{U_o}\bigg|_{R_L = 常数}$$

稳压系数的物理意义是表示输入电压的变化对输出电压的影响，即当电网电压波动时，稳压系数越小，稳压电路的稳压性能越好。

稳压电路的其他指标还有电压调整率、电流调整率、最大纹波电压、温度系数、噪声电压等。

8.4.2 并联型稳压电路

并联型稳压电路如图 8.16 所示，并联型稳压电路由稳压二极管 VZ 和稳压管的限流电阻 R 组成，稳压管 VZ 与负载电阻 R_L 并联，稳压管的限流电阻 R 串联在整流滤波电路和稳压管之间，经桥式整流电容滤波后的直流电压作为稳压电路的输入电压 U_i。

由图 8.17 所示的伏安特性可以看出，稳压管有两个特点，一是工作在反向击穿区，二是流过稳压管的电流变化大，但电压基本不变。

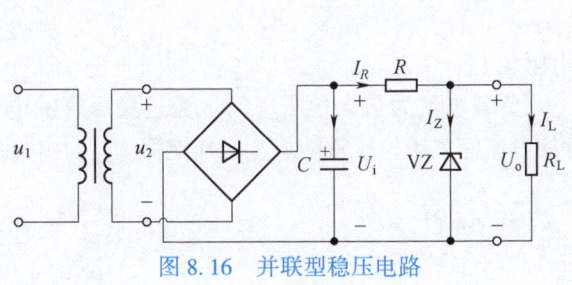

图 8.16 并联型稳压电路

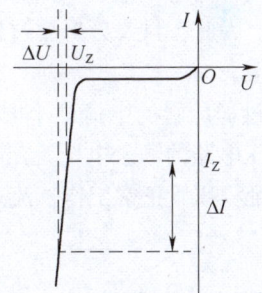

图 8.17 稳压管的伏安特性

1. 稳压原理

由图 8.16 可见，稳压电路中有两个重要的关系式，一个是输出电压与输入电压的关系式 $U_o = U_i - U_R$；另一个是电流关系式 $I_R = I_Z + I_L$，它们是分析稳压原理的重要依据。由于引起输出电压不稳定的主要原因是电网电压波动和负载电阻的变化，故下面具体分析这两种情况下的稳压过程。

(1) 电网电压波动时的稳压过程。

假设负载不变，当电网电压升高时，整流滤波后的电压 U_i 随之增大，输出电压 U_o 也增大。U_o 就是稳压管两端的电压，即 $U_Z = U_o$，由图 8.17 所示的稳压管伏安特性可知，稳压管电压稍有增加，稳压管电流 I_Z 就会显著增大，由于有 $I_R = I_Z + I_L$，流过电阻 R 的电流 I_R 显然增大，因此电阻 R 上的压降 U_R 增大，由 $U_o = U_i - U_R$ 可知，使输出电压 U_o 回降，于是 U_o 近似保持不变。稳压过程表示为

$$u_2 \uparrow \to U_i \uparrow \to U_o \uparrow \to U_Z \uparrow \to I_Z \uparrow \to I_R \uparrow \to U_R \uparrow \to U_o \downarrow \to 使 U_o 基本不变$$

该稳压过程的实质是利用电阻 R 上电压的变化，抵消输入电压 U_i 的变化，保持输出电压 U_o 的稳定。

同理，负载不变，电网电压降低时的稳压过程为

$$u_2 \downarrow \to U_i \downarrow \to U_o \downarrow \to U_Z \downarrow \to I_Z \downarrow \to I_R \downarrow \to U_R \downarrow \to U_o \uparrow \to 使 U_o 基本不变$$

(2) 负载电阻变化时的稳压过程。

假设电网电压不变，当负载电阻减小时，使输出电压 U_o 减小，也就是稳压管两端电压 U_Z 减小，稳压管电流 I_Z 随之减小，流过电阻 R 的电流 I_R 减小，压降 U_R 减小，由 $U_o = U_i - U_R$ 可知，使输出电压 U_o 升高，于是保持 U_o 基本不变。稳压过程表示为

$$R_L \downarrow \to U_o \downarrow \to U_Z \downarrow \to I_Z \downarrow \to I_R \downarrow \to U_R \downarrow \to U_o \uparrow \to 使 U_o 基本不变$$

该稳压过程的实质是利用稳压管电流 I_Z 的变化补偿负载电流 I_L 的变化，使电阻 R 的电流保持不变，从而保持输出电压 U_o 的稳定。

同理，电网电压不变，负载电阻增大时的稳压过程为

$$R_L \uparrow \to U_o \uparrow \to U_Z \uparrow \to I_Z \uparrow \to I_R \uparrow \to U_R \uparrow \to U_o \downarrow \to 使 U_o 基本不变$$

2. 元器件的选择

(1) 限流电阻的选择。

在稳压电路中限流电阻是一个非常重要的元件，限流电阻 R 的阻值必须选择合适，才能保证稳压电路起到稳压作用。如果限流电阻过大，则会使输出电压不能稳压；如果限流电阻过小，则会造成稳压管过流被烧毁。

限流电阻的选择应该满足无论是电网电压波动还是负载电阻变化，都应使稳压管工作在稳定工作区。因此，只要分析流过稳压管的电流最小与最大时的两种极端情况，就可以确定限流电阻的阻值。

①流过稳压管的电流最小时的限流电阻值。

当稳压电路的输入电压为最小值 U_{imin}，负载电流为最大值 I_{Lmax} 时，流过稳压管的电流最小。为保证稳压管正常工作，流过稳压管的电流应大于稳压管的最小工作电流 I_{Zmin}，由关系式

$$\frac{U_{imin} - U_o}{R} - I_{Lmax} > I_{Zmin}$$

得到

$$R < \frac{U_{imin} - U_o}{I_{Zmin} + I_{Lmax}}$$

②流过稳压管的电流最大时的限流电阻值。

当稳压电路的输入电压为最大值 U_{imax}，负载电流为最小值 I_{Lmin} 时，流过稳压管的电流最大。为保证稳压管正常工作，流过稳压管的电流应小于稳压管的最大工作电流 I_{Zmax}，由关系式

$$\frac{U_{imax}-U_o}{R}-I_{Lmin}<I_{Zmax}$$

得到

$$R>\frac{U_{imax}-U_o}{I_{Zmax}+I_{Lmin}}$$

因此，得到选择限流电阻的公式为

$$\frac{U_{imax}-U_o}{I_{Zmax}+I_{Lmin}}<R<\frac{U_{imin}-U_o}{I_{Zmin}+I_{Lmax}}$$

限流电阻 R 的额定功率 P 可按下式计算，即

$$P=(2\sim3)\frac{(U_{imax}-U_o)^2}{R}$$

（2）稳压管的选择。

由于稳压管与负载电阻 R_L 并联，故稳压管的稳定电压 U_Z 为

$$U_Z=U_o$$

稳压管另一个重要参数最大工作电流 I_{Zmax}，应大于负载电流的最大值 I_{Lmax}，其推荐值为

$$I_{Zmax}=(1.5\sim3)I_{Lmax}$$

于是可依据 U_Z、I_{Zmax} 选择稳压管。

由于限流电阻上有电压降，故稳压电路的输入电压 U_i 应大于输出电压 U_o，其推荐值为

$$U_i=(2\sim3)U_o$$

【例 8.5】 并联型稳压电路如图 8.18 所示，已知稳压管参数 $U_Z=9$ V，$I_{Zmax}=40$ mA，$I_{Zmin}=5$ mA，负载电阻的阻值为 $500\sim1\,000$ Ω，变压器二次交流电压 $U_2=15$ V，电网电压波动范围 ±10%。试选择限流电阻 R。

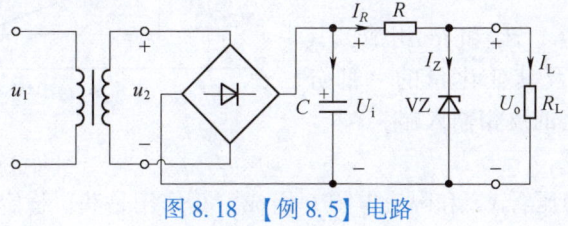

图 8.18 【例 8.5】电路

解：由负载电阻的阻值为 $500\sim1\,000$ Ω，确定流过负载电阻的电流为

$$I_{Lmin}=\frac{U_Z}{R_{Lmax}}=\frac{9}{1}\text{ mA}=9\text{ mA}$$

$$I_{Lmax}=\frac{U_Z}{R_{Lmin}}=\frac{9}{0.5}\text{ mA}=18\text{ mA}$$

由变压器二次交流电压 $U_2=15$ V，电网电压波动范围 ±10%，确定稳压电路输入电压为

$$U_{imax}\approx1.2U_{2max}=1.2\times1.1\times15\text{ V}=19.8\text{ V}$$

$$U_{imin}\approx1.2U_{2min}=1.2\times0.9\times15\text{ V}=16.2\text{ V}$$

确定限流电阻为

$$\frac{U_{imax}-U_o}{I_{Zmax}+I_{Lmin}}<R<\frac{U_{imin}-U_o}{I_{Zmin}+I_{Lmax}}$$

$$\frac{19.8-9}{40+9}\text{k}\Omega < R < \frac{16.2-9}{5+18}\text{k}\Omega$$

$$0.220\text{ k}\Omega < R < 0.313\text{ k}\Omega$$

选择 $R = 300\ \Omega$，其额定功率为

$$P = 2 \times \frac{(U_{\text{imax}} - U_o)^2}{R} = 2 \times \frac{(19.8-9)^2}{300}\text{ W} \approx 0.8\text{ W}$$

故限流电阻为 300 Ω，额定功率为 1 W。

并联型稳压电路适合于负载电阻变化不大，供给小电流的场合。它存在两个方面的不足，一是输出电压为固定值，不能随意调节；二是供给电流小，不适合于电网电压和负载电阻变化大的场合。

8.5 串联型稳压电路

并联型稳压电路虽然简单，但它的输出电流较小，输出电压不可调，因此不能满足一些场合的使用。利用晶体管的电流放大作用，以稳压管为基础的串联型稳压电路输出功率大，输出电压可调，稳定性能好，在一定程度上弥补了并联型稳压电路的不足，下面主要研究串联型稳压电路。

1. 电路组成

串联型稳压电路如图 8.19 所示。它由取样电路、基准电压电路、比较放大电路、调整管 4 部分组成。

（1）取样电路。

取样电路由电阻 R_1、R_2 和 R_3 组成，其作用是取出输出电压及其变化量的一部分 U_F，送到比较放大电路的反相输入端。

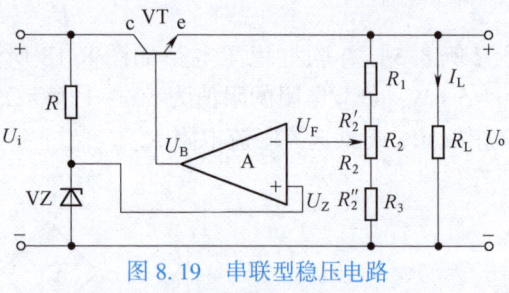

图 8.19 串联型稳压电路

（2）基准电压电路。

基准电压电路由稳压管 VZ 和限流电阻 R 组成，其作用是获得稳定的基准电压 U_Z，将其输送到比较放大电路的同相输入端，作为比较的标准。

（3）比较放大电路。

比较放大电路由集成运放 A 组成，其作用是将取样电路取出的取样电压 U_F 与基准电压电路的基准电压 U_Z 进行比较和放大，放大后的电压 U_B 送到调整管的基极，对调整管进行控制。

（4）调整管。

调整管是晶体管 VT，是电压调节元件，其作用是调节晶体管 VT 的集电极与发射极之间的电压 U_{CE}，使输出电压 U_o 稳定。其调节过程是当晶体管的基极电位升高时，U_{CE} 减小；反之晶体管的基极电位降低时，U_{CE} 增大。

2. 工作原理

（1）当电网电压升高或负载电阻增大时，输出电压 U_o 将增大，取样电路的取样电压 U_F 增大，比较放大电路的集成运放的输入电压（$U_Z - U_F$）将减小，经运放放大后的电压 U_B 降

低，U_B 加到调整管的基极，基极电位降低，调整管 U_{CE} 增大，由 $U_o = U_i - U_{CE}$ 可见，输出电压 U_o 减小，因此输出电压保持稳定。上述稳压过程表示为

$$U_i(或 R_L)\uparrow \to U_o \uparrow \to U_F \uparrow \to (U_Z - U_F)\downarrow \to U_B \downarrow \to U_{CE} \uparrow \to U_o \downarrow \to 保持 U_o 稳定$$

（2）当电网电压降低或负载电阻减小时，输出电压 U_o 将减小，取样电路的取样电压 U_F 减小，比较放大电路的集成运放的输入电压 $(U_Z - U_F)$ 将增大，经运放放大后的电压 U_B 升高，U_B 加到调整管的基极，基极电位升高，调整管 U_{CE} 减小，由 $U_o = U_i - U_{CE}$ 可见，输出电压 U_o 增大，因此输出电压保持稳定。上述稳压过程表示为

$$U_i(或 R_L)\downarrow \to U_o \downarrow \to U_F \downarrow \to (U_Z - U_F)\uparrow \to U_B \uparrow \to U_{CE} \downarrow \to U_o \uparrow \to 保持 U_o 稳定$$

3. 输出电压的调节

（1）输出电压 U_o。

由取样电路的串联分压作用得到取样电压 U_F 为

$$U_F = U_o \frac{R_2'' + R_3}{R_1 + R_2 + R_3}$$

比较放大电路的集成运放视为理想运放，工作在放大状态，由"虚短"的特点，有

$$u_- = u_+$$

由于

$$u_- = U_F, \quad u_+ = U_Z$$

于是

$$U_F = U_Z$$

得到

$$U_Z = U_o \frac{R_2'' + R_3}{R_1 + R_2 + R_3}$$

输出电压 U_o 为

$$U_o = \frac{R_1 + R_2 + R_3}{R_2'' + R_3} U_Z \tag{8.4}$$

（2）输出电压 U_o 的调节范围。

由式(8.4)可见，调节电阻 R_2，改变 R_2 下半部 R_2'' 的阻值即可改变输出电压 U_o 的大小。电阻 R_2 的中间滑动端向上滑动，输出电压 U_o 减小；电阻 R_2 的中间滑动端向下滑动，输出电压 U_o 增大。

① 输出电压的最小值 U_{omin}。

将电阻 R_2 的中间滑动端滑动到最上端时，$R_2'' = R_2$，U_o 最小，有

$$U_{omin} = \frac{R_1 + R_2 + R_3}{R_2 + R_3} U_Z$$

② 输出电压的最大值 U_{omax}。

将电阻 R_2 的中间滑动端滑动到最下端时，$R_2'' = 0$，U_o 最大，有

$$U_{omax} = \frac{R_1 + R_2 + R_3}{R_3} U_Z$$

【例8.6】 串联型稳压电路如图8.19所示，已知稳压管的稳压值 $U_Z = 6$ V，取样电路电阻 $R_1 = 1$ kΩ，$R_2 = 2$ kΩ，$R_3 = 1$ kΩ，试确定输出电压 U_o 的调节范围。

解：

$$U_{\text{omax}} = \frac{R_1+R_2+R_3}{R_3}U_Z = \frac{1+2+1}{1}\times 6 \text{ V} = 24 \text{ V}$$

$$U_{\text{omin}} = \frac{R_1+R_2+R_3}{R_2+R_3}U_Z = \frac{1+2+1}{2+1}\times 6 \text{ V} = 8 \text{ V}$$

因此，该稳压电路输出电压的调节范围为 $8 \text{ V} \leqslant U_o \leqslant 24 \text{ V}$。

【例 8.7】 串联型稳压电路如图 8.19 所示，要求输出电压的调节范围 $U_o = 10 \sim 15 \text{ V}$，已知稳压管的稳压值 $U_Z = 7 \text{ V}$，取样电路总电阻为 2 kΩ，试确定取样电路电阻 R_1、R_2、R_3 的阻值。

解： 由取样电路总电阻为 2 kΩ，有

$$R_1+R_2+R_3 = 2 \text{ k}\Omega$$

由

$$U_{\text{omax}} = \frac{R_1+R_2+R_3}{R_3}U_Z$$

得到

$$R_3 = (R_1+R_2+R_3)\frac{U_Z}{U_{\text{omax}}} = 2\times\frac{7}{15} \text{ k}\Omega \approx 0.93 \text{ k}\Omega$$

选取 $R_3 = 910$ Ω。

由

$$U_{\text{omin}} = \frac{R_1+R_2+R_3}{R_2+R_3}U_Z$$

得到

$$R_2+R_3 = (R_1+R_2+R_3)\frac{U_Z}{U_{\text{omin}}} = 2\times\frac{7}{10} \text{ k}\Omega = 1.4 \text{ k}\Omega$$

确定 $R_2 = (1.4-0.91)\text{k}\Omega = 0.49 \text{ k}\Omega$。选取 $R_2 = 510$ Ω。

确定 $R_1 = (2-0.51-0.91)\text{k}\Omega = 0.58 \text{ k}\Omega$。选取 $R_1 = 560$ Ω。

验证输出电压可调范围

$$U_{\text{omax}} = \frac{R_1+R_2+R_3}{R_3}U_Z = \frac{0.56+0.51+0.91}{0.91}\times 7 \text{ V} \approx 15.2 \text{ V}$$

$$U_{\text{omin}} = \frac{R_1+R_2+R_3}{R_2+R_3}U_Z = \frac{0.56+0.51+0.91}{0.51+0.91}\times 7 \text{ V} \approx 9.8 \text{ V}$$

满足要求。取样电路电阻为 $R_1 = 560$ Ω，$R_2 = 510$ Ω，$R_3 = 910$ Ω。

4. 调整管的选择

调整管通常采用大功率晶体管，它要提供负载所需要的全部电流和承担较大的电压降，因此调整管的功耗较大。选择调整管要以晶体管的极限参数为依据。

(1) 集电极最大允许电流 I_{CM}。

由串联型稳压电路可见，流过调整管集电极的电流有负载电流 I_L 和流过取样电路的电流 I_R，则选择调整管的集电极最大允许电流应满足

$$I_{\text{CM}} \geqslant I_{\text{Lmax}} + I_R$$

式中 I_{Lmax} 是负载电流的最大值。

(2) 集电极和发射极反向击穿电压 $U_{(\text{BR})\text{CEO}}$。

当负载短路时，整流滤波后的电压 U_i 全部加到调整管的两端。在通常的电容滤波电路

中，输出电压的最大值接近变压器二次电压的峰值，即 $U_i = \sqrt{2} U_2$。同时考虑电网可能有 ±10%的波动，选择调整管的集电极和发射极反向击穿电压应满足

$$U_{(BR)CEO} \geq 1.1 \times \sqrt{2} U_2 \tag{8.5}$$

（3）集电极最大允许耗散功率 P_{CM}。

调整管集电极消耗的功率等于集电极-发射极电压与流过集电极电流的乘积，即

$$P_C = U_{CE} \cdot I_C = (U_i - U_o) I_C$$

当电网电压达到最大值，输出电压为最小值，同时负载电流达到最大值时，调整管的功耗最大。选择调整管的集电极最大允许耗散功率应满足

$$P_{CM} \geq (U_{imax} - U_{omin}) I_{Cmax} \approx (1.1 \times 1.2 U_2 - U_{omin})(I_{Lmax} + I_R) \tag{8.6}$$

（4）稳压电路输入电压 U_i 的选择。

为了保证调整管工作在放大状态，调整管压降不宜过大，通常选取 $U_{CE} = 3 \sim 8$ V。稳压电路输入电压 U_i 等于调整管压降与输出电压之和，即

$$U_i = U_{omax} + (3 \sim 8) \text{V} \tag{8.7}$$

（5）变压器二次电压 U_2 的选择。

当采用桥式整流电容滤波电路时有

$$U_i \approx 1.2 U_2$$

考虑到电网电压可能有±10%的波动，因此变压器二次电压 U_2 应满足

$$U_2 \approx 1.1 \times \frac{U_i}{1.2}$$

8.6 集成稳压电路

随着电子技术的发展，人们将调整电路、取样电路、基准电路、启动电路及保护电路集成在一块硅片上就构成了集成稳压电路（又称集成稳压器）。集成稳压电路具有体积小、可靠性高、性能好、使用灵活简单、价格低廉等优点，得到了广泛应用。集成稳压电路种类繁多，按照输出电压是否可调划分，有固定式和可调式；按照输出电压的正、负划分，有正稳压电路和负稳压电路；按照引出端子划分，有三端式和多端式，最简单的集成稳压电路只有 3 个端钮，故称为三端集成稳压电路。

8.6.1 固定输出的三端集成稳压电路

1. 三端集成稳压电路的组成

三端集成稳压电路的组成如图 8.20 所示，其由调整管、比较放大电路、基准电源、取样电路、启动电路和保护电路等部分组成。可见三端集成稳压电路是串联型稳压电路，再加上启动电路和保护电路。

（1）启动电路。

为稳定工作点，在集成电路中采用恒流源作为偏置电路。当接通输入电压后，这些恒流源不能自动导通，使整个稳压电路无法正常工作。启动电路的作用是给恒流源建立工作点，

使恒流源导通进入正常工作状态。一旦稳压电路进入正常工作状态，启动电路就及时断开，以免影响稳压电路的工作状态。

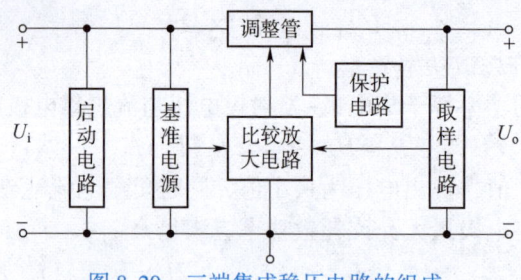

图 8.20　三端集成稳压电路的组成

（2）保护电路。

当负载出现过流和短路等故障时，保护电路对电路元件起到保护作用。在三端集成稳压电路中有限流保护电路、过压保护电路和过热保护电路。

调整管、比较放大电路、基准电源、取样电路的作用前面已论述，不再重述。

2. 三端集成稳压电路的主要参数

（1）三端集成稳压电路的型号及含义。

国产固定输出三端集成稳压电路有两个系列：CW78××系列（正电压输出）和 CW79××系列（负电压输出）。其输出电压分为 7 个等级：±5 V、±6 V、±8 V、±12 V、±15 V、±18 V、±24 V。输出电流有 3 个等级：0.1 A、0.5 A、1.5 A。三端集成稳压电路的型号组成及其含义如图 8.21 所示。

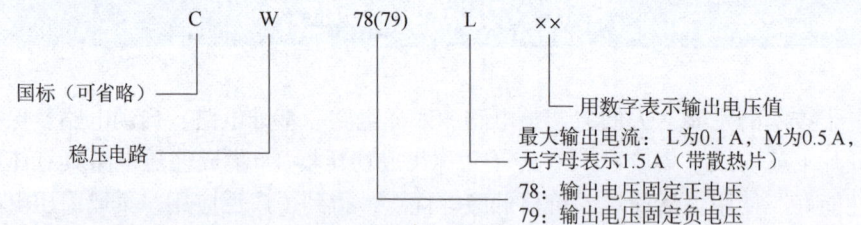

图 8.21　三端集成稳压电路的型号组成及其含义

（2）三端集成稳压电路的外形及图形符号。

需要注意的是，CW78××系列与 CW79××系列的引脚定义不同。CW78××系列引脚 1 为输入端、引脚 3 为输出端、引脚 2 为公共端；CW79××系列引脚 2 为输入端、引脚 3 为输出端、引脚 1 为公共端。CW78××系列（正电压输出）和 CW79××系列（负电压输出）塑料封装的外形和图形符号如图 8.22 所示。

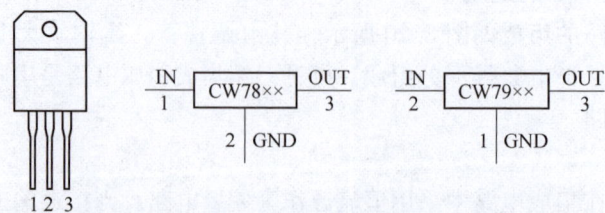

图 8.22　三端集成稳压电路的外形和图形符号

3. 三端集成稳压电路的应用

(1) 基本应用电路。

用 CW7800 系列三端集成稳压电路组成的最基本的应用电路如图 8.23 所示。三端集成稳压电路的 1、2 端组成输入端，接输入电压 U_i，3、2 端组成输出端，接负载电阻 R_L。由于输出电压取决于集成稳压电路，所以输出电压为 12 V，输出电流为 1.5 A。为使电路正常工作，要求输入电压 U_i 比输出电压 U_o 至少大 2.5 V。

在输入端接入电容 C_1 是为了防止输入电源线较长带来的电感效应可能产生的高频自激，进行频率补偿，可抑制电源的高频脉冲干扰，一般 C_1 范围为 0.1~1 μF，通常的容量取 0.33 μF。同时在输出端接电容 C_2、C_3，消除输出电压中的高频干扰，一般 C_2 的容量为 0.1 μF，C_3 的容量为 100 μF。C_2、C_3 用于改善负载的瞬态响应，消除电路的高频噪声，同时具有消振作用。注意两个电容应直接接在集成稳压电路的引脚处，CW79×× 系列和 CW78×× 系列稳压电路接线方式基本相同。

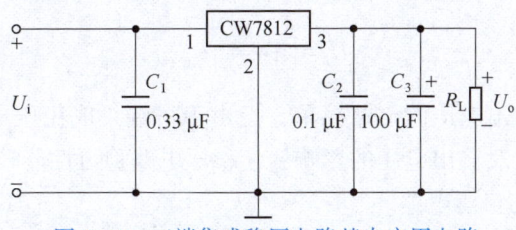

图 8.23 三端集成稳压电路基本应用电路

固定输出三端集成稳压电路除基本连接方式外，还可以扩展输出电压、输出电流等功能，介绍如下。

(2) 提高输出电压的稳压电路。

三端集成稳压电路的输出电压为固定的几个等级值，如果需要其他数值的输出电压则可以在原有的三端集成稳压电路输出电压的基础上加以提高。

① 利用稳压管提高输出电压。

利用稳压管提高输出电压的电路如图 8.24(a) 所示，电路中 VZ 是稳压管，电阻 R 为稳压管的限流电阻。

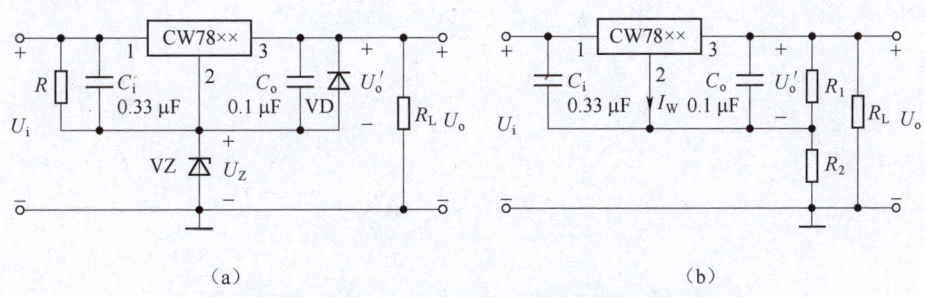

(a)   (b)

图 8.24 提高三端集成稳压电路输出电压的电路

(a) 利用稳压管提高输出电压；(b) 利用电阻分压提高输出电压

由图 8.24(a) 可见，电路的输出电压为

$$U_o = U_o' + U_Z$$

式中，U'_o 为三端集成稳压电路原有输出电压；U_Z 为稳压管的稳定电压。只要选择合适的稳压管，就可以将输出电压提高到所需数值。

电路输出端的二极管 VD 是保护二极管。当稳压电路正常工作时，二极管 VD 为反向连接处于截止状态；当电路输出端出现短路时，二极管 VD 为正向连接导通，于是输出电流被 VD 旁路，保护集成稳压电路免受损坏。

②利用电阻分压提高输出电压。

利用电阻分压提高输出电压的电路如图8.24(b)所示。由图可知，输出电压为

$$U_o = U_{R_1} + U_{R_2} = U'_o + \left(I_W + \frac{U'_o}{R_1}\right) \cdot R_2 = \left(1 + \frac{R_2}{R_1}\right)U'_o + I_W R_2$$

式中，U'_o 为三端集成稳压电路的输出电压；I_W 为流过三端集成稳压电路公共端的静态电流。假设流过电阻 R_1、R_2 的电流远远大于三端集成稳压电路静态电流 I_W，可忽略电流 I_W，则输出电压为

$$U_o = \left(1 + \frac{R_2}{R_1}\right)U'_o$$

利用电阻分压提高输出电压的电路简单，但由于三端集成稳压电路静态电流 I_W 有几毫安，并且是变化的，故它对输出电压的影响，使稳压电路稳压性能较差。

(3) 提高输出电流的稳压电路。

当负载电流大于三端集成稳压电路输出电流时，如果要求输出更大的电流，则可以通过外接大功率晶体管的方法实现，电路如图8.25所示。

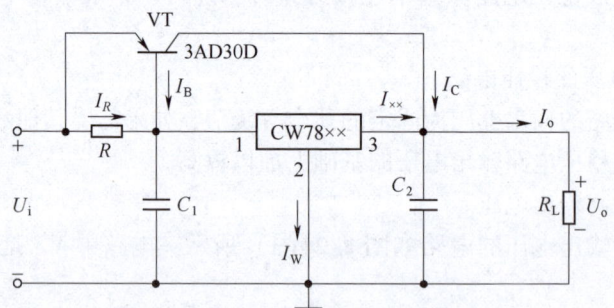

图 8.25 提高输出电流的稳压电路

由图可知

$$I_o = I_{xx} + I_C$$

$$I_{xx} = I_R + I_B - I_W = \frac{U_{BE}}{R} + \frac{I_C}{\beta} - I_W$$

$$I_o = I_{xx} + I_C = I_R + I_B - I_W + I_C = \frac{U_{BE}}{R} + \frac{1+\beta}{\beta}I_C - I_W$$

由于 $\beta \gg 1$，且 I_W 很小，可忽略不计，所以

$$I_o \approx \frac{U_{BE}}{R} + I_C$$

可见，接了功率管 VT 后，输出电流扩大了。

(4) 输出电压可调。

CW7800 系列和 CW7900 系列三端集成稳压电路的输出电压是固定值,但也可以组成输出电压可调的稳压电路,图 8.26(a) 为用电阻分压组成的输出电压可调电路。设三端集成稳压电路公共端电流为 I_W,则输出电压为

$$U_o = \left(1+\frac{R_2}{R_1}\right)U_o' + I_W R_2 \approx \left(1+\frac{R_2}{R_1}\right)U_o'$$

式中 U_o' 为三端集成稳压电路的输出电压。由上式可见,改变电阻 R_2 的阻值,即可改变稳压电路的输出电压,输出电压的调节范围为 $U_o' \sim \left(1+\frac{R_{2\max}}{R_1}\right)U_o'$。

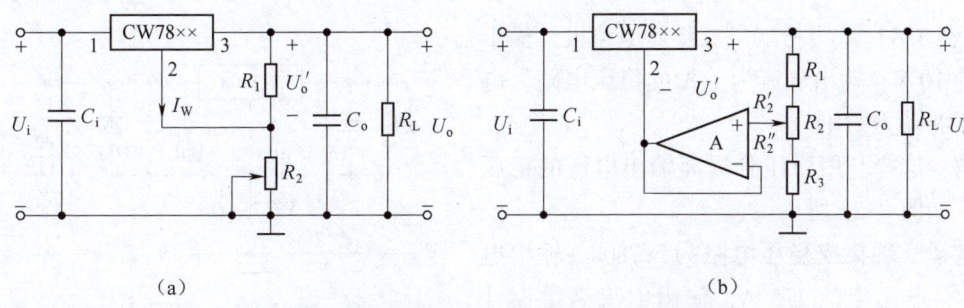

图 8.26 三端集成稳压电路输出电压可调电路
(a) 用电阻分压组成的输出电压可调电路;(b) 采用电压跟随器的输出电压可调电路

该电路的输出电压受三端集成稳压电路公共端电流 I_W 的影响,I_W 的变化使输出电压随之变化,稳压性能不够好。图 8.26(b) 为采用电压跟随器的输出电压可调稳压电路。

取样电路的取样电压为

$$u_+ = \frac{R_2'' + R_3}{R_1 + R_2 + R_3} U_o$$

输出电压为

$$U_o = U_o' + u_+ = U_o' + \frac{R_2'' + R_3}{R_1 + R_2 + R_3} U_o$$

得到输出电压表达式为

$$U_o = \frac{R_1 + R_2 + R_3}{R_1 + R_2'} \cdot U_o'$$

式中 U_o' 为三端集成稳压电路原输出电压。得到输出电压可调范围为

$$\frac{R_1 + R_2 + R_3}{R_1 + R_2} \cdot U_o' \leq U_o \leq \frac{R_1 + R_2 + R_3}{R_1} \cdot U_o'$$

(5) 具有正、负电压输出的稳压电路。

当需要正、负电压同时输出的稳压电源时,可用 CW7815 和 CW7915 稳压电路各一块,接成如图 8.27 所示的电路,这两组稳压电路有一个公共接地端,它们的整流部分也是公共,电源变压器带有中心抽头并接地,输出端得到大小相等、极性相反的电压,二极管 VD_5 和 VD_6 用于保护变压器。在输出端接负载的情况下,如果其中一路稳压电路输入 U_i 断开,$+U_o$ 通过 R_L 作用于 CW7915 的 2 输出端,就会使该稳压电路输出端对地承受反压而损坏。有了 VD_6 的限幅,反压仅 0.7 V 左右,因而使稳压电路得到保护。

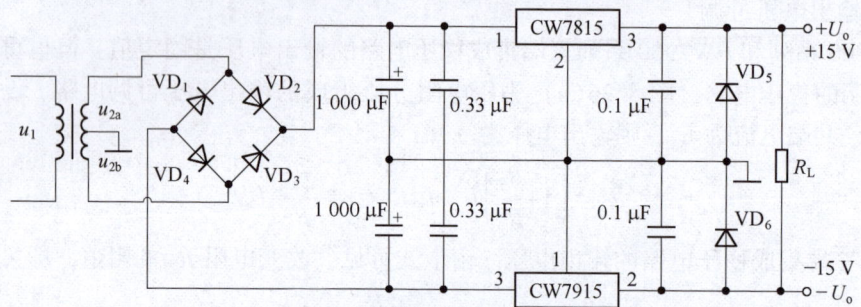

图 8.27 正、负对称输出两组电源稳定电路

【例8.8】试用三端集成稳压电路设计输出电压为 10 V，输出电流为 1 A 的稳压电路。电网电压波动为 ±10%。

解：选择利用稳压管提高输出电压的稳压电路，如图 8.28 所示。

选择三端集成稳压电路为 W7808，输出电压 8 V，输出电流 1.5 A，输出电流满足设计要求。

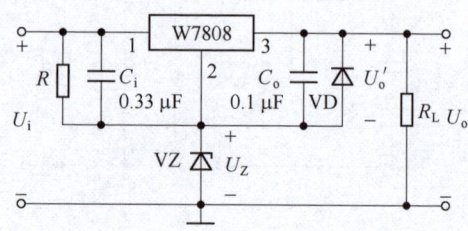

图 8.28 【例8.8】设计电路

选择稳压电路输入电压：查表 8.7 得到 $U_i = 14$ V。

选择稳压管和限流电阻：由 $U_o = U_o' + U_Z$，得到 $U_Z = 2$ V。选择稳压值为 2 V 的稳压管。依据稳压管最小工作电流通常为 5 mA，考虑电网电压的波动，得到限流电阻 R 为

$$R \leqslant \frac{0.9 U_i - U_Z}{I_{Zmin}} = \frac{0.9 \times 14 - 2}{5} \text{ kΩ} = 2.12 \text{ kΩ}$$

选取 $R = 2$ kΩ。

选择电容：$C_i = 0.33$ μF，$C_o = 0.1$ μF。

表 8.7 W7800 系列三端集成稳压电路的主要参数

参数名称	符号	单位	型号						
			W7805	W7806	W7808	W7812	W7815	W7818	W7824
输入电压	U_i	V	10	11	14	19	23	27	33
输出电压	U_o	V	5	6	8	12	15	18	24
电压调整率	S_U		0.007 6	0.008 6	0.01	0.008	0.006 6	0.01	0.011
电流调整率 (5 mA ≤ I_o ≤ 1.5 A)	S_I		40	43	45	52	52	55	60
最小压差	$U_i - U_o$	V	2	2	2	2	2	2	2
输出噪声	U_N	μV	10	10	10	10	10	10	10
输出电阻	R_o	mΩ	17	17	18	18	19	19	20
峰值电流	I_{om}	mA	2.2	2.2	2.2	2.2	2.2	2.2	2.2
输出温漂	S_T	mV/°C	1.0	1.0		1.2	1.5	1.8	2.4

8.6.2 可调式三端集成稳压电路

可调式三端集成稳压电路是指输出电压可调节的稳压电路。按照输出电压其可分为正电压稳压电路 W317 系列（W117、W217、W317）和负电压稳压电路 W337 系列（W137、W237、W337）两大类。按输出电流的大小，每个系列又分为 L 型、M 型等。其特点是电压调整率和负载调整率指标均优于固定式集成稳压电路，且同样具有启动电路、过热、限流和安全工作区保护。可调式三端集成稳压电路型号由 5 部分组成，其型号组成及含义如图 8.29 所示，其外形和图形符号如图 8.30 所示。

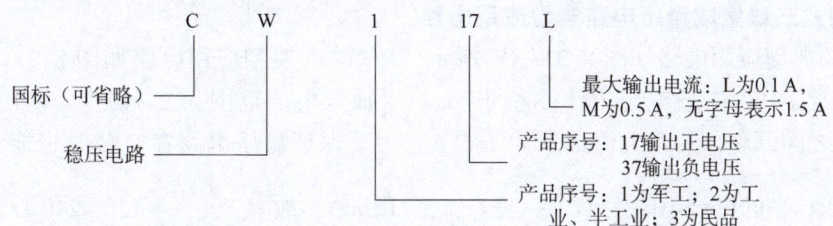

图 8.29　可调式三端集成稳压电路型号组成及其含义

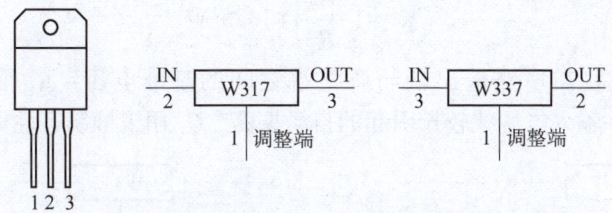

图 8.30　可调式三端集成稳压电路的外形和图形符号

1. 可调式三端集成稳压电路的主要参数

W117、W217、W317 可调式三端集成稳压电路的主要参数如表 8.8 所示。

表 8.8　W117、W217、W317 可调式三端集成稳压电路的主要参数

参数名称	符号	测试条件	单位	W117/W217 典型值	W317 典型值
输出电压	U_o	$I_o = 1.5\ \text{A}$	V	1.2~37	1.2~37
电压调整率	S_U	$I_o = 500\ \text{mA}$ $3\ \text{V} \leq U_i - U_o \leq 40\ \text{V}$		0.01	0.01
电流调整率	S_I	$10\ \text{mA} \leq I_o \leq 1.5\ \text{A}$		0.1	0.1
调整端电流	I_{Adj}		μA	50	50
调整端电流变化	ΔI_{Adj}	$3\ \text{V} \leq U_i - U_o \leq 40\ \text{V}$ $10\ \text{mA} \leq I_o \leq 1.5\ \text{A}$	μA	0.2	0.2

续表

参数名称	符号	测试条件	单位	W117/W217 典型值	W317 典型值
基准电压	U_R	$I_o = 500$ mA $25 \text{ V} \leq U_i - U_o \leq 40 \text{ V}$	V	1.25	1.25
最小负载电流	I_{omin}	$U_i - U_o = 40$ V	mA	3.5	3.5

注意：W117、W217、W317 的输出端与输入端电压差为 2～40 V，过低不能稳压；过高可能导致调整管被击穿。

2. 可调式三端集成稳压电路典型应用电路

W317 的典型应用电路如图 8.31(a) 所示，W337 的典型应用电路如图 8.31(b) 所示。为了电路正常工作，一般输出电流不小于 5 mA，输入电压范围为 2～40 V，输出电压可在 1.25～37 V 之间调整，负载电流最大为 1.5 A，为了保证稳压电路在空载时也能正常工作，要求流过电阻 R_1 的电流不能太小，一般 $I_{R_1} = 5$ ~ 10 mA，故 $R_1 = \dfrac{U_{REF}}{I_{R_1}} = 120$ ~ 240 Ω。

稳压电路的输出电压表达式为

$$U_o \approx \left(1 + \frac{R_2}{R_1}\right) \times 1.25 \text{ V}$$

式中，1.25 V 是集成稳压电路输出端与调整端之间的基准电压；R_1 取值为 120～240 Ω。图 8.31 中 C_1 用来消除输入电源线较长引起的自激振荡，C_2 用来抑制容性负载时的阻尼振荡。

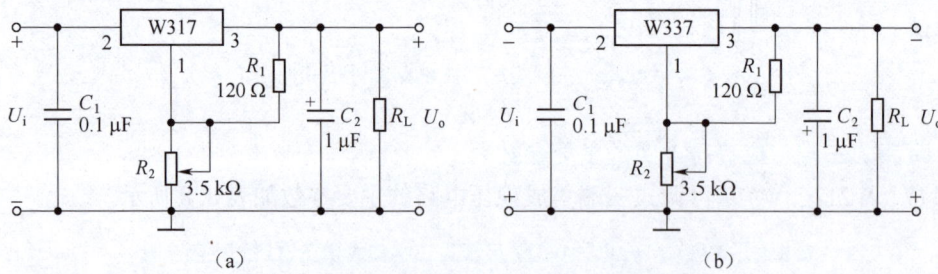

图 8.31 可调式三端集成稳压器典型应用电路

(a) W317 典型应用电路；(b) W337 典型应用电路

W337 应用电路与 W317 应用电路的不同之处在于其输出为负电压，因此要注意电路中带有极性的元件的方向不要连接错。

8.6.3 三端集成稳压电路的使用注意事项

三端集成稳压电路的使用需要注意以下 4 点。

(1) 绝不能将三端集成稳压电路的输入、输出和接地端接错，否则其容易被烧坏。

(2) 一般三端集成稳压电路的最小输入、输出电压差约为 2 V，否则不能输出稳定的电压，一般应使电压差保持在 4～5 V，即经变压器变压、二极管整流、电容器滤波后的电压应比稳压值高一些。

（3）在实际应用中，应在三端集成稳压电路上安装足够大的散热器（当然小功率的条件下不用），这是因为当稳压电路温度过高时，稳压性能将变差，甚至损坏。

（4）当制作中需要一个能输出 1.5 A 以上电流的稳压电源时，通常将 N 个三端集成稳压电路并联起来，使其最大输出电流为 N 个 1.5 A。但应用时需注意，并联使用的集成稳压电路应采用同一厂家、同一批号的产品，以保证参数的一致性。另外，在输出电流上留有一定余量，以避免当个别集成稳压电路失效时导致其他电路连锁烧毁。

8.7 开关型稳压电路

前面介绍的串联型稳压电路及集成稳压电路称为线性稳压电路，因调整管工作在线性放大状态而得名。线性稳压电路的优点是结构简单，调节方便，输出电压脉动较小；其缺点是调整管工作在甲类状态，功耗大，效率低，一般只有 20%～40%，需要在调整管上加散热器，使设备体积大，笨重，成本高。开关型稳压电路克服了上述缺点，因此应用日益广泛。

二维码 8.3 开关型稳压电路

8.8 新能源技术

新能源技术是高科技的支柱，包括核能技术、太阳能技术、燃煤技术、磁流体发电技术、地热能技术、海洋能技术等，其中核能技术与太阳能技术是新能源技术的主要标志，通过对核能、太阳能的开发利用，打破了以石油、煤炭为主体的传统能源观念，开创了能源的新时代。

二维码 8.4 新能源技术

本章小结

各种电子设备都需要直流电源供电。小功率直流电源一般由变压、整流、滤波和稳压 4 部分组成。

（1）整流电路的任务是将交流电变换为脉动直流电，利用二极管的单向导电性实现整流作用。在单相半波、单相全波和单相桥式 3 种基本整流电路中，单相桥式整流电路的输出直流电压高，输出波形的脉动性较小，整流管承受的反向峰值电压不高，变压器的利用率较高，得到广泛应用。

（2）滤波电路的主要任务是滤掉输出电压中的交流分量。利用电感、电容元件对直流与交流不同的电抗性和储能功能实现滤波作用。滤波电路有电容滤波、电感滤波和复式滤波电路 3 种，电容滤波适用于小负载电流的场合，电感滤波适用于大负载电流的场合，LC 滤波适用于任意负载电流的场合。

（3）稳压电路的任务是当电网电压波动或负载电阻变化时，使输出电压保持基本稳定。

常用的稳压电路有以下 4 种。

①并联型稳压电路。

并联型稳压电路结构简单，适用于输出电压固定，负载电流较小的场合，主要缺点是输出电压不可调节，当电网电压和负载电阻变化较大时，电路无法适应。

②串联型稳压电路。

串联型稳压电路主要由调整管、取样电路、比较放大电路和基准电压电路组成。其稳压原理是引入负反馈来调节输出电压，使其保持稳定。它的输出电压在一定范围内可以调节。

③集成稳压电路。

集成稳压电路由于具有体积小、可靠性高，使用方便，应用灵活等优点，得到广泛应用。三端集成稳压电路就是串联型稳压电路再加上保护电路和启动电路，使稳压电路的功能更强，性能更好。

④开关型稳压电路。

与线性稳压电路相比，开关型稳压电路的特点是调整管工作在开关状态，因此具有效率高、体积小、重量轻、对电网电压要求不高等突出优点，应用越来越广泛。其缺点是电路复杂，输出电压中纹波和噪声成分较大。

（4）新能源技术。

综合习题

一、填空题

1. 整流电路是利用二极管的_____将交流量变为直流量。
2. 变压器的二次电压为 U_2，单相桥式整流电路的输出电压的平均值 U_o = _____。
3. 在单相桥式整流电路中，若有一只整流二极管接反，则会_____。
4. 滤波是将脉动直流中的_____成分去掉，使其变成平滑的直流电。
5. 变压器的二次电压为 U_2，单相桥式整流电容滤波电路的输出电压的平均值 $U_{o(AV)}$ = _____。
6. 在关联型稳压电路中，稳压管的稳定电压为 U_Z，则输出直流电压 U_o 为_____。
7. 串联型稳压电路正常工作时，调整管处于_____工作状态。
8. 三端集成稳压电路 W7805 的输出直流电压为_____V。
9. 直流电源中的稳压电路的作用是当_____波动，负载变化或电路中元件参数受温度变化时，维持输出直流电压的稳定。
10. 小功率直流电源一般由电源变压器、整流、滤波和_____4 部分组成。

二、选择题

1. 在单相桥式整流电路中，电源变压器二次电压 u_2 的有效值为 40 V，则每只二极管承受的最大反向电压约为（　　）。
   A. 18 V　　　　B. 28 V　　　　C. 36 V　　　　D. 56 V
2. 单相桥式整流电路中，流过每只二极管的平均电流 $I_{D(AV)}$ 和负载电流 I_L 的关系为（　　）。
   A. $I_{D(AV)} = I_L/4$　　B. $I_{D(AV)} = I_L/2$　　C. $I_{D(AV)} = I_L$　　D. $I_{D(AV)} = 2I_L$
3. 在桥式整流电路中接入滤波电容 C 后，二极管的导通角（　　）。

A. 不变　　　　　B. 变大　　　　　C. 变小　　　　　D. 无法确定

4. 电路如下图所示，硅稳压管 VZ_1 的稳定电压为 8 V，VZ_2 的稳定电压为 6 V，正向管压降为 0.7 V，则输出电压 U_o 为（　　）。

A. 8 V　　　　　B. 6 V　　　　　C. 0.7 V　　　　D. 2 V

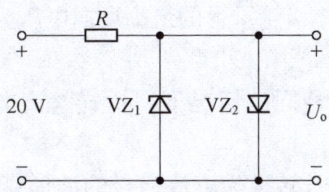

5. 串联型稳压电路中的放大环节所放大的对象是（　　）。

　A. 基准电压　　　　　　　　　　B. 采样电压

　C. 基准电压与采样电压之差　　　D. 输出电压

6. 在单相半波整流电路中，所用整流二极管的数量是（　　）。

A. 1　　　　　　B. 2　　　　　　C. 3　　　　　　D. 4

7. 整流电路如下图所示，输出电流平均值 I_o = 50 mA，则流过二极管的电流平均值 $I_{D(AV)}$ 是（　　）。

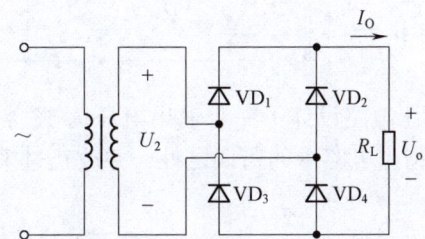

A. $I_{D(AV)}$ = 50 mA　　B. $I_{D(AV)}$ = 25 mA　　C. $I_{D(AV)}$ = 12.5 mA　　D. $I_{D(AV)}$ = 35.35 mA

8. 电容滤波电路的滤波原理是当电路状态改变时，其（　　）。

　A. 电容的数值不能跃变　　　　　B. 通过电容的电流不能跃变

　C. 电容的端电压不能跃变　　　　D. 电容的任何参数均不能跃变

9. 整流滤波电路如下图所示，变压器二次电压有效值为 10 V，开关 S 打开后，电容器两端电压的平均值 U_C 是（　　）。

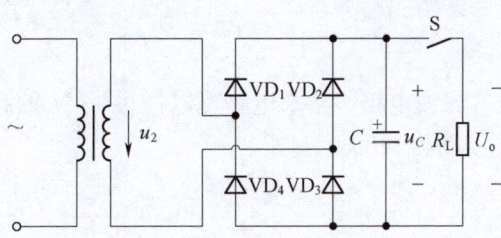

A. 12 V　　　　　B. 20 V　　　　　C. 14.14 V　　　　D. 28.28 V

10. 稳压管的稳压区是在（　　）。

　A. 反向击穿区　　B. 反向截止区　　C. 正向导通区　　D. 以上区域均可

三、判断题

1. 一只稳压值是 6.5 V 的硅稳压管正向导通后，其两端的直流电压能稳定在 6.5 V 基本不变。（　　）
2. 在电容滤波电路中，电容值越大，滤波效果越好。（　　）
3. 桥式整流电路中，每一只二极管承受的最高反向电压为变压器二次电压有效值的 $\sqrt{2}/2$ 倍。（　　）
4. 在变压器二次电压和负载相同的情况下，桥式整流电路的整流管平均电流是半波整流电路的整流管平均电流的 2 倍。（　　）
5. 直流电源是一种将正弦信号转换为直流信号的波形变换电路。（　　）

四、改错题

1. 某人设计的直流稳压电源电路如下图所示，试问电路中有哪些错误？并画出经改错后的正确电路。

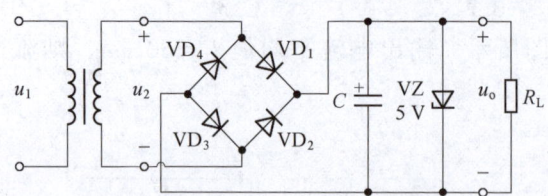

2. 某同学用三端集成稳压电路设计了一个输出电压为 18 V，输出电流为 1 A 的直流电源，电路如下图所示。请你指出电路中的错误之处，并改正过来。

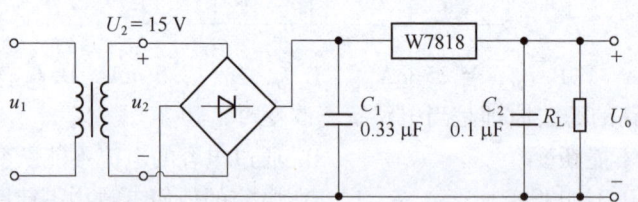

五、计算题

1. 如果要求输出的直流电压均为 36 V，求在下列情况下，变压器二次电压的有效值各为多少伏？整流二极管承受的最高反向电压各为多少伏？

（1）单相半波整流；
（2）单相桥式整流。

2. 下图为桥式整流电容滤波电路。要求电路可以提供 18 V 的直流电压，输出电流最大不超过 500 mA，电网电压波动为 ±10%。试求：

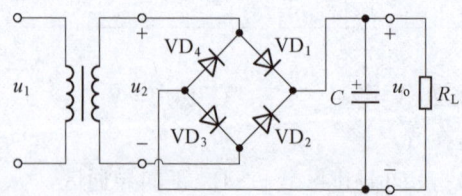

(1) 变压器二次电压 U_2；

(2) 二极管正向平均电流 $I_{D(AV)}$。

3. 电路如下图所示，变压器二次电压的有效值 $U_2 = 20$ V。试分析电路：若稳压管的 $U_Z = 15$ V，最大工作电流 $I_{Zmax} = 15$ mA，$R = 450\ \Omega$，流过负载电阻的最小电流 I_{omin} 为多少？

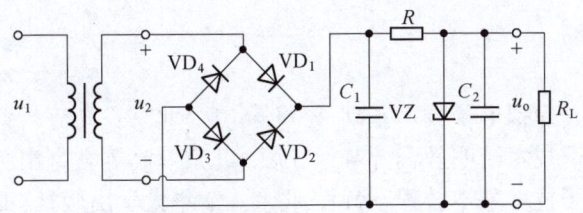

4. 单相半波整流电路中，已知负载电阻 $R_L = 600\ \Omega$，变压器二次电压 $U_2 = 20$ V。试求输出电压 U_o、电流的平均值 $I_{o(AV)}$ 及二极管截止时承受的最大反向峰值电压 U_{RM}。

5. 单相桥式整流电路中，不带滤波电路，已知负载电阻 $R = 360\ \Omega$，负载电压 $U_o = 90$ V。试计算变压器二次电压有效值 U_2 和输出电流的平均值 $I_{o(AV)}$，并计算二极管的正向平均电流 $I_{D(AV)}$ 和最高反向峰值电压 U_{RM}。

6. 有一直流电源，其输出电压 $U_o = 90$ V，负载电阻 $R_L = 90\ \Omega$。如果采用单相半波整流电路，试计算：变压器二次电压 U_2、负载电流 I_o、二极管的正向平均电流 $I_{D(AV)}$、二极管最高反向峰值电压 U_{RM}。

7. 在下图所示的电路中，已知 $R_L = 8$ kΩ，直流电压表 V_2 的读数为 110 V，二极管的正向压降忽略不计，求：

(1) 直流电流表 A 的读数；

(2) 交流电压表 V_1 的读数。

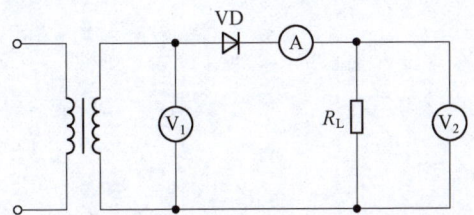

8. 在下图所示的电路中，变压器二次电压 $U_2 = 20$ V，稳压管 $U_Z = 10$ V，最小工作电流 $I_{Zmin} = 5$ mA，最大允许电流 $I_{Zmax} = 26$ mA，负载电阻 R_L 的变化范围为 400~1 000 Ω。试选择限流电阻 R。

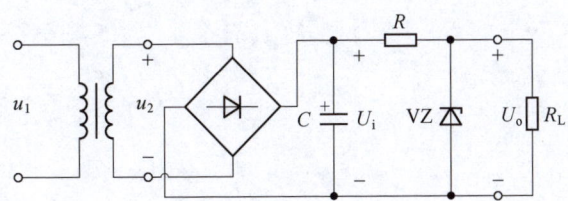

参考文献

[1] 童诗白，华成英. 模拟电子技术基础［M］. 5 版. 北京：高等教育出版社，2015.
[2] 杨素行. 模拟电子技术简明教程［M］. 3 版. 北京：高等教育出版社，2006.
[3] 华成英. 模拟电子技术基本教程［M］. 北京：清华大学出版社，2006.
[4] 唐朝仁. 模拟电子技术基础［M］. 北京：清华大学出版社，2014.
[5] 谢志远. 模拟电子技术基础［M］. 北京：清华大学出版社，2011.
[6] 杨明欣. 模拟电子技术基础［M］. 北京：高等教育出版社，2012.
[7] 赵进全，杨拴科. 模拟电子技术［M］. 3 版. 北京：高等教育出版社，2019.
[8] 于宝明. 模拟电子技术基础［M］. 北京：电子工业出版社，2018.
[9] 张惠荣，王国贞. 模拟电子技术项目式教程［M］. 2 版. 北京：机械工业出版社，2019.
[10] 王继辉. 模拟电子技术与应用项目教程［M］. 北京：机械工业出版社，2018.
[11] 胡宴如，耿苏燕. 模拟电子技术基础［M］. 2 版. 北京：高等教育出版社，2010.
[12] 唐治德，申利平. 模拟电子技术基础［M］. 2 版. 北京：科学出版社，2019.
[13] 李震梅. 模拟电子技术基础［M］. 北京：高等教育出版社，2010.
[14] 孙肖子，赵建勋. 模拟电子电路及技术基础［M］. 2 版. 西安：西安电子科技大学出版社，2017.
[15] 刘丽丽. 用微课学·模拟电子技术教程（工作手册式）［M］. 北京：电子工业出版社，2020.